S.F.
V.

W0066712

Hartmut Graßl
Reiner Klingholz

Wir Klimamacher

Auswege aus
dem globalen Treibhaus

S. Fischer

2. Auflage: 8.-11. Tausend

Umschlaggestaltung: Buchholz/Hinsch/Walch
Gesamtherstellung: Wagner GmbH, Nördlingen
Printed in Germany 1990
ISBN 3-10-028605-7

Inhalt

Teil II
Es hängt was in der Luft

Kapitel 5
Die dicke Luft der Neuzeit

Kapitel 6
Vom Regieren und Reagieren

Kapitel 7
Sag mir, wo die Wolken sind

Kapitel 8
Wahnsinn Wachstum

Teil I
Bericht zur Lage des Klimas

Kapitel 1
Die Wetteraussichten: Zunehmend wärmer

Die Welt zu Beginn des Treibhausjahrhunderts

Den ganzen Tag hingen graue Wolken am Himmel. Regen hin und wieder, der auf das durchgeweichte Land fiel. Der Wind blies aus Südwest, Stärke sechs bis sieben, nichts Ungewöhnliches an der Küste Schleswig-Holsteins, wo das Land platt ist wie ein Tisch und wenige Bäume nur die weite Sicht verstellen. Am späten Abend legte sich der Wind und es wurde ungewöhnlich still. Tage und Wochen war es nicht so gewesen. Eine gespenstische Ruhe. Es war die Ruhe im Zentrum des Orkans. Nur einige Kilometer entfernt zog der Kern eines ungewöhnlich starken Tiefdruckgebietes vorbei. In der Nacht vom 28. Februar auf den 1. März 1990 blieb der Norden Deutschlands vom Sturm verschont.

Weiter im Süden raste ein schwerer Orkan über das Land, in einer Art, wie ihn die Meteorologen sonst nur aus den Tropen kannten. »Wiebke«, so der Name des Ungestüms, zog eine Schneise der Verwüstung durch West- und Mitteleuropa, von der französischen Küste über Belgien bis in die Schweiz und nach Österreich. Zwischen dem Saarland und Bayern knickte der Sturm vielerorts binnen Stunden mehr Bäume um, als die Förster während eines ganzen Jahres einschlagen. Wiesbaden blieb bis in die Morgenstunden von der Außenwelt abgeschlossen, weil umgestürzte Bäume alle wichtigen Zufahrtsstraßen und Bahnlinien blockierten. Stuttgart meldete die höchsten je ermittelten Windgeschwindigkeiten. Auf dem Feldberg im Schwarzwald zeigte das Meßgerät 200,1 Kilometer in der Stunde an – dann schlug der Blitz das Instrument entzwei. Über 70 Tote forderte das Unwetter. Der Deutsche Wetterdienst in Offenbach konnte anschließend eine ungewöhnliche Meldung herausgeben: Zumindest bis Ende der Woche sei nicht noch einmal mit einem Orkan zu rechnen.

Die Prognose »kein Orkan« war fast die Ausnahme im Winter

1989/90. Schon Mitte Dezember tobte ein erster Sturm mit Windgeschwindigkeiten von bis zu 180 Kilometern in der Stunde gegen die Küsten Großbritanniens und Frankreichs. Dutzende von Menschen starben. Anfang Februar kam »Hertha«, brachte ähnliche Verheerungen, gefolgt von »Judith«. Immer zogen die Wirbel aus der gleichen Richtung heran, jedesmal traf es die britische Westküste am stärksten.

In der Zwischenzeit stieg die Temperatur an manchen Orten im »winterlichen« Deutschland auf 22 Grad, der ganze Monat Februar war so warm wie nie, seit es Aufzeichnungen gibt. In der Nordsee herrschten drei Grad mehr als gewöhnlich, und in den meisten Skiorten der Alpen ließ sich nicht einmal mit Schneekanonen ein touristenversöhnender weißer Belag auf die kahlen Hänge zaubern. Ende Februar, am Rosenmontag, fegte dann »Vivian« mit mörderischer Gewalt über den Kontinent und sorgte für ein skurriles Novum: Erstmals seit dem Krieg mußte in Düsseldorf, Bonn, Bochum und anderswo »de Zoch« ausfallen. Während die Karnevalisten im Rheinland vorwiegend ideelle Schäden erlitten, stiegen in Hamburg die Pegel bedrohlich an. Fünfmal binnen drei Tagen überschwemmte eine schwere Sturmflut die Hafenanlagen der Hansestadt. Drei Tage nachdem dann »Wiebke« Europa verwüstet hatte, machten die Versicherungsgesellschaften in London die vorläufige Rechnung auf. Es galt, mindestens 15 Milliarden Mark zu ersetzen. Über 230 Personen waren bei den Stürmen umgekommen.

Die Katastrophen füllten wochenlang die Zeitungen. Das ist normal, denn die Medien lieben Desaster jeder Art. Aber dieses Mal mischten sich vermehrt nachdenkliche Kommentare unter die übliche Weltuntergangs-Berichterstattung. Waren das die Menetekel einer Klimaveränderung, vor der die Wissenschaftler seit Jahren, genaugenommen seit einem Jahrhundert warnen? Waren die Orkane der Beweis für eine globale Erwärmung, für den vom Menschen gemachten Treibhauseffekt, den die Forscher noch nicht statistisch belegen können, über dessen Existenz es aber an den Stammtischen längst keine Zweifel mehr gibt? Dieses Wetter, so das dumpfe Gefühl vieler, war nicht mehr normal.

Keine Frage, der Winter 1989/90 in Mitteleuropa war in vieler Hinsicht anormal. Ähnlich verhielten sich die beiden Winter in den Jahren zuvor. Im Mittelmeerraum blieb der Regen aus, in der Sowjetunion fehlte der Schnee. Zwischen Moskau und Neapel erreichten die Temperaturen Rekordwerte. Doch extrem warme Winter hat es schon immer gegeben. Im Jahr 1186 beispielsweise, als im Januar bereits die Obstbäume blühten und im Frühjahr die Ernte begann. Auch Stürme sind nichts Neues. Besonders häufig waren sie während der sogenannten kleinen Eiszeit zwischen 1550 und 1850. Also alles schon dagewesen?

Am meisten überrascht von der Orkanserie zu Beginn des Jahres waren ausgerechnet jene Wissenschaftler, die sich seit langem mit der Klimavorhersage beschäftigen. Denn obwohl sie davon ausgehen, daß eine Klimaveränderung bevorsteht, wahrscheinlich längst begonnen hat – die Orkane standen nicht auf dem Programm. Im Gegenteil: In einer wärmeren Welt sollte es hierzulande eigentlich weniger stürmen als zuvor.

Fest steht: Gewisse, vom Menschen verursachte Gase, die in der Luft nur in Spuren vorkommen, reichern sich seit Jahrzehnten in der Atmosphäre an, allen voran das Kohlendioxid, ein Stoff, der beim Verbrennen von Kohle, Öl und Gas entsteht. Dadurch wird die Luft über unseren Köpfen immer dicker, mit einer physikalisch zwangsläufigen Folge: Die Strahlen der Sonne, die ungehindert von diesen Gasen durch die Atmosphäre der Erde dringen und die Oberfläche des Planeten so wohltuend erwärmen, bleiben, wenn sie als Wärmestrahlen entweichen wollen, unter einem Schirm von Spurengasmolekülen wie in einem Glashaus gefangen. Je mehr davon in der Atmosphäre schweben, desto wärmer wird es auf der Erde. Das ist ein Naturgesetz.

Die Modelle der Klimatologen sagen (und die Wirklichkeit belegt es), daß dabei die Temperaturen in hohen Breiten des Globus stärker steigen als in Äquatornähe. Worauf der Temperaturunterschied zwischen diesen Regionen sinkt und die großen Luftströmungen schwächer werden. Zahl und Gewalt der Stürme in unseren Breiten sollten somit bei einer globalen Erwärmung *abnehmen.* Sind die Orkane also ein Hinweis, der *gegen* einen vom Menschen angefeuerten Treibhauseffekt spricht?

Natürlich kann jeder Wetterkundler erklären, warum es zu den verheerenden Stürmen über Europa gekommen war: Der Winter war außergewöhnlich mild, nicht nur die Nordsee, auch der östliche Nordatlantik wiesen extrem hohe Temperaturen auf. Zwischen Grönland und Ostkanada und an der Treibeisgrenze des Nordpolarmeeres war es jedoch so kalt wie in einem Durchschnittswinter, in manchen Gebieten sogar kälter. Die Meteorologen registrierten einen sehr hohen Temperaturkontrast im Atlantik zwischen dem warmen Osten und dem kalten Westen – ein hervorragender Motor für Tiefdruckgebiete, die gen Westeuropa wandern. Die Tiefs zu Beginn 1990 zeichneten sich durch einen besonders niedrigen Kerndruck aus, vergleichbar allenfalls mit tropischen Wirbelstürmen. Sind die Stürme, angetrieben durch den überwarmen Nordostatlantik, damit doch ein Zeichen *für* einen Klimawechsel?

Von diesem Punkt an wird die Diskussion über einen Zusammenhang zwischen fünf Orkanen und einem hausgemachten Treibhauseffekt müßig. Vor allem aber überflüssig. Denn so spektakulär und zweideutig die Orkantiefs sind, so unspektakulär und eindeutig sind Indizien dafür, daß wir längst unser eigenes Klima machen:

Erstens steigen die Konzentrationen von vier der sechs wichtigsten Treibhausgase seit Beginn der Industrialisierung immer stärker an.

Zweitens steigen seither auch die Lufttemperaturen in Bodennähe und die Temperaturen an der Ozeanoberfläche, und zwar sehr beschleunigt in der jüngsten Vergangenheit.

Drittens schmelzen die Gebirgsgletscher und steigen die Meeresspiegel.

Viertens verlagern sich die Niederschlagszonen der Erde.

Fünftens schwindet der schützende Ozonschirm über unseren Köpfen.

Sechstens häufen sich – wie im Fall der jüngsten Orkane – die meteorologischen Überraschungen, mit denen keine Forscherin und kein Forscher gerechnet haben.

Mehr kann, mehr braucht die Wissenschaft zu diesem Zeitpunkt nicht zu sagen. An der Reihe sind nun andere – Politiker, Wirtschaftsstrategen, die Industrie, jeder Einzelne. Denn es gibt nur eine einzige Lösung für das Problem: weniger Treibhausgase in die Atmosphäre zu entlassen. Das heißt, weniger fossile Brennstoffe verheizen; die extrem klimaschädlichen Fluorchlorkohlenwasserstoffe (FCKW) verbieten; sparsamere Technologien entwickeln; auf überflüssigen Luxus verzichten; neue, regenerative Energiequellen erschließen; die Landwirtschaft umgestalten und die Bevölkerungsexplosion bremsen. Titanische Aufgaben stehen bevor.

Um die ärgsten Folgen einer bereits angestoßenen Klimaveränderung zu verhindern – Überschwemmungen, Dürren, Ströme von Umweltflüchtlingen –, sind radikale, ja revolutionäre umweltpolitische Eingriffe geboten. Wir dürfen nur so viele Abfallstoffe in die Umwelt entlassen, wie diese folgenlos in ihren Kreisläufen verkraften kann. Wenn sich also klimawirksame Spurengase in der Atmosphäre anreichern, muß dies ein warnendes Signal sein, *bevor* wir die Auswirkungen katastrophal zu spüren bekommen. Umweltpolitik muß nach dem Vorsorgeprinzip handeln, so daß die ökologische Schmerzgrenze gar nicht erst erreicht wird.

Was wir im Moment tun, ist das Gegenteil davon. Wir nähern uns gedankenlos der Sollbruchstrelle im System, warten auf den Nachweis für den hausgemachten Treibhauseffekt, wohl wissend, daß eine weit stärkere Erwärmung unvermeidbar ist, bis die Beweise auf dem Tisch liegen. Dieses Verhalten ist geradezu schizophren. Wie sonst ließe sich erklären, daß wir einerseits Abermilliarden in die militärische Rüstung gegen einen imaginären Feind stecken. Daß wir andererseits aber so gut wie nichts gegen die womöglich größte Bedrohung der Menschheit tun, gegen eine rapide Veränderung des Weltklimas.

Gegen Ende dieses Jahrhunderts wird man rückblickend sagen können, wann eine vom Menschen bewirkte Klimaveränderung erstmals ihre Auswirkung gezeigt hat. Mit hoher Wahrscheinlichkeit wird man den Zeitpunkt der Klimawende auf die achtziger Jahre datieren, jenes Jahrzehnt, in dem wir uns noch über die warmen Winter gewundert haben. Alle Anzeichen sprechen dafür, daß schon gegen Mitte des kommenden Jahrhunderts die kalten Winter so sein könnten wie die drei zurückliegenden, die wir für außergewöhnlich warm hielten. Und die warmen Winter um einiges wärmer, als wir es uns heute vorstellen können. Auf dem Weg in dieses *Treibhausjahrhundert* werden wir einige Überraschungen erleben, die heute noch kein Mensch voraussagen kann, ähnlich den Stürmen zu Jahresanfang. Das Klima ist eine hochkomplexe Angelegenheit, und die Auswirkungen einer Klimaveränderung sind schwer abzuschätzen. Vor allem weil sie eine Erde treffen, die ohnehin unter schwerem Streß steht.

Wir haben dieses Buch – während die besagten Stürme über unseren Köpfen tobten – so lesbar wie möglich und so wissenschaftlich wie nötig geschrieben. Ein gewollter Kompromiß zwischen einem Klimatologen und einem Journalisten.

Jedes Kapitel steht für sich und kann unabhängig vom Rest des Buches gelesen werden. Die folgenden Kapitel zwei bis vier erklären die Grundlagen von Wetter, Klima und Treibhauseffekt. Sie sollen helfen, die momentane Situation der Erdatmosphäre nüchtern einzuschätzen und die drohende Gefahr zu erkennen. Diese Kapitel sind wichtig, um die Komplexität des Themas Klima zu begreifen, womöglich das komplizierteste Sujet, mit dem sich die Wissenschaft je beschäftigt hat. Wem dieser Hintergrund zu trocken erscheint, der mag direkt mit Kapitel fünf fortfahren.

Kapitel 2
Wetter ist nicht Klima

Das Gesprächsthema Nummer eins

Über nichts redet der Mensch lieber als über das Wetter. Kaum ein Thema ist ergiebiger, denn erfahrungsgemäß ändert sich das Wetter ständig – oder es bleibt wie es ist. Beide Varianten bergen Inhalte für endlose Diskussionen. Und zwar nicht nur an Stammtischen. Ganze Branchen, wie die Landwirtschaft und die Fischerei, die Bauindustrie oder der Luftverkehr, interessieren sich brennend für das Wettergeschehen, und für die Tourismusindustrie gilt das Wetter (solange es gut ist) als wichtigstes Kapital.
Der Winter 1988/89 beispielsweise bot einen willkommenen Gesprächsstoff. Im größten Teil der Alpen gab es erst Ende Februar richtigen Schnee, und als er kam, war es für die meisten Wintersportler zu spät. Einige Skigebiete hatten schon den Notstand ausgerufen, weil die enttäuschten Touristen wegen der kahlen Hänge gar nicht erst angereist waren. Die Sportgeschäfte blieben auf ihren schreiend bunten Kollektionen sitzen, die Autohäuser auf ihren M&S-Reifen. Katastrophenstimmung herrschte auch in den Büros der Kurdirektoren: So drohte der Verkehrsverband Berner Oberland dem Schweizer Fernsehen mit einer Schadensersatzklage, sollte es weiterhin grausige Bilder von grasigen Abfahrten zeigen.
Während der Schnee in den Bergen endlich fiel, welkten im Norden der Republik, zwischen Geest und Marsch, längst die Schneeglöckchen. Der Rapserdfloh, der Schrecken aller Landwirte, fraß und paarte sich, und die Bauern mochten sich kaum darüber freuen, daß Weizen und Gerste bald kniehoch wuchsen und auf den Wiesen schon das Gras sproß. Der Frühling, gewissermaßen als Ersatzwinter, stand kopf.
Schuld an der seltsam milden Wetterlage war ein immer wieder neu aufgefrischtes Azorenhoch, das sich bis in den Alpenbereich erstreckte. Wochen-, ja monatelang hatte sich nichts an dieser Luftdruckverteilung geändert, die eigentlich charakteristisch für

einen idealen Feriensommer ist. Bei höherem Sonnenstand wäre es in den Januar- und Februarwochen des Jahres 1989 dreißig Grad und wärmer geworden. So hatten die atlantischen Tiefausläufer, die sonst das typische abwechselnd milde und naßkalte Winterwetter über Mitteleuropa prägen, keine Chance. Das stabile Azorenhoch blockierte die Niederschlagsfronten.

Doch so ungewöhnlich den Bundesdeutschen der milde Jahresbeginn 1989 vorkam, einen noch wärmeren Januar hatte es bereits im Jahr zuvor gegeben. Nach den Zahlen der Statistiker lagen die mittleren Temperaturen 1988 um etwa vier Grad über der Norm und damit wesentlich höher als 1989. Auch das darauffolgende Jahr begann sehr warm. Im Januar 1990 stiegen die Durchschnittswerte um 2,5 Grad über den langjährigen Mittelwert.

Dennoch: Drei schneearme Winter in Folge sagen wenig über das Klima aus. Eine sechswöchige milde und trockene Periode im Winter bedeutet nichts als sechs Wochen »warmes Wetter ohne Niederschläge«. Es mag immer wieder Wochen mit fast konstanter Wetterlage geben, irgendwann wird sie sich dennoch ändern. Von einem entsprechenden, neuen *Klimatyp* würden die Meteorologen erst sprechen, wenn dieses Wetter in der fraglichen Jahreszeit zur Norm würde.

Doch das Wetter zeigt sich vermutlich in der kommenden Woche oder im nächsten Jahr schon wieder ganz anders. Entsprechend hat die Wettervorhersage ihre Tücken. Das weiß jeder, der schon einmal auf die Wetterprognose vertraut hat und dann ohne Schirm im Regen stand. Eine solche Falschmeldung liegt im allgemeinen nicht an der Unfähigkeit der Wissenschaftler, sondern an der Komplexität der Erdatmosphäre, die sich nur schwer in mathematischen Modellen simulieren läßt.

Es ist noch gar nicht so lange her, da waren Wetterprognosen ein ziemlich subjektives Geschäft. Bis in die sechziger Jahre beruhte eine Vorhersage auf dem Geschick eines einzelnen Meteorologen, dem die Wolken-, Temperatur- und Luftdruckbeobachtungen einer Region wie etwa Europa zur Verfügung standen. Erst seit rund 20 Jahren nutzen die Forscher bei ihrer Arbeit Computer.

Für eine einigermaßen verläßliche Vorhersage müssen die Meteorologen, wie sie es nennen, »ein System gekoppelter, streng nichtlinearer, partieller Differentialgleichungen als Anfangswertproblem lösen, wobei die Lösung nach jedem Zeitschritt die

Randbedingungen für den nächsten Schritt verändert«. Das ist ungefähr so kompliziert, wie es klingt. Auf Deutsch gesagt bedeutet es folgendes:

Ein winziger Fehler bei der aktuellen Wetterbeobachtung kann sich zu größeren Fehlern in der kurzfristigen Vorhersage hochschaukeln und zu einer völligen Falschprognose nach zehn Tagen führen. Zwar sind die heutigen Wetterberichte – entgegen gängiger Laienauffassung – erstaunlich zuverlässig und treffen für die 24-Stunden-Prognose in über 85 Prozent aller Fälle zu. Auch eine Vorhersage für drei Tage hat noch einen gewissen Wahrheitsgehalt. Aber selbst mit räumlich hochauflösenden Computermodellen können die Meteorologen nicht abschätzen, wie das Wetter in zwei Wochen aussehen, ob es Dauerregen oder eine Trockenperiode geben wird. So lange jedenfalls nicht, wie die für eine Prognose notwendigen Beobachtungsdaten nicht wesentlich genauer werden. Eine noch längerfristige Vorhersage zu einem gewünschten Zeitpunkt für einen bestimmten Ort ist sogar aus prinzipiellen Gründen ausgeschlossen.

Der amerikanische Meteorologe Edward Lorenz vom Massachusetts Institute of Technology im Cambridge bei Boston begann 1960, mit einem Computer einfache Wettermodelle zu simulieren. Er erkannte dabei, daß sich bei einer Vorhersage ein Anfangsfehler im Laufe der Berechnungen geradezu unberechenbar potenzierte. Lorenz hatte das Chaos entdeckt.

Nur periodisch wiederkehrende Ereignisse ließen sich vorausbestimmen: Etwa, daß ein Sommer generell wärmer sein würde als ein Winter, was sich einzig und allein aus dem Sonnenstand erklärt, und der ist ein regelmäßiges, astronomisches Ereignis. Das Wetter hingegen, der Durchzug von Wolkenfeldern oder die Verlagerung von Hoch- und Tiefdruckgebieten, hält sich an keine Periodizität. Es kann an beliebig vielen Verzweigungspunkten beliebig viele Wege einschlagen. Weder folgt auf den Regen grundsätzlich die Sonne, noch auf die Ruhe der Sturm oder auf einen harten Winter ein warmer Sommer.

Um zu beschreiben, wie unkalkulierbar das physikalische System Erdatmosphäre ist, hat Edward Lorenz den Begriff *»Schmetterlingseffekt«* geprägt. Am 29. Dezember 1972 veröffentlichte der Meteorologe eine Arbeit mit folgendem Titel: »Kann das Schlagen eines Schmetterlingsflügels in Brasilien einen Tornado in Texas auslösen?« Mit anderen Worten – kann ein einzelnes In-

sekt eine meteorologische Lawine lostreten, die irgendwann irgendwo große Folgen nach sich zieht?
Lorenz kam zu dem Schluß, daß dies sehr wohl möglich ist, daß sich dieses Verhalten aber nicht berechnen läßt. Da eine solche »sensitive Abhängigkeit von den Anfangsbedingungen« nie vollständig erfaßt werden kann und kein Computer der Welt jemals imstande sein wird, diese Daten genau genug zu verarbeiten, *muß* eine längerfristige Prognose des chaotischen Systems Wetter scheitern.
Auf Bauernregeln ist deshalb so wenig Verlaß wie auf den Hundertjährigen Kalender. Selbst die berüchtigten Eisheiligen halten sich – statistisch gesehen – an kein spezielles Datum: Bei genauer Betrachtung bleibt nur die Feststellung, daß es in Mitteleuropa irgendwann im Mai die meist letzten Nachtfröste des Winterhalbjahres geben kann, und das ist angesichts der Jahreszeit und bei klarem Wetter nicht einmal verwunderlich.
Über das ganze Jahr verteilt, haben in unseren Breiten gerade zwei mehr oder weniger regelmäßig wiederkehrende Wetterereignisse eine Bedeutung:
– *Erstens* die sogenannte Schafskälte im Juni: Mit dem Sonnenstand sollten in unseren Breiten die Temperaturen zwischen Februar und Juli kontinuierlich ansteigen. Mitte Juni allerdings weist diese Kurve in Mitteleuropa einen leichten Knick auf. Anfang Juni noch liegt über dem Kontinent meist ein flaches Hoch, das für schönes Wetter sorgt. Gegen Mitte des Monats hat sich der Kontinent soweit erwärmt und der Luftdruck dadurch erniedrigt, daß die feuchten und kühlen Luftmassen des Atlantiks nach Mitteleuropa ziehen. Auf die schöne Periode folgt eine Phase mit wechselhaftem, regnerischem Wetter – eben die »Schafskälte«, die diesen Namen trägt, weil dann die frischgeschorenen Schafe frieren. Doch keine Regel ohne Ausnahme: Die Schafskälte kann auch ausbleiben, wie beispielsweise in dem speziell für Norddeutschland etwas zu warmen und relativ trockenen Sommer 1989.
– *Zweitens* das sogenannte Weihnachts-Tauwetter: Es besagt, daß auf einen massiven Kälteeinbruch Mitte Dezember normalerweise eine Warmphase folgt. Der Grund für diese Klima-Anomalie ist den Meterologen unbekannt, denn eigentlich sollten (ähnlich wie auf dem asiatischen Kontinent) die Temperaturen um diese Jahreszeit wegen des niedrigen Sonnenstandes kontinu-

ierlich fallen und sich die Hochdruckgebiete im Inneren der Kontinente verstärken.
Die einzige längerfristige Schwingung, die aus allen Wetterstatistiken herausragt, ist die sogenannte quasi-zweijährige Oszillation, eine etwa alle 26 Monate wiederkehrende Welle in den Wetteraufzeichnungen, gewissermaßen eine Gezeit der Erdatmosphäre. Was sie antreibt, ist ebenfalls unbekannt. Sie ragt jedoch nicht weit genug aus dem natürlichen Auf und Ab des Wetters heraus, um sich für eine Vorhersage nutzen zu lassen.
Was aber bedeutet im Gegensatz zu dem langfristig unvorhersagbaren, chaotischen Wettergeschehen das Klima? Und warum wagen die Klimatologen eine Prognose für das nächste Jahrtausend, wo doch die Meterologen nicht einmal eine zweiwöchige Wettervorhersage zustande bringen?
Ein Klima läßt sich erst durch eine langjährige Beobachtung des Wetters beschreiben. Da es – wie das Wetter – ständigen, natürlichen Schwankungen unterliegt, darf der Beobachtungszeitraum für eine solche Beschreibung nicht zu kurz, aber auch nicht zu lang sein. Zwar ließe sich prinzipiell aus dem Wettergeschehen der letzten fünf Millionen Jahre *das* Klima dieser Periode als Mittelwert bestimmen. Dieser Wert charakterisiert das Klima aber denkbar schlecht, da es in diesem Zeitraum meist kälter oder wärmer war. Entweder gab es Intensivphasen der Eiszeiten oder Wärmeperioden, in denen selbst Grönland kaum von Inlandeis bedeckt war. »Durchschnittsklima« herrschte so gut wie nie.
Die Weltorganisation für Meteorologie (WMO) hat daher einen Abschnitt von 30 Jahren als typische Grundeinheit für das Klima eingeführt. Alles, was sich beispielsweise zwischen den Jahren 1931 und 1960 in der Erdatmosphäre abspielte, wird als Klima dieser Epoche bezeichnet. Während die Wettervorhersage den genauen Ort und Zeitpunkt einer Kaltfront angeben muß, interessiert für eine Klimabeschreibung lediglich die mittlere Anzahl der Kaltfronten beispielsweise im Juni über einen Zeitraum von 30 Jahren. Also: Für die Klimaforscher ist es gleichgültig, ob es am 19. Juni nachmittags in Zürich regnen wird; wichtig ist, ob es in Mitteleuropa zu dieser Zeit des Frühsommers mehr oder weniger Niederschläge als gewöhnlich gibt, ob die Temperaturen höher oder tiefer liegen und wie wahrscheinlich diese Abweichungen sind.

Einen guten Vergleich bietet der Ablauf eines Fußballspiels. Das Ganze ist eine 90-minütige Folge von Abstößen, Freistößen, Pässen, Fehlpässen, Fouls oder Einwürfen, und hin und wieder fällt ein Tor. Es ist *unmöglich,* vor dem Spiel vorauszubestimmen, daß der linke Außenstürmer von Bayern München in der 58. Minute einen Kopfball gegen den rechten Pfosten von Borussia Dortmund lenken wird. Mit *hoher Wahrscheinlichkeit* hingegen läßt sich voraussagen, daß Bayern München am Ende der kommenden Saison im oberen Drittel der Bundesliga stehen wird. Entsprechend dürfen Modelle zur Wettervorhersage selbst dann zur Klimavorhersage genutzt werden, wenn sie den gegenwärtigen Wetterablauf nur annähernd korrekt beschreiben. Daraus lassen sich folgende, pauschale Aussagen ableiten:

– zusätzliche Treibhausgase in der Atmosphäre lassen die Temperaturen global steigen (und nicht sinken).

– Eine derartige Erwärmung wird die höheren Breiten stärker treffen als tropische Regionen. Denn in den Tropen hat die Temperatur fast schon ihr theoretisches Maximum erreicht.

– Trotz einer nur mäßigen Erwärmung in Äquatornähe wird dort viel mehr Wasser verdampfen. Dadurch wachsen die Niederschläge in den inneren Tropen.

– Wenn die hohen Breiten überdurchschnittlich wärmer werden, dann sinkt der Temperaturkontrast zwischen den Polen und dem Äquator. Das hat einen Einfluß auf die globalen Windsysteme, die wiederum die Motoren für die regionalen Klimazonen sind.

Aus der einfachen Vorgabe, »mehr Treibhausgase in der Atmosphäre«, läßt sich also mit Sicherheit auf eine künftige Klimaveränderung schließen. Interessanter noch als die Tatsache, *daß* sich unser Klima verändern wird, ist die Frage, wie das Wetter unter den neuen Bedingungen sein wird. Mit anderen Worten:

– Welche Wetterextremwerte sind in dem anstehenden Treibhausjahrhundert zu erwarten?

– An wievielen Tagen im Sommer müssen wir beispielsweise mit Temperaturen über 35 Grad rechnen?

– Wie oft und mit welchen Wassermassen gefährden sommerliche Starkregen die Alpenregion?

– Auf welche Trockenperioden müssen sich die Bewohner des Sahel einstellen?

– Auf welches Maß müssen die norddeutschen Deichbauer ihre

Schutzwälle erhöhen, damit sie bei dem erwarteten Meeresspiegelanstieg eine Sturmflut überstehen?
Derzeit steigen nicht nur die Temperaturen weltweit an, es liegen auch erste Anzeichen vor, daß extreme Ereignisse zunehmen. So mehren sich beispielsweise in einigen Regionen die tropischen Wirbelstürme und sie werden intensiver. Außerdem ziehen sie auf veränderten Bahnen. Natürlich hat sich das Wetter auf der Erde seit Jahrmillionen verändert. Selbstverständlich unterliegt auch das Klima natürlichen Schwankungen, die meist auf äußeren Faktoren beruhen: auf der veränderlichen Helligkeit der Sonne und auf der sich ständig ändernden Bahn der Erde um diesen Stern. Aber noch wesentlicher hängt das Klima auf unserem Planeten von der Zusammensetzung der Atmosphäre ab. Und gerade diese dünne, schützende Gashülle verändert der Mensch derzeit auf dramatische Weise.

Kapitel 3
Der unglaubliche Planet

Wie die Erde zu ihrer Atmosphäre kam

Es war der 20. Juli 1976, ein wolkenloser Tag wie immer, als sich ein Raumschiff, langsam am Fallschirm schwebend, dem Planeten Mars näherte. Die Rückstoßraketen wirbelten eine gewaltige rote Staubwolke auf, dann setzte das Gefährt mit seinen drei Beinen sanft auf dem festen Grund auf. Die Außentemperatur betrug minus 55 Grad und es wehte eine leichte Brise aus Südwest.

Als sich der Staub gelegt hatte, bot sich ein überwältigender Anblick: Eine gewellte, rotorangene Wüste voller Felsbrocken ging am Horizont in Sanddünen über, eine Szenerie, wie man sie aus manchen Gebieten der Sahara kennt. Viking 1, die unbemannte Forschungssonde der amerikanischen Raumfahrtbehörde Nasa, war in der Ebene Chryse Planitia gelandet.

Wenig später trat der mechanische Greifarm von Viking 1 in Aktion, grabschte in den roten Staub und füllte eine Probe in ein mitgeführtes Kleinstlabor, um in der Erde des Mars nach Spuren des Lebens zu suchen. Die Erwartungen der Wissenschaftler hingen damals ungemein hoch, und viele, allen voran der Planetologe Carl Sagan von der Cornell-Universität in New York und der Medizin-Nobelpreisträger Joshua Lederberg, glaubten gar, »lebensfreundliche Oasen« auf dem Mars anzutreffen.

Das Ergebnis der automatisierten Untersuchungen war ernüchternd. Der Roboter fand in der Eiseskälte kein noch so primitives Lebewesen, nicht einmal organisches Material, das auf längst ausgestorbene Mikroben hätte hindeuten können. Alle Hoffnungen der Astronomen auf einen wenigstens ehemals belebten Planeten waren zunichte gemacht. Der Mars ist so tot wie rot.

Noch lebensfeindlicher, das meldeten verschiedene amerikanische und sowjetische Raumsonden, ist die Venus, unser nächster Nachbarplanet. Unter einer dichten, undurchsichtigen Atmosphäre, die mit dem fast 90-fachen Druck der Erdatmosphäre auf

dem »Abendstern« lastet, herrschen an der Venusoberfläche Temperaturen von rund 465 Grad Celsius. Das würde genügen, um Blei oder Zink zum Schmelzen zu bringen.
Die übrigen Planeten unseres Sonnensystems, von dem steinigen Merkur bis zu dem Eiszwerg Pluto, sind noch unwirtlichere Orte. Weit und breit gibt es nur einen Planeten, der Leben trägt – und das ist die Erde. Nur sie besaß und besitzt ein Klima, in dem Leben entstehen und weiterexistieren konnte. Warum?
Um diese Frage zu beantworten, ist ein kleiner Exkurs in die Urzeit notwendig, genau gesagt, ein Sprung zurück um rund 4,6 Milliarden Jahre, in die Zeit, da das Sonnensystem entstand. Damals kreiste im All eine riesige Wolke aus Gas, ein kugelförmiger »solarer Nebel«, der vorwiegend aus Wasserstoff und Helium bestand, daneben aber auch alle anderen, natürlichen Elemente des Periodensystems enthielt. Unter dem Einfluß der eigenen Schwerkraft kollabierte der Nebel zu einer flachen, rotierenden Scheibe. In ihrem Zentrum sammelte sich der größte Teil der Urmaterie zu einer Art Kugel und heizte sich unter dem enormen Druck im Zentrum immer weiter auf. Als die Temperaturen etwa 10 Millionen Grad erreichten, verschmolzen die ersten Atomkerne des Wasserstoffs zu Helium. Eine Kernfusion war gezündet und ein neuer Stern – unsere Sonne – begann zu leuchten.
Dies alles geschah, in kosmischen Zeiträumen gerechnet, ziemlich schnell. Zehn Millionen Jahre nach der ersten Kontraktion der Wolke war der Fusionsofen der Sonne bereits angeschaltet. Zur gleichen Zeit ballten sich weiter außen in der rotierenden Scheibe kleinere Klumpen zusammen, sogenannte Planetismale. Von ihnen gab es unzählige. Sie kollidierten während der etwa 100 Millionen Jahre andauernden Phase des »Großen Bombardements« so häufig, daß am Ende nur neun Planeten und eine große Schar von Kleinstkörpern, die Asteroide und Kometen, übrigblieben.
Zuvor schon hatte die Strahlung der Sonne die chemische Zusammensetzung im Bereich der Scheibe umverteilt. In der inneren Region waren der Strahlungsdruck der Sonne und die Sonnenwinde* so stark, daß leichte Gase wie Wasserstoff oder Helium,

* Der Sonnenwind ist ein Teilchenstrom, der von der Sonne ständig mit einer hohen Geschwindigkeit in das All entweicht. Er blies kurz nach der Entstehung des Sonnensystems besonders stark.

aber auch Ammoniak, Kohlendioxid oder Wasserdampf an den Rand des Sonnensystems gedrängt wurden. Dort fingen die Gasgiganten Jupiter, Saturn, Uranus und Neptun diese Substanzen ein.*

Nahe der Sonne waren vier sich ähnelnde, steinig-metallische Kugeln entstanden: die Planeten Merkur, Venus, Erde und Mars, nackte Wüsten ohne Wasser und ohne eine Atmosphäre. Während sie sich aus der Urmaterie zusammenballten, schmolzen sie unter dem Einfluß der Schwerkraft und dem Gewitter der Kometen. Die Metalle, vor allem Eisen und Nickel, sanken in das Zentrum und die leichteren, gesteinsbildenden Silikate blieben an der Oberfläche. In der Endphase des Großen Bombardements stießen die Planeten mit zahlreichen Kometen aus den entfernteren, kalten Zonen des Sonnensystems zusammen. Das Eis dieser Körper schmolz bei dem Aufprall, und auf der Erde blieben vermutlich wassergefüllte Krater zurück – frühe Ozeane, deren Inhalt sicher rasch verdampfte. Der Planet war noch zu heiß, um das Wasser in flüssiger Form halten zu können.

Nachdem die Sonnentrabanten ihre endgültige Masse und Größe erreicht hatten, waren zwei wesentliche Faktoren für das zukünftige Klima verantwortlich. Erstens der Abstand zur Sonne: Er legt fest, wieviel Strahlung ein Planet empfängt. Und zweitens die Masse des Planeten: Sie bestimmt die Schwerkraft, und damit, welche Gasmoleküle im Umfeld der Kugel – als Atmosphäre – festgehalten werden können. Vereinfacht gesagt: Ein großer Planet wie der Jupiter bindet auch die leichten und sehr beweglichen Moleküle des Wasserstoffs an sich. Ein massearmer Planet wie der Merkur hingegen (der zudem nahe um die Sonne kreist) kann diese Gase nicht an der Flucht hindern.

Doch zurück zur jungen Erde, die damals eine regelrechte Hölle gewesen sein muß: Die innere Hitze des Planeten und die Vulkane trieben Gase wie Wasserdampf und Kohlendioxid, Ammoniak oder Methan aus der Erdkruste, und diese sammelten sich als Hülle um die Erde. Vor allem die großen Mengen an Wasserdampf und Kohlendioxid sorgten für einen starken Treibhauseffekt. Das heißt, in den unteren Atmosphärenschichten stieg die

* Nur Pluto, der äußerste Planet, paßt nicht in dieses Schema. Er ist vermutlich ein ehemaliger Riesenkomet, den die Schwerkraft der Sonne auf eine feste Bahn verwiesen hat.

Temperatur wesentlich über jene, die allein aufgrund des Abstandes zur Sonne zu erwarten gewesen wäre: Wasserdampf und Kohlendioxid, die wichtigsten Treibhausgase, hielten, wie die Scheiben eines Glashauses, die Wärmestrahlung der Erdoberfläche gefangen und ließen nur einen Teil in das All entweichen.

Nur langsam erkaltete der Planet im Laufe der Jahrmillionen, in den kälteren Zonen der Atmosphäre kondensierte das Wasser und regnete schließlich auf die Oberfläche. Es entstanden die ersten Pfützen. Der Regen wusch auch Kohlendioxid aus der Gashülle. In der Folge verarmte die Atmosphäre an Wasserdampf und Kohlendioxid, der Treibhauseffekt verringerte sich, es wurde kühler auf der Erde, aus den Pfützen wurden Seen und Meere und schließlich jene Ozeane, die heute 71 Prozent der Erdoberfläche bedecken. Im Grunde hätte die Gashülle längst weiter auskühlen müssen, aber dieser Effekt wurde durch einen anderen aufgehalten. Die Sonne steigerte ihre Strahlungskraft alle 100 Millionen Jahre um jeweils etwa ein Prozent. Unter diesen Bedingungen stellte sich ein Gleichgewicht zwischen Erdkruste und Atmosphäre ein: Immer wenn etwa ein Vulkan Kohlendioxid in die Atmosphäre spuckte, erwärmte sich die Erde, es verdunstete mehr Wasser, und es bildeten sich zusätzliche Wolken. Daraufhin regneten Kohlendioxid und Wasser auf die Erde zurück und es wurde wieder kühler.

Weil zur Zeit der Meeresbildung bereits Stickstoff* in der Gashülle der Erde schwebte, der die sehr kurzwellige Ultraviolettstrahlung der Sonne bremste, konnte etwas geschehen, was für die weitere Entwicklung der Erdatmosphäre von wesentlicher Bedeutung sein sollte: In den Ozeanen regte sich vor mehr als 3,5 Milliarden Jahren** das erste Leben, ein Prozeß, zu dem es viele Theorien gibt, den bisher aber kein Mensch erklären kann.

Zu jener Zeit fehlte in der Atmosphäre allerdings noch eine für uns Menschen lebensnotwendige Substanz: der Sauerstoff. Ver-

* Der Stickstoff entstand wahrscheinlich, weil die UV-Strahlung der Sonne die Ammoniak-Moleküle der Atmosphäre in ihre Bestandteile Stickstoff und Wasserstoff spaltete.

** Wann genau die ersten, primitiven Lebewesen entstanden, ist unklar. Die ältesten bekannten, versteinerten Mikroorganismen, die Stromatoliten, sind rund 3,5 Milliarden Jahre alt. Die Bakterien, aus denen diese Fossilien entstanden, waren allerdings schon so kompliziert, daß ihre Entwicklung sicher Hunderte von Millionen Jahren dauerte.

mutlich waren es die Blaualgen, die dieses Gas als erste freisetzten. Sie beherrschten als erste den Prozeß der Photosynthese, jene biochemische Reaktion, mit der die Pflanzen aus Kohlendioxid, Wasser und Sonnenenergie Kohlehydrate und Sauerstoff produzieren. Der Sauerstoff ist für viele Organismen eine gefährliche Substanz. Das Gas ist so reaktiv, daß es die meisten organischen Moleküle rasch oxidiert. Für die ersten Lebewesen war der Sauerstoff ein tödliches Gift.

Zunächst hielten die Meere das von den Algen freigesetzte Giftgas unter Kontrolle: Im Wasser waren riesige Mengen an zweiwertigem Eisen gelöst. Das verband sich mit dem reaktionsfreudigen Sauerstoff zu Eisen-III-oxid und sank als Sediment auf den Grund der Ozeane. Der größte Teil der heute geförderten Eisenerze entstammt derartigen »gebänderten Eisenlagerstätten«. Irgendwann war das zweiwertige Eisen aufgebraucht und die Evolution nahm eine weitere, wichtige Hürde: Der Sauerstoff stieg in feinen Perlen aus dem Wasser und entwich in die Atmosphäre.

Auf dem Festland konnte das Gas keinen Schaden anrichten. Dort gab es noch keine Lebewesen, weil die ultravioletten Strahlen aus dem All ungehindert auf die Erdoberfläche drangen und sie keimfrei hielten. Geschützt waren nur jene Organismen, die im Wasser lebten. Erst als das UV-Licht in den höheren Atmosphärenschichten einen Teil der Sauerstoffmoleküle gespalten hatte und dadurch Ozon entstand, das die ultraviolette Strahlung bremste, wurde das Leben auf dem Land möglich.

Mittlerweile hatten einige Meeresbakterien den gefahrlosen Umgang mit dem Sauerstoff, das »Atmen«, gelernt, und verließen das Wasser. Unter dem Ozon-Schirm der Atmosphäre konnten sich die höheren Formen des Lebens, wie wir sie heute kennen, entwickeln: Pilze, Pflanzen, Insekten, Fische, Reptilien und letztlich die Säugetiere.

Licht rein – Wärme raus

Nach der ersten, unruhigen Phase der Erdgeschichte blieb das Klima auf dem blauen Planeten erstaunlich stabil. Über eine Zeit von 2,5 Milliarden Jahren wurde es nie so heiß, daß die Ozeane

verdampften. Und nie so kalt, daß die Weltmeere gefroren. Beides hätte ein frühes Ende des Lebens bedeutet.
Es waren die natürlichen Treibhausgase, die das Klima warm und weitgehend konstant hielten. Sie lassen das wärmende Sonnenlicht bis zur Erde hindurch, verhindern aber, daß die Wärmestrahlung des Planeten vollständig in den Weltraum entweichen kann. Dieser Treibhauseffekt hält die Erde am Leben. Ohne ihn läge die Durchschnittstemperatur an der Erdoberfläche statt bei plus 15 bei minus 15 Grad. Eis würde große Teile des Globus bedecken.
Das Treibhaus Erde ist allerdings ein weit komplizierteres System, als es auf den ersten Blick scheint. Denn die Atmosphäre des Planeten steht in einer spezifischen Wechselwirkung mit der Strahlung der Sonne. Dies läßt sich am besten über eine Strahlungsbilanz erklären. Drei Fragen sind hierbei wichtig: Wieviel Energie erhält unser Planet von der Sonne? Wo bleibt diese Energie? Und was richtet sie auf der Erde an?
Die Sonne ist, wie erwähnt, der Motor allen Geschehens auf den Planeten und damit auch für das Klima der Erde. An der Oberfläche des Zentralsterns im Sonnensystem herrschen Temperaturen von etwa 6000 Grad, und das genügt, um eine gewaltige Menge an Energie in Form kurzwelliger elektromagnetischer Strahlung auszusenden.*
Den Astrophysikern war lange nicht genau bekannt, wie hoch die Strahlungsenergie ist, die bis zur Erde gelangt. Das hatte einen einfachen Grund: Die Atmosphäre der Erde streut und absorbiert die einfallende Strahlung, und was tatsächlich auf der Erdoberfläche ankommt, ist demnach weniger als das, was die Sonne zu unserem Planeten schickt. Die Wissenschaftler mußten auf das Raumfahrtzeitalter warten, bis sie die sogenannte Solarkonstante exakt bestimmen konnten. Erst der 1980 gestartete Nasa-Satellit »Solar-Max« ermittelte die Strahlungsenergie, die oberhalb der Atmosphäre pro Zeit- und Flächeneinheit auftrifft. Dabei registrierte die Meßsonde auch, daß die Helligkeit der Sonne während der vergangenen sieben Jahre um ein Zehntel Prozent schwankte, daß also die »Solarkonstante« genaugenommen gar keine Konstante ist.

* Jeder Quadratmeter Sonnenoberfläche strahlt eine Leistung von 73,4 Millionen Watt ab.

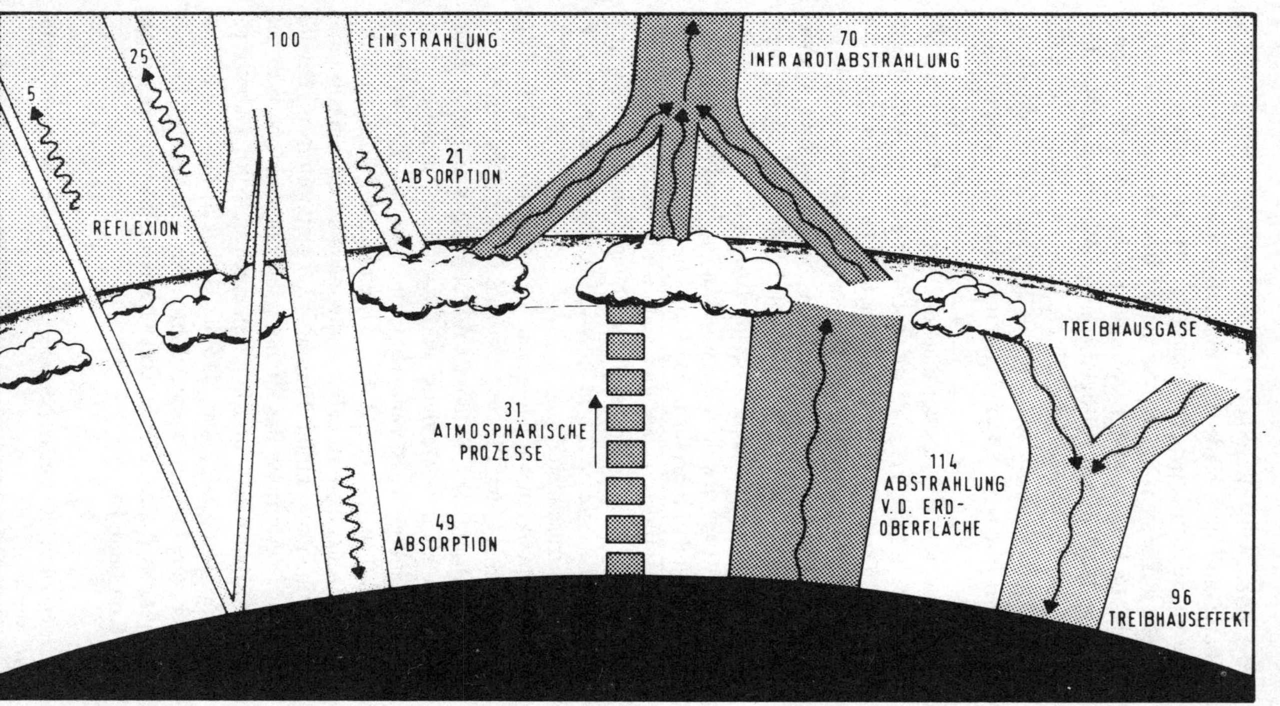
100
EINSTRAHLUNG
70
INFRAROTABSTRAHLUNG
25
5
21
ABSORPTION
REFLEXION
TREIBHAUSGASE
31
ATMOSPHÄRISCHE
PROZESSE
114
ABSTRAHLUNG
V.D. ERD-
OBERFLÄCHE
49
ABSORPTION
96
TREIBHAUSEFFEKT

Abb. 3.1: **Die Strahlungsbilanz**. Von der Sonne erhält jeder Quadratmeter Erdoberfläche eine Leistung von 343 Watt – in der Zeichnung gleich 100 Prozent gesetzt. Die Wolken, die helle Erdoberfläche und die Luftmoleküle streuen insgesamt 30 Prozent davon in das Weltall zurück. Die Erdoberfläche (49 Prozent) und die Atmosphäre (21 Prozent) absorbieren den größten Betrag der Sonnenleistung. Diese Energie erwärmt einerseits die Erde und läßt zum anderen Wasser aus den Ozeanen verdampfen. Der Planet strahlt die Wärme wieder ab, doch nur ein Teil davon kann direkt ins All entweichen. Der überwiegende Rest wird von Wolken und Treibhausgasen zurückgehalten und verzögert abgegeben. Dies ist der Treibhauseffekt (modifiziert nach Schneider, 1989).

Solar-Max empfängt auf einem Quadratmeter Fläche, die senkrecht zur Sonnenstrahlung zeigt, jede Sekunde im Mittel eine Energiemenge von 1368 Joule. Die Solarkonstante beträgt somit 1368 W/m^2. Könnte man diese Energie verlustfrei in Strom umwandeln, so ließe sich mit einer nur ein mal ein Meter großen Solarzelle eine Waschmaschine im Dauerlauf betreiben.
Weil die Erde aber keine senkrecht zur Sonne ausgerichtete Platte ist, sondern eine Kugel, deren Oberfläche zur Strahlungsquelle mehr oder weniger geneigt ist, kommt auf einem Quadratmeter im Durchschnitt nur ein Viertel der Energie, nämlich 342 W/m^2 an. Davon werden ungefähr 31 Prozent – hauptsächlich von den Wolken, dem Eis der Polregionen, den Schneeflächen, den Luftmolekülen und den hellen Wüstenregionen – ins Weltall zurückgestreut. Nur 237 W/m^2 treten in eine echte Wechselwirkung mit Atmosphäre und Erdoberfläche. Davon wiederum bleiben 68 W/m^2 in der Atmosphäre hängen, weil dort das Ozon, die Tröpfchen der Wolken, die in der Luft schwebenden Aerosolteilchen* und der Wasserdampf einen Teil der Sonnenstrahlung absorbieren. Sie heizen dadurch die Atmosphäre in unterschiedlichen Schichten verschieden stark auf.
Die Erdoberfläche absorbiert letztlich im Mittel pro Quadratmeter 169 Watt. Damit werden die Böden, die Pflanzen und die oberste Ozeanschicht erwärmt und (nur zu einem verschwindend geringen Bruchteil) die Photosynthese der grünen Pflanzen betrieben.
Wenn also 169 W/m^2 die Erde beheizen, muß sie diese Wärme irgendwie wieder loswerden. Anderenfalls würde der Planet immer heißer.** Satellitenmessungen haben bestätigt, daß die Erde im Mittel tatsächlich 237 W/m^2 in den Kosmos abstrahlt – nämlich die an der Oberfläche (169 W/m^2) und die in der Atmosphäre (68 W/m^2) absorbierte Sonnenstrahlung. Sie befindet sich damit in einem Zustand des Strahlungsgleichgewichts. Über große Zeiträume kann sie zwar wärmer werden – wenn sie aus irgendwel-

* Aerosole sind flüssige oder feste, in der Luft schwebende Teilchen, die viel größer sind als einzelne Moleküle, aber noch nicht groß und schwer genug, um rasch aus der Atmosphäre zu fallen.

** Die Eigenwärme der Erde, der Energiefluß aus dem Planeteninneren, der überwiegend durch den Zerfall der radioaktiven Elemente entsteht, ist mit etwa 0,1 W/m^2 gegenüber der Sonnenstrahlung vernachlässigbar klein.

chen Gründen mehr Sonnenstrahlung absorbiert oder weniger Wärme abgibt, oder sie kann kälter werden –, wenn sie mehr Sonnenstrahlung zurückstreut oder mehr Wärme abgibt. Sie erreicht dann aber vergleichsweise rasch einen neuen Gleichgewichtszustand.
Während in den obersten Atmosphäreschichten Energie fast ausschließlich in Form von Strahlung hin- und hertransportiert wird, spielt an der Erdoberfläche der Austausch anderer Energieformen eine wesentliche Rolle: Mit der Sonnenenergie läßt sich beispielsweise Wasser verdampfen. Größter »Lichtabsorber« der Erde sind die Ozeane, die sich unter der Strahlung erwärmen und aus denen täglich rund 1000 Kubikkilometer Meerwasser verdunsten. Mit dem Wasserdampf entweicht ein Enrgiebetrag von 90 W/m^2 in die Atmosphäre. Er wird dort wieder frei, wenn der Wasserdampf in den Wolken kondensiert und als Regen zur Erde fällt. Weitere 16 W/m^2 steigen mit der warmen Luft aus der bodennahen Atmosphäre nach oben. Damit bleiben in der Rechnung noch 63 W/m^2 »übrig«. Sie verlassen die Erdoberfläche als Wärmestrahlung.

Der Treibhauseffekt

Wärmestrahlung ist das unsichtbare, langwellige, infrarote Licht, das beispielsweise ein Kachelofen abgibt. Aber nicht nur ein Ofen, der uns angenehm »warm« erscheint, jeder Körper, mit einer Temperatur oberhalb des absoluten Nullpunktes von minus 273 Grad Celsius, strahlt infrarotes Licht aus. Je wärmer der Körper, desto energiereicher und kurzwelliger die Strahlung. Auch die Erde, von der Sonne auf eine Durchschnittstemperatur von plus 15 Grad aufgewärmt, funktioniert wie ein gigantischer Heizkörper. Sie strahlt unentwegt Wärme Richtung All ab, die jedoch nicht ungehindert entweichen kann. Denn im Weg stehen die Treibhausgase. Während das kurzwellige »sichtbare« Sonnenlicht größtenteils durch die Atmosphäre auf die Erde dringt, bleibt die langwellige Wärmestrahlung auf dem Rückweg ins All meist an Treibhausgas-Molekülen hängen.
Trifft sie beispielsweise auf ein Molekül Kohlendioxid (CO_2), eine einfache Verbindung aus einem Atom Kohlenstoff in der

Mitte und je einem Atom Sauerstoff an den Seiten, beginnt das CO_2 zu schwingen und zu rotieren. Die Sauerstoffatome bewegen sich hin und her wie der Blasebalg eines Akkordeons. Das Kohlendioxid absorbiert also Wärmestrahlung und heizt damit die Atmosphäre auf. Die Moleküle senden Wärme in alle Richtungen und schicken einen Teil der Energie zur Erdoberfläche zurück.

Genauso wirken die anderen Treibhausgase, allen voran der Wasserdampf, aber auch Ozon, Lachgas, Methan* und seit kurzem die Fluorchlorkohlenwasserstoffe, die sogenannten FCKW. Insgesamt können nur etwa 16 Prozent der Wärmestrahlung von der Erdoberfläche direkt in den Weltraum entweichen. Der überwiegende Teil, also 174 W/m^2, entschwindet zwar letztlich auch ins All, aber nur auf dem Umweg über die Atmosphäre. So kommt es zu folgender, auf den ersten Blick unverständlichen Bilanz: Atmosphäre und Oberfläche zusammen empfangen von der Sonne 237 W/m^2. Die aufgeheizte Erde schickt aber 390 W/m^2 als Wärmestrahlung in die Atmosphäre zurück. Und nur 237 W/m^2 entweichen in das Weltall. Was geschieht mit den verbliebenen 153 W/m^2?

Die Erde versucht zwar, die Wärmestrahlung abzugeben, diese stößt jedoch in der Atmosphäre gegen jene Gase, die wie die Scheibe eines Glashauses wirken. Die Folge: Im Treibhaus Erde staut sich die warme Luft unter einer »Scheibe« aus Wasserdampf, Kohlendioxid, Ozon und so weiter. Genau betrachtet ist der längst eingebürgerte Vergleich mit dem Treibhaus nicht ganz korrekt. Dort ist es warm, weil das Glas die erhitzte Luft am Entweichen hindert. In der Atmosphäre hingegen ist es die Luft, die verhindert, daß die Strahlung entweicht.

Verändert sich die Konzentration dieser Gase in der Atmosphäre, also isoliert die »Scheibe« besser oder schlechter als zuvor, dann stellt sich darunter ein neues Temperaturgleichgewicht ein. Nichts anderes geschieht im Moment: Die Menge der Treibhausgase in der Gashülle der Erde nimmt dramatisch zu. Es ist eine physikalische Notwendigkeit, daß sich dabei auch die Temperatur und das Klima weltweit ändern.

* Die Reihung der Treibhausgase entspricht ihrer natürlichen Bedeutung ohne eine Störung durch den Menschen.

Zwischen Sahara und Südpol

Die Erde gibt ihre Wärme nicht gleichmäßig über alle Flächen verteilt ab. Es gibt typische Verlustregionen und umgekehrt Zonen, die mehr Energie erhalten, als sie ihrerseits abstrahlen. Atmosphäre und Ozean gleichen dieses Ungleichgewicht aus. Es entstehen die Passatwinde oder die Tiefdruckgebiete, aber auch die Meeresströmungen wie der Golfstrom, die für das lokale, regionale und globale Klima eine wesentliche Bedeutung haben.

Die regionale Energiebilanz hängt also sehr von der Oberfläche des Planeten ab. Dabei kühlt, so überraschend es klingt, die zentrale Sahara die Erde ab, und die subtropischen Ozeane erwärmen sie, während die kalte Antarktis kaum einen Einfluß auf den Energiehaushalt hat. Vier Beispiele sollen diese Effekte verdeutlichen.

Erstes Beispiel: die Sahara, eine Region, die bekanntlich sehr heiß ist. Die größte und extremste Wüste der Welt ist so trocken, daß Fachleute sie als »hyperarid« bezeichnen. In manchen Gebieten der ägyptisch-libyschen Sahara fallen im Mittel pro Jahr weniger als zwei Millimeter Niederschlag und die Temperatur der Luft steigt auf bis zu 58 Grad an. Im Kerngebiet der Sahara sinkt fast ganzjährig kalte Luft aus hohen Atmosphäreschichten ab und fließt dann in einem ständig trocken-heißen Strom – dem Nordostpassat – Richtung Äquator.

Jeder Mensch würde auf den ersten Blick vermuten, daß diese Wüste Wärme an ihre Nachbargebiete wie den Sahel oder den Atlantischen Ozean abgibt. Doch das Gegenteil ist der Fall. Zwar strahlt die Sonne gnadenlos auf die Sahara ein und nur wenig Wasserdampf in der Atmosphäre hindert sie daran. Aber die hohe Oberflächentemperatur des Wüstenbodens – am frühen Nachmittag sind 60 Grad Celsius typisch – bewirkt eine starke Infrarotstrahlung ins All, die ebenfalls nicht wesentlich durch Wolken gebremst wird. Im zentralen Teil verliert die Sahara über den Außenrand der Atmosphäre mehr Energie, als sie von der Sonne erhält. Sie funktioniert als Wärmeabfluß für das Treibhaus Erde. Würde er – auch nur teilweise – durch zusätzliche Treibhausgase, beispielsweise durch etwas mehr Wasserdampf, verstopft, hätte dies einen wesentlichen Einfluß auf das Weltklima.

Zweites Beispiel: die Antarktis, der kälteste, trockenste und stürmischste Kontinent der Erde. Am Südpol, wo die amerikanische National Science Foundation in 2700 Meter Höhe eine Forschungsstation betreibt, beträgt die mittlere Jahrestemperatur minus 49 Grad. An der sowjetischen Station Wostok, direkt am geomagnetischen Pol, sanken die Temperaturen in der Polarnacht des Jahres 1983 auf minus 89,2 Grad – da gibt es selbst auf dem Mars angenehmere Flecken.

Dabei wird der Pol, zumindest im Südsommer, von der Sonne verwöhnt: An keinem anderen Ort der Welt trifft an irgendeinem Tag mehr Strahlung ein als am Südpol am 21. Dezember. Doch die Antarktis nimmt die Sonnenenergie fast nicht an. Pulverschnee streut bis zu 85 Prozent der Sonnenstrahlung, fast wie ein Spiegel, in den Weltraum. Die niedrigen Oberflächentemperaturen verursachen eine geringe Wärmeabstrahlung, und somit verliert die Antarktis Energie, wenn auch nur sehr wenig. Ein Mehr an Treibhausgasen in der Atmosphäre über der kalten Antarktis hätte demnach einen vergleichsweise kleinen Einfluß auf den globalen Treibhauseffekt.

Drittes Beispiel: die Ozeangebiete in den äußeren Tropen und den inneren Subtropen, zum Beispiel zwischen den Kapverdischen Inseln und den Azoren oder nördlich von Hawaii. Diese Meeresgebiete sind, vom Weltraum aus betrachtet, sehr dunkel, weil nur gering bewölkt. Sie nehmen bei wolkenlosem Himmel über 90 Prozent des einfallenden Sonnenlichtes auf und speichern weltweit die größte Energiemenge pro Flächeneinheit. Eigentlich müßten sie sehr warm werden. Weil sie jedoch viel Wasser verdunsten und, durch Wind und Wellenschlag, die eingefangene Sonnenstrahlung auf mindestens 50 Meter Wassertiefe verteilen, steigt die Ozeantemperatur in den obersten Wasserschichten selten über 22 bis 24 Grad an. Kein anderes Gebiet der Erde nimmt netto mehr Energie auf als die subtropischen Meere. Dieser Energieüberschuß steht bereit zum Transport in die Defizitgebiete. Als warme Luft oder warmes Wasser fließt er gen Süden oder Norden. Ein typisches Beispiel dafür ist die Warmwasserheizung Europas durch den Nordatlantischen Strom, der ein Teil des Golfstroms ist.

Viertes Beispiel: die Wolken. Der Sachverhalt ist kompliziert, weil die Wolken nicht wie ein Kontinent oder ein Meer fest an einem Ort verharren. Wolken können hoch oder tief, dick oder dünn, lang- oder kurzlebig, hier oder dort sein. Sie können nahezu jeden Effekt auf das Wetter und das Klima ausüben. Tiefhängende, dicke Wolken streuen bis zu 80 Prozent des Sonnenlichtes zurück und sind annähernd so warm wie die Erdoberfläche. Sie strahlen entsprechend viel Wärmeenergie ins All ab. Sie führen netto zu einem Energieverlust, verursachen also eine Abkühlung, und schwächen den Treibhauseffekt.

Hohe Wolken sind meist dünn und für das Sonnenlicht daher fast durchlässig. Sie bilden aber mit ihrem zu Eisteilchen gefrorenen Wasserdampf für die Infrarotstrahlung der Erde eine kräftige Barriere. Sie sind wegen ihrer Höhe obendrein sehr kalt, meist zwischen −40 und −65 Grad Celsius, geben also sehr wenig Wärme in den Weltraum ab. Diese Wolken erhöhen den Treibhauseffekt stark und wirken wie eine Scheibe im Glashaus. Deshalb verstärken auch die dünnen Kondensstreifen hochfliegender Flugzeuge die Treibhauswirkung.

Regional haben die Wolken demnach eine sehr unterschiedliche Wirkung auf das Klima. Derzeit kühlen sie – global gesehen – die Erde, denn über sie geht netto eine Energiemenge von 13 W/m^2 verloren.* Hauptverantwortlich für diesen Verlust sind die häufigen und dichten Wolken der mittleren Breiten. Es ist eine der größten Fragen für die Klimaforscher, wie sich die Wolken als Antwort auf einen anthropogenen Treibhauseffekt verändern werden. Theoretisch können sie in beide Richtungen wirken: Sie vermögen die Erde zu kühlen – wenn sich mehr dichte, niedrige Wolken bilden. Sie können sie aber auch erwärmen – wenn die dünnen, hohen Eiswolken zunehmen. Sie könnten obendrein, und dabei tappen die Wissenschaftler noch im dunkeln, ihre Strahlungseigenschaften ändern, wenn sie beispielsweise mehr flüssiges Wasser oder umgekehrt kleinere Tröpfchen enthielten.

Wasserdampf, das bei weitem wichtigste Treibhausgas, ist sehr unterschiedlich in der Atmosphäre verteilt. Je nach Temperatur und relativer Luftfeuchtigkeit variiert der Volumenanteil von einigen Millionstel in der Stratosphäre**, über ein Tausendstel in

* Das ist weltweit eine Leistung von rund 6 500 000 Gigawatt und entspricht dem 650fachen der Leistung, die der Mensch z. Zt. in allen Industrien, Kraftwerken und Motoren nutzt.

** Die Stratosphäre ist die Atmosphärenschicht, die etwa zehn bis 50 Kilometer über der Erdoberfläche liegt.

den Polarregionen, bis zu drei Hundertstel nahe der Erdoberfläche in den Tropen.
Insgesamt machen die Treibhausgase nur einen verschwindend geringen Prozentsatz in der Gashülle der Erde aus. Die Luft, wie wir sie täglich atmen, besteht zu 78,08 Prozent aus Stickstoff, zu 20,95 Prozent aus Sauerstoff und zu 0,93 Prozent aus dem Edelgas Argon.* All diese Substanzen haben keinen merklichen Einfluß auf den Wärmehaushalt der Erde, denn sie sind fast nicht in der Lage, Sonnenstrahlung oder Wärmestrahlung zu absorbieren.
Erst das nächsthäufige Gas, das Kohlendioxid, mit einem Anteil von gegenwärtig 0,035 Prozent, trägt zu dem Treibhauseffekt bei. Das scheint eine sehr geringe Menge zu sein, entspricht allerdings einer Masse von immerhin 2750 Milliarden Tonnen. Viel kleiner noch sind die Konzentrationen der übrigen Spurengase. Insgesamt machen alle treibhauswirksamen Stoffe nur 0,3 Prozent der Atmosphärenmasse aus. Trotzdem haben sie einen erheblichen Einfluß auf das Klima.**

Kühlfach oder Hitzefalle

Die Zusammensetzung der Erdatmosphäre ist stark temperaturabhängig. Wäre die Erde wärmer, würde mehr Wasser verdampfen und der Luftdruck stiege. Im Extremfall so lange, bis die Ozeane vollständig verdampft wären. Er betrüge dann über 300 Bar. Gleichzeitig würde aus dem Karbonatgestein eine große Menge Kohlendioxid, gut für weitere 60 Bar, entweichen. Die Erdatmosphäre bestünde dann im wesentlichen aus Wasserdampf und Kohlendioxid. Im umgekehrten Fall, wenn die Erde kälter wäre, würden diese beiden Treibhausgase zum Teil aus der

* Diese Werte sind wegen des variablen Gehalts an Wasserdampf in der Atmosphäre auf die trockene Luft bezogen.

** Alle Gase in der Erdatmosphäre zusammen lasten mit einem Druck auf dem Planeten, der dem von zehn Metern Wasser entspricht. Dies entspricht auf Meeresniveau etwa einem »Bar«. Diese Druckeinheit ist zwar allgemein gebräuchlich, aber wissenschaftlich nicht ganz korrekt. Der mittlere Druck auf Meereshöhe, der auch mit einer »Atmosphäre« bezeichnet wird, entspricht 1013,25 Hektopascal und das sind genau 1,01325 Bar.

Gas	chem. Kürzel	Volumen-anteil		Zunahme
Stickstoff	N_2	78.08		
Sauerstoff	O_2	20.95		
Argon	A	0.93		
Kohlendioxid	CO_2 *	0.035	350 ppm	ja
Neon	Ne		18.2	
Helium	He		5.2	
Methan	CH_4 *		1.7	ja
Krypton	Kr		1.1	
Wasserstoff	H_2		0.5	
Distickstoffoxid (Lachgas)	N_2O *		0.31	ja
Xenon	Xe		0.09	
F11	$CFCl_3$ *		0.0048	ja
F12	CF_2Cl_3 *		0.0028	ja

* Treibhausgas

Abb. 3.2: Zusammensetzung der trockenen Luft in der unteren Atmosphäre (nur permanente Bestandteile).

Atmosphäre verschwinden und den Planeten weiter auskühlen lassen. Der Druck fiele dabei nur unwesentlich, denn die heutige Gashülle besteht im wesentlichen aus Stickstoff und Sauerstoff.

Daß es diese beiden Extremmöglichkeiten gibt, zeigt ein Blick auf unsere Nachbarplaneten *Mars* und *Venus:* Die Marsatmosphäre enthält rund zwanzigmal mehr Kohlendioxid als die der Erde, aber fast keinen Wasserdampf. Das verursacht einen Treibhauseffekt von nur sechs Grad, und der sorgt, da der Mars weiter von der Sonne entfernt ist als die Erde, für eine Durchschnittstemperatur von etwa minus 35 Grad auf dem Roten Planeten.

Solche Kühlfachbedingungen haben dort vermutlich nicht immer geherrscht. Die Marsoberfläche ist mit vielen Kanälen und ausgetrockneten Flußbetten durchzogen, die jeweils vom Hoch- in das Tiefland führen. Es muß also eine Epoche gegeben haben, in der viel mehr Wasserdampf in der Mars-Atmosphäre schwebte und sogar am Boden Wasser in Strömen floß. Nach Berechnungen der amerikanischen Planetologen James Kasting, Owen Toon und James Pollack hätte eine 150- bis 800mal höhere Kohlendioxid-Konzentration ausgereicht, um den Mars vor Dauerfrost zu bewahren. Wahrscheinlich herrschten solche Verhältnisse bis vor mindestens 3,8 Milliarden Jahren. Nach dem »Großen Bombardement« kühlte der Mars im Vergleich zur Erde rasch aus. Zum einen, weil er weiter von der Erde entfernt ist. Vor allem aber, weil er nur ein Zehntel der Erdmasse besitzt und seine innere Wärme entsprechend schnell verlor. Der Wasserdampf regnete, beziehungsweise schneite auf den Mars herab und entzog der Atmosphäre dabei einen großen Teil des Kohlendioxids. Gleichzeitig konnte der erkaltende Planet dieses Gas nicht mehr aus dem Karbonatgestein freisetzen. Die Atmosphäre wurde immer dünner und der Treibhauseffekt sank, bis sich am Ende selbst das Kohlendioxid an den Polen niederschlug. Der Mars saß in der Kältefalle.

Auf der Venus ging das Klima einen völlig anderen Weg. Dieser Planet steht der Sonne so nah, daß er allenfalls in seiner Frühzeit über Ozeane verfügte. Auf jeden Fall ließ das Sonnenlicht viel Wasser verdampfen und verursachte einen gewaltigen Treibhauseffekt. In hohen Atmosphäreschichten spaltete das Sonnenlicht die Wassermoleküle in Wasserstoff und Sauerstoff, der leichte Wasserstoff entwich und ein Teil des Sauerstoffs verband sich mit Schwefeldämpfen zu ätzenden Schwefelsäure-Wolken.

Als der Wasserdampfgehalt in der Atmosphäre sank, stieg die Konzentration des Kohlendioxids, weil es nicht mehr ausgewaschen wurde. Der Treibhauseffekt wuchs, vermutlich trieben die Vulkane immer mehr Kohlendioxid aus dem Karbonatgestein, und dieses Phänomen steigerte sich, bis ein Gleichgewichtszustand erreicht war: Die Schwefelsäurewolken wurden so dicht, daß sie nur noch 20 Prozent des Sonnenlichtes hindurchließen. Von diesem Zeitpunkt an konnten die Temperaturen an der Oberfläche nicht weiter steigen. Heute hat die Venus eine Atmosphäre mit einem Gasdruck von rund 90 Bar, sie besteht vorwiegend aus Kohlendioxid und Schwefelsäure. Das Wasser der frühen Tage ist fast vollständig verschwunden.

Diese brisante Mischung führt zu einem seltsamen Klima. Die Venus empfängt 1,9mal mehr Sonnenstrahlung als die Erde, also etwa 650 W/m^2. Ohne Treibhauseffekt der Venusatmosphäre müßte es dort gerade fünf Grad kühl sein. Dank der dichten, die gesamte Venus einhüllenden Wolken nimmt sie davon aber nur

130 W/m^2 auf, und in dem Dämmerlicht, das bis an die Planetenoberfläche dringt, sollte es eigentlich fast so kalt sein wie auf dem Mars. Doch der Treibhauseffekt macht alles wett: Er hält die geringe Sonnenstrahlung so effektiv gefangen, daß auf der Venus eine Durchschnittstemperatur von 465 Grad herrscht. Dabei ist es gleichgültig, ob diese Temperatur am Äquator oder an den Polen gemessen wird. Im Treibhaus Venus ist es unter der dichten Gas- und Wolkendecke überall gleich heiß. Heiß genug, um die Schwefelsäure-Tropfen, die in den oberen Atmosphäreschichten kondensieren, verdampfen zu lassen, bevor sie jemals den Planeten erreichen.
Eine solche Hölle mit einem »runaway greenhouse effect«* ist auf der Erde undenkbar. Selbst wenn das gesamte, im Karbonatgestein gespeicherte Kohlendioxid in die Atmosphäre entweichen würde, diese zusätzlich mit Wasserdampf gesättigt wäre und der Luftdruck auf rund 90 Bar anstiege, dann würde das bei konstant gebliebener Helligkeit der Sonne »nur« für eine Treibhaustemperatur von 230 Grad ausreichen. Das sind rund 100 Grad zuwenig, um (bei 90 Bar Luftdruck) die Ozeane zum Kochen zu bringen.

Kohlenstoff zwischen Himmel und Erde

Beim Vergleich mit Mars, Venus und anderen, noch unwirtlicheren Orten im Sonnensystem fällt auf, daß es nur auf der Erde Wasser in flüssiger Form gibt. Um dieses Molekül dreht sich das Leben. Kein Wesen, ob Pflanze oder Tier, keine Mikrobe, kein Baum, kein Mensch, weder Industrie noch Landwirtschaft kommen ohne Wasser aus. Die vielleicht wichtigste Funktion übt das Wasser auf das Klima aus: Zum einen sorgt es als Gas für einen relativ starken Treibhauseffekt der Atmosphäre. Zweitens macht es den Planeten über seine Wolken hell. Drittens halten die Wolken einen Teil der Wärme auf der Erde gefangen.
Insgesamt gibt es auf der Erde einen Kohlenstoffvorrat von über 66 000 000 000 000 000 Tonnen oder mehr als 60 Millionen Giga-

* runaway greenhouse effect = ungedämpfter, sich selbst verstärkender Treibhauseffekt

tonnen.* Diese Menge ist verteilt auf die Atmosphäre, die Biosphäre (die belebte Welt), die Hydrosphäre (die Ozeane und die Binnengewässer) und die Geosphäre (das Gestein). Der Kreislauf des Kohlenstoffs, vor allem der Gehalt an Kohlenstoff in der Atmosphäre und im Ozean, ist der Schlüssel für das natürliche Klimageschehen auf der Erde. Dieser Kreislauf soll in den folgenden Absätzen beschrieben werden.

Beginnen wir mit einer Kohlenstoff-Inventur in der obersten Schicht des Planeten, der Atmosphäre. Dort schweben derzeit 750 Gigatonnen Kohlenstoff als CO_2-Gas – und es werden täglich mehr. Kohlendioxid entsteht beim Verfeuern von Öl, Gas oder Kohle und beim Verbrennen von Holz.** So setzt heute jeder Mensch im Jahr durchschnittlich 4,5 Tonnen Kohlendioxid frei. Binnen zwölf Monaten landen weltweit 22 Gigatonnen Kohlenstoff in der Atmosphäre.

Die Biomasse an Land birgt geschätzte 500 Gigatonnen Kohlenstoff, den größten Teil davon im Holz der Wälder. Somit schwebt mehr Kohlenstoff in der Atmosphäre über unseren Köpfen, als in allen Wäldern der Erde fixiert ist.

Die grünen Pflanzen entziehen der Atmosphäre über die Photosynthese*** jährlich rund 120 Gigatonnen Kohlenstoff und legen sie vorübergehend als Biomasse fest. Davon »veratmen« die Pflanzen sofort wieder 60 Gigatonnen zu Kohlendioxid. Die andere Hälfte geht über absterbende Pflanzen in die Humusschicht des Bodens, wo etwa 1500 Gigatonnen Kohlenstoff gespeichert liegen (also wesentlich mehr als in der Vegetation!). Weil Bodenbakterien und andere Kleinlebewesen den Humus langsam, aber sicher abbauen, gelangen 60 Gigatonnen Kohlenstoff zurück in die Atmosphäre. Der kleine Kohlenstoff-Kreislauf zwischen Atmosphäre und Biosphäre ist also ausgeglichen – mit einer kleinen, aber wichtigen Ausnahme: Jährlich werden zur Zeit mehr

* 1 Gigatonne = 1 Milliarde Tonnen.

** Kohlenstoff-Mengen sind leicht in Kohlendioxid-Mengen umzurechnen. Nach der chemischen Gleichung: $C + O_2 \rightarrow CO_2$, und dem Verhältnis der Atomgewichte von Kohlenstoff (12) und Sauerstoff (16) entstehen aus einer Tonne Kohlenstoff beim Verbrennen mit Sauerstoff 3,67 Tonnen Kohlendioxid.

*** Bei der Photosynthese setzen die Pflanzen Kohlendioxid und Wasser zu Traubenzucker und Sauerstoff um, und zwar, vereinfacht gesagt, nach folgender chemischer Reaktion: $6\ CO_2 + 6\ H_2O \rightarrow C_6H_{12} + 6\ O_2$.

als 100 000 Quadratkilometer Wald gerodet, dadurch ein bis zwei Gigatonnen Kohlenstoff zusätzlich zu Kohlendioxid umgesetzt und in die Atmosphäre entlassen.

In einem ähnlichen »Gleichgewicht« sind Atmosphäre und Hydrosphäre, die über die bodennahen Luftschichten und die Deckschicht der Ozeane Kohlendioxid austauschen können. Das Gas diffundiert entweder direkt in die Meere oder es regnet, als Kohlensäure (H_2CO_3), in den Wassertropfen herab. Jedes Jahr gelangen auf diesem Weg etwa 80 Gigatonnen Kohlenstoff in das Wasser. Die gleiche Menge verläßt die Ozeandeckschicht in der umgekehrten Richtung, denn die Kohlensäure kann dem Wasser bei Erwärmung (wie aus einer offenstehenden Mineralwasserflasche) leicht wieder entweichen. Insgesamt schwimmen im Zwischenlager der oberen Ozeandeckschicht 700 Gigatonnen Kohlenstoff, das heißt, die obersten 100 Meter Ozean enthalten etwa soviel Kohlenstoff wie die gesamte Atmosphäre.

Ein Teil des Regens fällt bekanntlich auf das Festland, und dort löst die Kohlensäure im Regen Kalziumionen aus dem Kalkgestein heraus, die schließlich über die Bäche und Flüsse im Meer landen. Einige pflanzliche Meeresalgen, aber auch andere Meereslebewesen bauen aus gelöstem Kalzium und Kohlensäure Kalziumkarbonat ($CaCO_3$) in die Kalkschalen ein. Das marine Phytoplankton enthält zwar nur drei Gigatonnen, also im Vergleich zur Landbiomasse wenig Kohlenstoff. Dafür ist es aber viel produktiver als die Landpflanzen: Es fixiert jährlich mindestens 30 Gigatonnen, manche Wissenschaftler glauben bis zu 100 Gigatonnen Kohlenstoff, wovon ein kleiner Teil mit dem toten Plankton auf den Meeresgrund sinkt.

Fällt das abgestorbene Material tief, dann löst es sich unter dem hohen Druck des Meerwassers wieder auf. Sinkt es in einen flachen Ozean, dann setzt es sich als kalkhaltiges Sediment ab und wird im Laufe der Zeit zu Karbonatgestein. Auf diese Weise werden dem kurzen Kohlenstoff-Kreislauf jährlich ein bis zwei Gigatonnen Kohlenstoff entzogen und der Geosphäre, dem größten Depot auf der Erde, zugeführt. Dort liegen als Gestein insgesamt 66 Millionen Gigatonnen Kohlenstoff. In geologischen Zeiträumen gerechnet, findet er auch hier keine Ruhe, denn aus dem Sediment gelangt der Kohlenstoff letztlich wieder in die Atmosphäre zurück. Zum einen durch die Verwitterung von Karbonatgestein an der Erdoberfläche. Und zum anderen, kleineren Teil

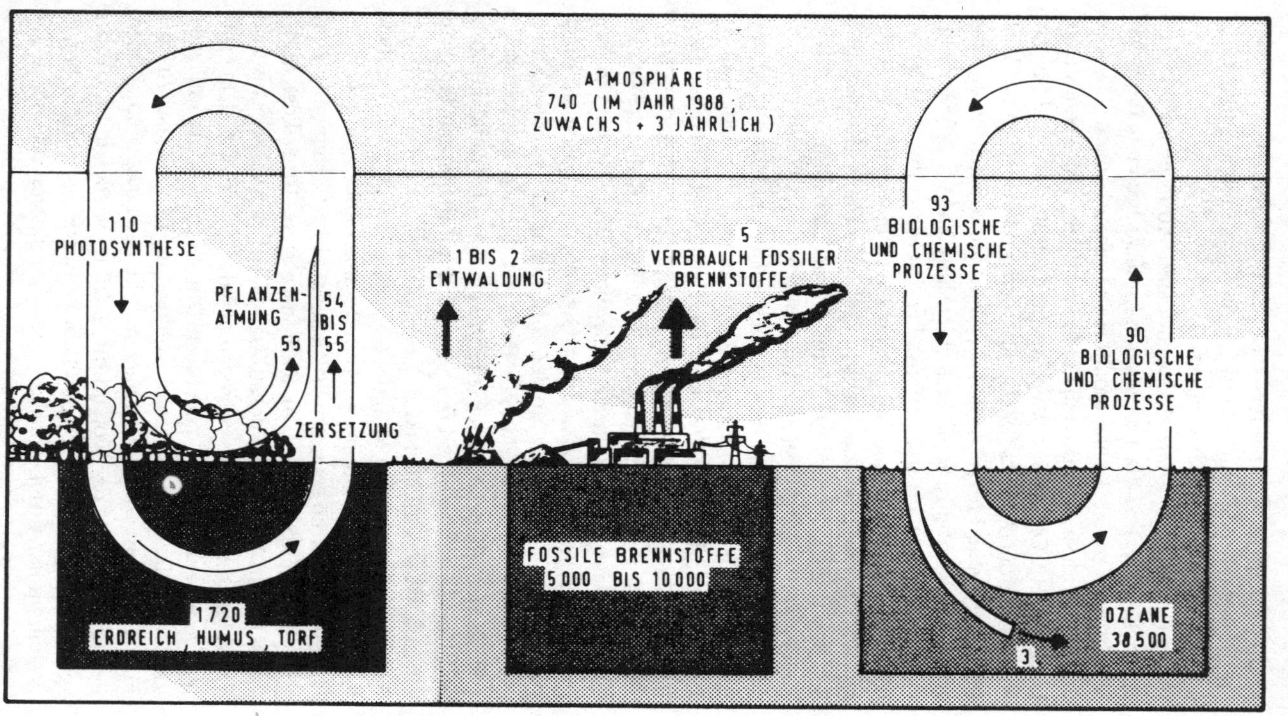

ATMOSPHÄRE
740 (IM JAHR 1988;
ZUWACHS + 3 JÄHRLICH)
110
PHOTOSYNTHESE
PFLANZEN-
ATMUNG
55
54
BIS
55
ZERSETZUNG
1 BIS 2
ENTWALDUNG
5
VERBRAUCH FOSSILER
BRENNSTOFFE
93
BIOLOGISCHE
UND CHEMISCHE
PROZESSE
90
BIOLOGISCHE
UND CHEMISCHE
PROZESSE
1720
ERDREICH, HUMUS, TORF
FOSSILE BRENNSTOFFE
5000 BIS 10000
OZEANE
38 500
3

Abb. 3.3: **Der Kohlenstoffkreislauf.** Auf der Erde existieren über 60 Millionen Gigatonnen Kohlenstoff. Nur rund 50 000 Gigatonnen unterliegen einem Kreislauf, der einen direkten Einfluß auf das Klima hat. Wichtig für den zusätzlichen Treibhauseffekt sind lediglich die Kohlenstoff-Emissionen aus der Brandrodung (ein bis zwei Gigatonnen) und dem Verfeuern fossiler Brennstoffe (fünf Gigatonnen). Da die Ozeane jährlich höchstens drei Gigatonnen aufnehmen, steigt die Kohlenstoff-Menge in der Atmosphäre im gleichen Zeitraum um drei Gigatonnen. In der Zeichnung sind die Kohlenstoff-Flüsse in Gigatonnen pro Jahr angegeben (nach Schneider, 1989).

über die Vulkane. Im Durchschnitt sind das allerdings nur 0,05 Gigatonnen Kohlenstoff im Jahr.

Theoretisch könnten die Ozeane wesentlich mehr Kohlenstoff zwischenlagern und so der Atmosphäre fast alles überschüssige Kohlendioxid abnehmen. Zur Zeit tun sie dies jedoch nicht. Denn der CO_2-Transport in die Tiefsee, wo unter großem Druck und bei tiefer Temperatur mehr Kohlendioxid besser gelöst werden kann als an der Oberfläche, ist weit geringer als der Zuwachs des Gases in der Atmosphäre.

Der Transport des Kohlendioxids in die Tiefe findet besonders effektiv dort statt, wo große Wassermassen mit hohem Salzgehalt absinken. Dafür gibt es weltweit nur drei Regionen, die alle im Atlantik liegen:

– Erstens am Meereisrand im Seegebiet zwischen *Grönland* und *Spitzbergen*. Dort schiebt sich normalerweise das durch das Süßwasser der sowjetischen Flüsse etwas leichtere, weil salzärmere Wasser über das wärmere und schwerere Meerwasser des Nordatlantiks. Letzteres dringt gelegentlich in ozeanischen Wirbeln an die Oberfläche. Wenn diese Schicht dann bei abeisigem Wind stark abkühlt, verdichtet sie sich und sinkt in die Tiefsee.

– Zweitens in der *Labrador-See,* wo ähnliche Bedingungen herrschen.

– Drittens in der antarktischen *Weddell-See.* Dort friert unter dem Rönne-Filchner-Schelfeis, einem schwimmenden Gletscher, auf einer Fläche, die der Bundesrepublik Deutschland entspricht, in jedem Winter eine dicke Schicht Meerwasser fest. Dabei stoßen die Eiskristalle einen Teil des Meersalzes aus, das im Umwasser zurückbleibt. Diese besonders schwere, etwa minus 2,1 Grad Celsius kalte Sole sinkt dann in die Tiefen des Südatlantiks.

Im Tiefenwasser des Weltozeans sind insgesamt rund 38 000 Gigatonnen Kohlenstoff gespeichert, 70mal mehr als in der gesamten Biosphäre an Land. Die Speicherkapazität der Ozeane ist damit bei weitem nicht ausgelastet. Doch das Problem ist, das Kohlendioxid schnell genug in die Tiefsee zu überführen. Die Meere brauchen typischerweise 50 bis 200 Jahre, bis sie einen »CO_2-Berg« aus der Atmosphäre zu rund zwei Dritteln verschluckt haben – vorausgesetzt, der Berg wächst in dieser Zeit nicht nach. 50 bis 200 Jahre würde es dauern, bis die Ozeane das von Menschen verursachte Kohlendioxid aufgearbeitet hätten,

selbst dann, wenn wir von heute auf morgen das Verheizen von fossilen Brennstoffen unterbinden könnten!
Im Vergleich zu dem gewaltigen Tiefseedepot scheint die Störung durch den Menschen auf den ersten Blick unbedeutend zu sein: Durch die Kamine, Fabrik- und Kraftwerkschlote und die Auspufftöpfe der Autos strömten im letzten Jahr weltweit etwa 5,6 Gigatonnen Kohlenstoff als Verbrennungsgas Kohlendioxid in die Atmosphäre. Die Hälfte dieser Abgasmenge verschwand vermutlich in den Ozeanen. Die andere blieb in der Atmosphäre und verursacht einen Teil des anthropogenen Treibhauseffektes. Und so geht es weiter, Jahr für Jahr.
Ein Ende dieses Wachstums ist nicht abzusehen, denn die Reserven an fossilen Brennstoffen sind enorm. In der Erdkruste ruhen 13000 Gigatonnen Kohlenstoff als Öl, Gas oder Kohle. Davon gelten zur Zeit etwa 1000 Gigatonnen als wirtschaftlich verwertbar, und nichts deutet darauf hin, daß sie im Boden bleiben werden: Auf einer Konferenz der Vereinten Nationen zum Schutz der Erdatmosphäre im holländischen Noordwijk konnten sich im Herbst 1989 trotz weltweiter Diskussionen die Umweltminister von 69 Staaten nicht darauf einigen, die Emissionen von Kohlendioxid auch nur geringfügig zu begrenzen. Ein weiterer CO_2-Anstieg steht also in Aussicht.
Der globale Kohlenstoffkreislauf wird sich an diese Veränderung anpassen können. In der Atmosphäre ist schließlich Platz für wesentlich mehr als 0,035 Prozent Kohlendioxid. Die Folge dieses Wachstums bestünde in einem zusätzlichen Treibhauseffekt und einem globalen Temperaturanstieg um ein paar Grad.
Ein paar Grad freilich, an die sich der Mensch erst noch gewöhnen muß: Wenn sich beispielsweise in Nordafrika die mittlere Lufttemperatur um nur wenige Zehntel Grad erhöht, kann sich dort die Wüstengrenze bereits um 50 bis 100 Kilometer verschieben. 0,5 Grad Erwärmung reichen aus, um die nördliche Waldgrenze um etwa die gleiche Distanz zu verlagern. 0,5 Grad genügen auch, um die Gletscher der mittleren Breiten um mindestens 200 Meter nach oben zu vertreiben. Eine um zwei Grad höhere Durchschnittstemperatur hat die Erde seit Bestehen des modernen Menschen, des *Homo sapiens*, nicht erlebt. Und eine um vier Grad wärmere Erde hat es nicht gegeben, seit der Mensch vor vier Millionen Jahren entstand.

Kapitel 4
Selten Eis – meistens heiß

Die Erde im Wechselbad
oder: Wozu die ganze Aufregung?

Vermutlich war der italienische Gelehrte Galileo Galilei vor 350 Jahren der erste, der folgendes Experiment machte: Er nahm ein kleines Glasrohr, das an einem Ende geschlossen war, erhitzte die darin enthaltene Luft und steckte das Röhrchen mit der Öffnung nach unten in ein Gefäß mit Wasser. Als die Luft abkühlte und sich an die Temperatur der Umgebung anpaßte, sog sie dabei eine Wassersäule in das Glasrohr. Mit jeder Temperaturänderung der Umgebung dehnte sich die Luft im Glas aus oder sie zog sich zusammen. Galileo hatte ein »Gasthermometer« erfunden und konnte fortan Temperaturen miteinander vergleichen.
Das Instrument war nicht sonderlich genau, vor allem weil der sich ständig ändernde Luftdruck die Messungen verfälschte. Andere Forscher füllten daher bald Flüssigkeiten statt Luft in geschlossene Glasröhrchen – Wasser, Alkohol oder Quecksilber. Ein deutscher Physiker namens Daniel Gabriel Fahrenheit brachte erstmals Markierungen an den Röhrchen an und eichte damit das Thermometer: An die Stelle der Quecksilbersäule, die jener Temperatur entsprach, bei der reines Wasser gefror, schrieb Fahrenheit die Zahl 32. An die Stelle, die der des siedenden Wassers entsprach, schrieb er die Zahl 212. Dazwischen lagen 180 »Grad«.
Wie der Forscher zu seiner seltsamen »Fahrenheit-Skala« gekommen war, ist umstritten. Doch so unsinnig, wie die Einteilung auf den ersten Blick erscheint, war sie nicht. Schließlich gelten Grad als geometrisches Maß für einen Kreis, und ein Halbkreis umfaßt 180 Grad. Zwei andere Punkte auf der Skala waren zudem nach Naturkonstanten gewählt: Null Grad Fahrenheit war die kälteste Temperatur, die der Forscher in seinem Labor mit einer Mischung aus Eis und Wasser erzeugen konnte. Und 100 Grad Fahrenheit entsprachen ungefähr der Körpertemperatur des Menschen. Dennoch setzte sich später eine andere Skala durch, die

1742 der schwedische Astronom Anders Celsius eingeführt hatte. Er definierte den Gefrierpunkt von reinem Wasser mit null und den Siedepunkt mit 100 Grad. Die Celsius-Einteilung half, die Temperaturmessungen zu vereinheitlichen, und seit 1948 gilt sie als international verbindliche Einheit.

Dank der Erfindung des Thermometers existieren seit dem 17. Jahrhundert schriftliche Aufzeichnungen über Luft- und Wassertemperaturen bestimmter Regionen der Erde. Noch weiter zurück reichen die historischen Wetterbeobachtungen der Chinesen, der Ägypter und der Babylonier. Auch indirekte Daten sagen einiges über die Temperaturen vergangener Zeiten aus: Berichte über schneereiche Winter oder Hungersnöte, Ernteaufzeichnungen und Handelsbilanzen, oder die Qualität der Weinjahrgänge.

Doch für die Zeit vor mehr als 5000 Jahren liegen keinerlei Dokumente vor. Dennoch läßt sich die Klimageschichte der Erde über Jahrmilliarden zurückverfolgen. Diese Ergebnisse sind das Werk der Paläoklimatologen, jener Forscher, die die Erdgeschichte förmlich aus dem Boden graben. Sie untersuchen beispielsweise Blütenpollen, die sich über die Jahre im Sediment von Flüssen oder Seen abgelagert haben. Pollen sind ungemein stabil und haben typische Formen und Muster, die sich unter dem Mikroskop erkennen lassen. Da bestimmte Pflanzen nur unter speziellen Klimabedingungen wachsen und wuchsen, können die Botaniker aus der Florengeschichte im Sediment Klimakarten zeichnen, die zum Teil mehr als 100 000 Jahre zurückreichen.

Auch Wassertemperaturen lassen sich indirekt ermitteln. Im Ozeangrund sind in datierbaren Schichten Reste von Meereslebewesen eingelagert.* Diese verschiedenen, winzigen Radiolarien- oder Foraminiferenarten waren zu ihren Lebzeiten in den oberen Schichten der Meere an bestimmte Temperaturbedingungen gebunden. Jede Bodenschicht repräsentiert also eine genau definierte Klimaepoche und enthält verschlüsselt Angaben über die einstigen Temperaturen in der Deckschicht des Ozeans.

Eine andere gute Geschichtskonserve ist das besondere Eis im Inneren Grönlands und der Antarktis. Es entsteht aus Pulverschnee, wenn dieser, ohne zu schmelzen, zu einer Höhe von min-

* Pro Jahrtausend setzen sich weit von den Küsten entfernt nur rund zwei Zentimeter Sediment am Meeresboden ab.

destens 30 Meter angehäuft wird, und sich dabei verdichtet und die Kristalle sich verformen. In diesem Eis sind Luftblasen eingeschlossen – historische Gasproben gewissermaßen. Spurenchemiker ermitteln daraus die Zusammensetzung der damaligen Atmosphäre. Den aussagekräftigsten Bohrkern haben sowjetische Polarforscher nahe der Antarktis-Station Wostok aus dem Eis gezogen. Der bereits zwei Kilometer lange Kern (er könnte fast vier Kilometer lang werden) weist den Weg durch 160 000 Jahre Erdgeschichte.

Selbst das Wasser verändert sich im Laufe der Zeit: Der Sauerstoff der Erdatmosphäre besteht zum größten Teil aus dem Isotop ^{16}O,* zu rund 0,2 Prozent aber aus dem Isotop ^{18}O. Wassermoleküle (chemische Formel: H_2O), die ^{18}O enthalten, sind schwerer und verdunsten schlechter als jene, in die ^{16}O eingebaut ist. So befindet sich während einer kalten Klimaepoche, in der viel Eis auf der Erde liegt, im Mittel mehr Wasser des Typs $H_2{}^{18}O$ im Ozean als in einer warmen. Wenn sich in den Wolken Wassertropfen bilden, kondensiert das schwerere Wasser wiederum eher als das $H_2{}^{16}O$, so daß der Schnee, der weit entfernt vom Verdunstungsort Ozean fällt (beispielsweise im Inneren der Antarktis), besonders arm an $H_2{}^{18}O$ ist. Entsprechend wenig schwerer Sauerstoff lagert sich im Inlandeis ab – insbesondere dann, wenn vor dem Land noch viel Meereis schwimmt. In einer Eiszeit verarmt das Eis an Sauerstoff-18.

Im Muschelkalk oder in Korallenriffen ist die Lage umgekehrt. Sie nehmen während einer Kaltzeit mehr ^{18}O auf, denn der Ozean ist damit angereichert. Der Sauerstoff-18 im Sediment des Ozeans ist demnach ein direktes Maß für das globale Eisvolumen. Aus den Mengenverhältnissen der Sauerstoffisotope läßt sich dann sogar die Entstehungszeit dieser Formationen berechnen.

Die Sauerstoff-Isotopen-Methode ist ein recht aufwendiges Verfahren. Manchmal gelingt ein Blick zurück in die Klimageschichte auch verblüffend einfach: Wer einen alten Baum zersägt, kann an den Baumringen exakt abzählen, in welchem Jahr der Baum gut und in welchem Jahr er schlecht wuchs. Das Wachstum

* Zu einzelnen Elementen des Periodensystems gibt es verschiedene Isotope. Diese unterscheiden sich in ihrer Masse. Chemisch hingegen sind sie identisch, so daß sie beispielsweise in Pflanzen fast ohne Unterschied eingebaut werden.

ist eng an Temperaturen und Niederschläge gekoppelt – in der Wärme und mit Wasser versorgt, wachsen Pflanzen im allgemeinen besser als in der Kälte. So lassen sich nicht nur frisch gefällte Bäume untersuchen, sondern auch solche, die in alten Häusern eingebaut sind, im Schlamm eines Flußdeltas liegen oder gar schon versteinert sind.

Mit dieser hier nur angedeuteten Vielfalt an indirekten Meßmethoden haben die Paläoklimatologen eine recht genaue Klimaskala aufgestellt. Auf ähnliche Weise läßt sich auch die jeweilige Zusammensetzung der Erdatmosphäre ermitteln. Im Karbon beispielsweise, in dem Erdzeitalter, da die meisten fossilen Energiereserven entstanden, die tropischen Pflanzen selbst in unseren Breiten wuchsen, die Pole eisfrei waren und die Dinosaurier in den dampfenden Farn- und Schachtelhalmwäldern lebten, in dieser Epoche war es um acht bis zehn Grad wärmer als heute. Die Meere standen um etwa 70 Meter höher und der Kohlendioxidgehalt der Atemluft lag mit rund 1000 ppm drei bis vier mal höher als heute. Ein Mensch kann bei diesem Wert bereits Kopfschmerzen und Konzentrationsstörungen bekommen. Woher die Riesenmenge an Kohlendioxid damals kam, ist unbekannt. Sicher ist nur, daß hohe Temperaturen und hohe Kohlendioxidkonzentrationen immer Hand in Hand liefen.

Die meiste Zeit der Erdgeschichte war es relativ warm. Doch es gab auch kalte Perioden, mit niedrigen Konzentrationen an Treibhausgasen in der Atmosphäre. Allein in der vergangenen Million Jahre erlebte die Erde zehn große Vergletscherungen in Amerika und Eurasien. Zeitweise war fast ein Drittel der Landfläche mit Eis bedeckt. Vor 180 000 Jahren etwa, auf dem Höhepunkt der letzten Eiszeit, lagen die Temperaturen um vier bis fünf Grad und der Meeresspiegel um 130 Meter tiefer als jetzt. Eis bedeckte das heutige New York, ganz Skandinavien, den Hochschwarzwald und die Hochlagen anderer deutscher Mittelgebirge sowie große Teile des nördlichen Alpenvorlandes. Mancherorts war der Eispanzer kilometerdick und drückte mit seiner Masse die Platten der Kontinente ein paar hundert Meter unter ihr heutiges Niveau.

Die Menschen zogen sich notgedrungen vor den Eismassen zurück und führten, wo immer Platz blieb, ein karges Leben in einer tundraartigen Landschaft. Da der Meeresspiegel stark gesunken war, konnten sie immerhin die trockengefallenen Teile der Kontinentalschelfe* besiedeln. Sie gelangten auch trockenen Fußes von Sibirien nach Alaska oder vom europäischen Festland auf die damals baumlosen Britischen Inseln. Und ganz offensichtlich machten sie von den Landbrücken regen Gebrauch: Faustkeile auf der Doggerbank, einer Untiefe in der Nordsee, zeugen davon, daß die Menschen damals dort siedelten, wo heute das trübe Meer schwappt.

Die tropischen Regenwälder waren fast völlig verschwunden, und weil das Klima bei den niedrigeren Temperaturen viel trockener war als heute, bedeckten mächtige Wanderdünen ein Drittel der eisfreien Kontinente. Von der Wüste Kalahari im heutigen Namibia bis an den Äquator – nichts als Stein und Staub und Sand.

Danach stiegen die Temperaturen wieder. Nach dem Höhepunkt der »Würm-Eiszeit« vor 180000 Jahren kletterten sie im globalen Mittel von elf auf 15 Grad, die Gletscher zogen sich zurück, der Meerespegel stieg, und vor allem auf der Nordhalbkugel wurde es deutlich feuchter. Interessanterweise vollzog sich der Übergang in die Warmzeit wesentlich schneller als die vorhergehende Abkühlung. Höhepunkt der Erwärmung war die Epoche vor 4000 bis 7000 Jahren, ein sogenanntes Klimaoptimum und ein wahres Paradies im Vergleich zu einer Kaltzeit. In der Sahara lebten Gazellen, Elefanten, Nashörner – und Menschen, die diese Szenen von einem blühenden Leben in Höhlenbildern verewigten.

Wie schon der Name »Klimaoptimum« sagt, wurde es anschließend wieder kälter, und die grüne Sahara trocknete langsam aus. Während dieser Entwicklung schlug das Klima zwischen den Jahren 900 und 1300 n. Chr. noch einmal um. Ein »kleines Optimum«, mit einer erneut höheren globalen Durchschnittstemperatur von rund 16 Grad, ließ in Pommern und Schottland den Wein wachsen und machte aus Grönland ein Grünland. Erich der Rote, der die Insel im Jahr 999 entdeckte, gab ihr denn auch den Namen »grünes Land«. Wo heute im Sommer der Boden nur oberflächlich auftaut, trieben die Wikinger ihre Herden über die Weiden.

Wikinger und Wein gingen, wie sie kamen, als es um 1200 wieder kühler wurde. Nach dem kleinen Optimum folgte eine in globalen Durchschnittstemperaturen kaum noch meßbare »Kleine Eis-

* Flachmeer entlang der Küste.

zeit« zwischen den Jahren 1550 und 1850. Doch lokal war die Abkühlung drastisch zu spüren: Im März herrschte in unseren Breiten meist noch tiefer Winter und der Sommer war um etwa einen Monat kürzer. Bis nach Island und zu den Färöer-Inseln, sogar bis nach Norwegen trieben manchmal die Eisberge. Europaweit gab es Mißernten und Hungersnöte, und in England nahm die Bevölkerung um ein Drittel ab, weil die Leute verhungerten, an Seuchen starben oder flohen. Im Winter 1683/84 fror vor Hollands Küste das Meer über eine Strecke von 25 Kilometern zu, und 1783 lag in Bern 154 Tage lang der Schnee auf den Straßen.
Es ist also alles schon einmal dagewesen: Palmen in Alaska und Gletscher über Hamburg. Doch weder am Eis noch an der Hitze vergangener Zeiten trug der Mensch eine Schuld. Wozu dann die ganze Aufregung der Wissenschaft wegen einer bevorstehenden Erwärmung um ein paar Grad, wo sich doch das Klima auch ohne unser Zutun massiv und ständig verändert?

Von Eiszeit zu Eiszeit

Seit langem schon suchen die Wissenschaftler nach Hinweisen auf regelmäßig wiederkehrende Ereignisse in der Klimageschichte – nach einer Art Überuhr, die das Klima langfristig ticken läßt. Die Sedimente mancher Seen und Ozeane weisen zum Beispiel Formationen auf, die auf eine zyklische Veränderung des Klimas hinweisen. Der Geologe Franklyn van Houten von der amerikanischen Princeton-Universität hatte Anfang der sechziger Jahre das kilometerdicke Sedimentgestein des Newark-Beckens im Norden von New Jersey untersucht, das sich über eine Zeit von 200 Millionen Jahren abgelagert hat, und war dabei auf Schichtungen gestoßen, die sich immer wiederholten. Van Houten schloß daraus, daß sich während dieser Zeit das Klima periodisch verändert hatte. Als andere Geologen später die Schichten des Newark-Beckens datierten, fanden sie tatsächlich verschiedene, sich überlagernde Schwankungen, die sich etwa alle 25 000, 44 000, 100 000, 125 000 und 400 000 Jahre wiederholten.
Wir leben seit 3 Millionen Jahren in einer Epoche von großen Eiszeiten, die in einem etwa 100 000-jährigen Zyklus über die Erde hereinbrechen. Statistisch gesehen befinden wir uns auf der

Höhe zwischen zwei kalten Perioden, kurz vor dem Ende einer überdurchschnittlich warmen Phase. Langfristig müßte es kälter werden. Die nächste kleine Eiszeit steht vermutlich in 200 Jahren, und die kommende große Eiszeit wahrscheinlich in etwa 60 000 Jahren bevor. (Es sieht allerdings nicht so aus, als hätte dieser Trend in naher Zukunft noch eine Bedeutung.) Offensichtlich gibt es unverrückbare, äußere Faktoren, die das natürliche Wechselbad der Temperaturen verursachen. Aber welches sind die treibenden Kräfte dieser Schwankungen?

Einer der ersten Forscher, die dieser Frage nachgingen, war der französische Mathematiker Josephe Alphonse Adhémar, der im 19. Jahrhundert lebte. Er wußte, daß die Erde zu verschiedenen Zeitpunkten unterschiedlich »schief« liegt und daß sie sich nicht auf einer regelmäßigen Bahn um die Sonne bewegt. Weil der Planet förmlich durch das All eiert, bekommt er im Laufe der Zeit mehr oder weniger Sonnenstrahlung ab. Das könnte, so glaubte Adhémar, den Gang der Eis- und Warmzeiten beeinflussen. Er entwarf 1842 eine Theorie, nach der die Erde alle 11 000 Jahre vereisen sollte. Der Franzose hatte das Problem im Prinzip richtig erkannt, da ihm aber genaue Daten zur Veränderung der Erdbahn um die Sonne fehlten, waren die Ergebnisse seiner Berechnungen falsch.

Erst Jahrzehnte später wurde klar, wie stark die Bahn der Erde um die Sonne innerhalb von Jahrtausenden schwankt. Dabei lassen sich drei Phänomene beobachten, die alle durch die Schwerkraft der großen Nachbarplaneten Jupiter und Saturn verursacht werden:

– Erstens ist die Rotationsachse der Erde zur Bahn um die Sonne, zur »Ekliptik«, um 23,45 Grad geneigt. Diese Schieflage führt dazu, daß es auf unserem Planeten Jahreszeiten gibt. Wenn der Nordpol Richtung Sonne zeigt, herrscht auf der Nordhemisphäre Sommer – und umgekehrt. Genau gesehen pendelt allerdings die Neigung der Erdachse etwa alle 40 000 Jahre zwischen 22,5 und 24,5 Grad einmal hin und her. Je stärker die Neigung ist, desto ausgeprägter sind die Jahreszeiten.

– Zweitens verformt sich die Bahn der Erde um die Sonne regelmäßig von einem Kreis zu einer Ellipse. Das führt dazu, daß die Sonne der Erde im Laufe eines Jahres verschieden nah steht. Diese Verformung hat mehrere Zyklen und der wichtigste ist annähernd 100 000 Jahre lang.

– Drittens verändert sich die Lage der Ellipse im Raum ebenfalls, weshalb die Süd- und die Nordhalbkugel abwechselnd überdurchschnittlich viel Strahlung abbekommen. Mit diesem 23 000-jährigen Rhythmus kommt es zu einer Wanderung des »Perihels«, des sonnennächsten Punktes der Erdbahn. Das bedeutet, daß die Erde der Sonne immer zu einem anderen Zeitpunkt im Jahr am nächsten kommt. Nach 23 000 Jahren ist dieser Punkt einmal durch das ganze Jahr gelaufen. Derzeit steht der Norden der Sonne im Winter nah und im Sommer fern und das Perihel fällt auf den 3. Januar. Der Norden erhält dadurch weniger Sonne als der Süden.

Diese drei astronomischen Unregelmäßigkeiten können die mittlere monatliche Bestrahlung für einen bestimmten Ort auf der Erde um bis zu 30 Prozent verändern, das führt zu außergewöhnlichen Jahreszeiten, die ihrerseits die Auslöser für die Eiszeiten sind.

Es war im Jahr 1911, als der serbische Mathematiker Milutin Milankovič mit einem Freund in einer Belgrader Kneipe beim Wein saß. Die Anekdote erzählt, daß Milankovič nach der drit-

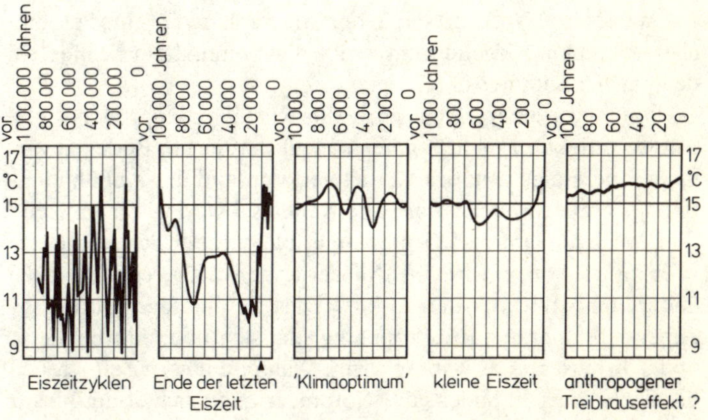

Abb. 4.1: **Die Temperaturgeschichte der Erde.** Aus verschiedensten, indirekten Daten haben die Klimatologen die mittlere Temperatur der Erde während der vergangenen 850 000 Jahre rekonstruiert. Nur für die letzten 130 Jahre liegen direkte Messungen vor. Mehrfach und fast regelmäßig kam es auf der Erde zu einer intensiven Vereisung. Dabei sank die mittlere Temperatur an der Erdoberfläche bis auf neun Grad Celsius. Nie stieg sie wesentlich über 16 Grad. Heute beträgt sie etwas über 15 Grad, und vermutlich wird es bald schon so warm werden wie seit fast einer Million Jahre nicht.

ten Flasche verkündete, er wolle endlich die Sache mit den Eiszeiten mathematisch ergründen. Er brauchte dafür zwar über dreißig Jahre, und seine Berechnungen waren auch nicht sonderlich genau. Aber heute gilt die Milanković-Orbital-Theorie als gängiges Modell, um anhand der Gesetzmäßigkeiten im Bahnverhalten die zyklischen Kälteperioden der Erde zu erklären – und sie für die Zukunft vorherzusagen.

Der Mathematiker konnte nicht wissen, daß ungünstige Erdbahnparameter nicht die volle Verantwortung für eine Vereisung oder eine Erwärmung tragen. Sie schieben lediglich eine Klimaveränderung an. Dazu genügt bereits eine sehr geringe Veränderung der jährlichen Durchschnittstemperatur. Dieser Anschub schaukelt sich dann durch eine Serie von positiven Rückkoppelungen* auf. So wird eine begonnene Abkühlung verstärkt.

Wahrscheinlich entsteht eine Eiszeit nach folgendem Schema: Gehen wir in einem Beispiel von einer warmen Erde aus. An den Polen gibt es kein Eis, die Luft ist bis in hohe Breiten feucht und warm. Die Erdbahnparameter favorisieren längere Winter auf der Nordhalbkugel. Wegen der hohen Luftfeuchtigkeit fällt, zunächst nur in den nördlichsten Gebirgszügen, viel Schnee. Möglicherweise sorgt Vulkanstaub in der Stratosphäre für eine zusätzliche Abkühlung. Irgendwann bleibt dann einmal ein Schneefeld den ganzen Sommer über liegen.

Es kommt zu einer ersten positiven Rückkopplung. Der weiße Schnee reflektiert mehr Sonnenlicht als der nackte Boden zuvor, mehr Energie geht in das Weltall verloren und der Abkühlungstrend schreitet weiter voran. Die Kälteinsel wird zu einem Keim für die Eiszeit. Im nächsten Sommer bleibt mehr Schnee liegen, noch mehr Sonne wird ins All zurückgeworfen, es wird noch kälter, und-so-weiter-und-so-fort. Dies ist die sogenannte Eis-Albedo-Temperatur-Rückkopplung, die sich über Jahrhunderte und Jahrtausende auswirken kann. Während dieser Zeit streben die Gletscher gen Süden, das Nordmeer kühlt sich ab und friert langsam vom Rand her zu.

Die nächste positive Rückkoppelung verändert womöglich die Tiefenzirkulation des Meeres: Weil der Ozean zufriert, sinkt im Norden weniger kaltes Oberflächenwasser in die Tiefe, es wird

* Eine positive Rückkoppelung ist ein Effekt, der einen bereits bestehenden Trend verstärkt. Eine negative Rückkoppelung schwächt ihn ab.

weniger warmes Wasser im Austausch am Äquator nach oben geschoben, das Meereis kann im Sommer nicht mehr schmelzen, es wird immer kälter, und die Gletscher wälzen sich gemächlich, aber schier unaufhaltsam, nach Süden. Schließlich bildet sich auch an anderen Stellen Eis, beispielsweise in Skandinavien, und über Kanada dringen die Gletscher in die einst gemäßigten Breiten des nordamerikanischen Kontinents vor.

Die Kälte bedeutet einen tiefen Meeresspiegel und weniger Wasserdampf in der Atmosphäre – also geringere Niederschläge und viel Staub. Aus ehemaligen, mittlerweile trockengefallenen Küstenregionen werden die Nährstoffe ins Meer gewaschen, die Algen gedeihen besonders gut, sinken ab und entziehen der Atmosphäre einen Teil des Kohlendioxids. Weil die Ozeane kalt sind, vermögen sie das Treibhausgas verhältnismäßig gut zu speichern. Vielleicht verändern sich die Meeresströme und die Zusammensetzung des Meerwassers auch so, daß sie Kohlendioxid schneller als zuvor in die Tiefsee transportieren können. Die Folge ist eine weitere, jetzt global wirkende positive Rückkoppelung: Der Treibhauseffekt sinkt und das verstärkt die Abkühlung.

Ist die Erde nach mehreren derartigen Intensivphasen einer Eiszeit immer stärker in eine große Eiszeit hineingeraten, dann reichen die Gletscher bis weit in die mittleren Breiten hinein. Auf dem amerikanischen Kontinent sogar bis in das heutige Alabama. Nur ein paar hundert Kilometer weiter südlich, am Golf von Mexiko, beginnen nach wie vor die Tropen. Hier diktiert der hohe Sonnenstand wie immer eine schwüle Hitze, denn die Äquatorregionen sind von der globalen Abkühlung relativ wenig betroffen. Das ist der Grund dafür, daß sich die Eismassen von einem bestimmten Punkt an nicht weiter ausdehnen können.

Diese Kaskade von Ereignissen ist – wohlgemerkt – eine Hypothese. Teile davon, beispielsweise die Eis-Albedo-Temperatur-Rückkopplung, sind beweisbar. Andere Teile wirken geradezu paradox: Warum zum Beispiel nimmt der Kohlendioxid-Gehalt der Luft ab, wenn es kälter wird? Schließlich wachsen bei tiefen Temperaturen die Pflanzen schlechter und können deshalb weniger Kohlenstoff in Form von Biomasse binden. Nachweislich ging während der Abkühlungsphase die Waldfläche auf der Erde stark zurück. Das Kohlendioxid muß also für die Dauer einer Eiszeit eine andere Senke gefunden haben – sicherlich nahmen das meiste die Ozeane auf. Warum sie das taten, ist nicht bekannt.

Nur zum Teil geklärt ist eine weitere, entscheidende Frage: Warum geht eine Eiszeit irgendwann zu Ende und kippt um in eine Erwärmung? Prinzipiell gibt es dafür zwei Erklärungen – eine externe und eine interne:

– Bei der externen Variante gibt ein veränderter Erdbahnparameter den Anstoß zum Abtauen der Eismassen. Wenn mehr Sonne auf die Gletscher fällt, können sie auf Dauer nicht bestehen.

– Die zweite Variante beruht auf einer negativen Rückkoppelung, die das Klimapendel zurückschlagen läßt: Wenn die Inlandeise wegen der niedrigen Temperaturen in ihrem Kerngebiet nur noch wenig Neuschnee erhalten, sich zunächst aber weiterhin durch ihr eigenes Gewicht wie ein Koloß nach Süden und in tiefere Regionen schieben, schmelzen sie in der dortigen Wärme ab. Wo sie auf dem Meer aufliegen, brechen große Tafeln als Eisberge ab, die in Richtung der Tropen driften. Erstmals seit vielen tausend Jahren verliert der Gletscher an Masse.

Eine andere negative Rückkoppelung wird möglicherweise durch den Staub ausgelöst. Wegen der hohen Temperaturdifferenz zwischen den südlichsten Gletschern und den Tropen kommt es häufig zu heftigen Stürmen. Auf dem Eis lagert sich Staub ab, dieser macht es schmutzig und dunkel und vermindert seine Albedo*. Während frischgefallener, weißer Schnee bis zu 85 Prozent des Sonnenlichtes reflektiert, wirft das verstaubte Eis viel weniger Strahlung zurück. Die Folge: das Eis schmilzt.

Hat das Abtauen (aus welchem Grund auch immer) erst einmal begonnen, geht alles recht schnell. Generell vollzieht sich der Weg in eine Warmzeit rascher als der in eine Eiszeit, denn das Eis schmilzt schneller, als es sich bilden kann. Die Eiszeiten folgen einem sogenannten Sägezahnmuster: Sie kommen langsam und gehen schnell.

Im Inneren von Grönland fallen beispielsweise je nach Lage 20 Zentimeter bis sechs Meter Schnee pro Jahr. Daraus kann nach Jahren der Verdichtung, vor allem wenn im Sommer kein Schnee taut, maximal eine Eisschicht von einem Meter werden. Zum

* Albedo = Rückstrahlvermögen eines Körpers; weißer Pulverschnee hat eine Albedo von etwa 0,85; die Albedo von Ruß ist fast Null.

Aufbau eines drei Kilometer dicken Eispanzers vergehen somit weit mehr als 3000 Jahre. Umgekehrt können binnen eines Jahres am Rande eines Gletschers bis zu zehn Meter Eis abschmelzen. Bricht das Eis in großen Stücken ins Meer ab, geht es sogar noch schneller.
Es gibt freilich auch noch ganz andere Klima-Anomalien. So ragen das Jahr und besonders der Sommer 1816 weltweit aus jeder Statistik heraus. Die mittlere Jahrestemperatur sank in der nördlichen Hemisphäre um 0,4 bis 0,7 Grad unter den Durchschnittswert. In Mitteleuropa gab es Frost im Juli und Schnee im August. Die Schweizer Stadt Genf erlebte den kältesten Sommer seit Menschengedenken, und im amerikanischen Bundesstaat Maine froren am 5. Juli Seen und Teiche zu. Wegen der schlechten Ernten brachte der darauffolgende Winter vor allem in Europa eine Hungersnot, in der sich die verzweifelten Menschen zum Teil von Moos und Katzenfleisch ernährten.
Schuld an dem ungewohnten Kälteeinbruch, an dem »Jahr ohne Sommer«, war ein schwerer Vulkanausbruch. Der Tambora, auf einer Insel östlich von Java gelegen, schleuderte am 7. April 1815 rund 150 Kubikkilometer Asche in die obere Atmosphäre vor allem der Nordhalbkugel. Die Staubwolken hielten das Sonnenlicht einige Jahre spürbar fern. Danach kehrte das normale Klima zurück.

Die umtriebige Erde

Bei der langfristigen Betrachtung der Eiszeitzyklen fällt auf, daß die Kälteperioden in den vergangenen 25 Millionen Jahren recht regelmäßig auftraten – davor aber mindestens 200 Millionen Jahre überhaupt nicht.* Es braucht offenbar bestimmte Voraussetzungen dafür, daß eine Eiszeit entstehen kann. Die theoretischen Grundlagen für diese Vermutungen lieferte – ohne es zu wissen – schon 1912 ein deutscher Meteorologe und Polarforscher. Alfred Wegener, einem genialen, aber damals verkannten

* Genaugenommen vereist die Nordhalbkugel erst seit drei Millionen Jahren in periodischen Schüben. Die Antarktis ist hingegen seit mindestens 25 Millionen Jahren mehr oder weniger stark mit Eis bedeckt.

Wissenschaftler, war aufgefallen, daß die Küsten von Afrika und Südamerika, aber auch die der anderen Kontinente zusammenpaßten wie die Teile eines gigantischen Puzzlespiels. Wegener glaubte, all diese Fragmente hätten dereinst einen einzigen Superkontinent gebildet, den er »Pangäa«* nannte. Dieses Gebilde sei irgendwann auseinandergebrochen und habe begonnen, auseinanderzudriften.

Als Wegener 1915 sein Buch »Die Entstehung der Kontinente und Ozeane« veröffentlichte, erklärten ihn seine Zeitgenossen für reichlich verrückt, keiner wollte an die Hypothese glauben, und das blieb auch so, nachdem der Forscher 1930 im grönländischen Eis gestorben war. Heute ist die Theorie der »Plattentektonik«, nach der die Erdteile wie Schollen auf dem zähflüssigen Mantel der Erde aus Basaltmagma umherdriften, längst eine Lehrbuchweisheit. Das Treiben der Kontinente läßt sich sogar messen: So entfernt sich Nordamerika von Europa jährlich um eine Distanz von einigen Zentimetern.

In der Blütezeit der Saurier vor rund 200 Millionen Jahren, als Pangäa noch am Stück war, gab es in der Nähe der Pole keine Kontinentmassen. Selbst unter ungünstigsten Erdbahnparametern konnte auf den Kontinenten bei einer ersten Abkühlung kein Schnee liegenbleiben, der die zuvor erwähnte Serie an positiven Rückkoppelungen in Gang setzte und zu einer großflächigen Vereisung der Erde führte. Allem Anschein nach bleibt der Planet eisfrei, solange nicht an den Polen oder in deren Nähe Festland anzutreffen ist. Bis vor etwa 30 Millionen Jahren war dies der Fall. Erst danach trieb die Antarktis nahe genug an den Südpol, und es konnte eine Eiszeit beginnen.

Natürliche Faktoren, die das Klima der Erde nachhaltig beeinflussen, sind also unvermeidbar. Das ist nicht sonderlich dramatisch: Entweder sie wirken sich so langsam aus wie die Schwankungen der Erdbahnparameter oder die Verschiebung der Kontinente. Dann können sich die Arten einigermaßen an die neuen, unwirtlichen Verhältnisse anpassen. Aber selbst dabei kann es vorkommen, daß die Temperaturen binnen einiger tausend Jahre um vier bis fünf Grad ansteigen und sich der Pegel der Ozeane in 10 000 Jahren um etwa 130 Meter erhöht. Oder sie kommen so schnell wie die Vulkanausbrüche, die große Mengen an Staub

* Pan (griech.) = gesamt; Gaia (griech.) = Erde.

und Gasen in die Stratosphäre schleudern. Dann wird es kurzzeitig kälter, aber nach ein paar Jahren ist der ganze Zauber wieder vorbei. Nur im Ausnahmefall kommt es dabei zu einer natürlichen Klimakatastrophe.

Heute hingegen steht uns eine ganz andere, eine hausgemachte Veränderung bevor. Durch den hemmungslosen Umgang mit den Rohstoffen der Erde produziert der Mensch soviele Treibhausgase, daß dem Planeten eine Erwärmung droht, wie sie sich sonst nur während eines Übergangs von den Eis- in die Warmzeiten abspielte: Schon in den nächsten 30 Jahren wird sich die Erde mit hoher Wahrscheinlichkeit um ein bis zwei Grad erwärmen.

Teil II
Es hängt was in der Luft

Kapitel 5
Die dicke Luft der Neuzeit

Wie die Erde ins Schwitzen kommt

Ein Südseemärchen erzählt, daß einst die Kette der Hawaii-Inseln entstand, als die beiden göttlichen Schwestern Pele und Namakaokahai im Pazifischen Ozean miteinander kämpften. Überall, wo sie aufeinandertrafen, blieb eine Vulkaninsel zurück. Manche der mythologischen Schlachtfelder zeugen noch heute von den hitzigen Gefechten: beispielsweise der berühmte, 4168 Meter hohe Vulkan Mauna Loa im Süden der Hauptinsel Hawaii. Von ihm wälzt sich aus Spalten oder Kraterkesseln oft eine basaltische Schmelze als rotglühender Brei talwärts und sammelt sich in einem Lavasee.

Der Mauna Loa ist in vielerlei Hinsicht ein bemerkenswerter Vulkan. Vom Meeresgrund steigt er über 9000 Meter empor und übertrifft damit an Höhe selbst den Mount Everest. Die amerikanischen Astronomen schätzen die reine und klare Luft des Berges fern der großen Schmutzquellen dieser Welt und haben deshalb unweit des Gipfels ein Observatorium aufgebaut. Auch die Meteorologen haben sich auf dem Vulkan eingerichtet. Rund 800 Meter unterhalb ihrer Kollegen von der astronomischen Fakultät messen sie mit hochempfindlichen Geräten Spurenstoffe in der Atmosphäre. Was sie dort oben in der sauberen Luft vorfinden, gilt gewissermaßen als Hintergrund, als Null-Wert der Atmosphäre: Einen saubereren Ort gibt es kaum auf Erden.

Im Rahmen des Internationalen Geophysikalischen Jahres 1957/58 begann auf dem Mauna Loa (und parallel dazu auf der amerikanischen Südpolstation) ein einzigartiges Meßprogramm. Charles David Keeling, ein Doktorand vom Scripps Institut für Ozeanographie im kalifornischen San Diego, der mit den Arbeiten beauftragt war, installierte aufwendige Analysegeräte, um die Konzentration an Kohlendioxid zu messen. Niemand wußte damals genau, welche Mengen dieses Gases in der Atmosphäre schwebten, denn die Meßergebnisse von verschiedenen Orten des Globus unterschieden sich stark voneinander. Aus diesem Grund hatte die internationale Wissenschaftlergemeinde die beiden entlegenen Orte für den geplanten Langzeitversuch gewählt. Am Südpol und auf dem Gipfel von Hawaii ist die Luft des Planeten so gut durchmischt, daß lokale Verfälschungen auszuschließen waren.

Tatsächlich zeigten beide Kurven etwa die gleichen mittleren Werte, jene von Hawaii obendrein einen sich jährlich wiederholenden, zickzackförmigen Verlauf. Dies bedeutet folgendes: Im Frühjahr, wenn die Biomasse auf den großen Kontinenten der Nordhemisphäre zu wachsen beginnt, nehmen die grünen Pflanzen viel Kohlendioxid als Nährstoff auf, und die Spurengas-Konzentration sinkt im Norden. Sie steigt wieder steil nach oben, wenn Winter herrscht, die Pflanzen atmen, keine Photosynthese betreiben und gleichzeitig Biomasse verrottet. Dieses natürliche Auf und Ab befindet sich allerdings nicht im Gleichgewicht. Weil mehr Kohlendioxid in die Atmosphäre gelangt, als die Pflanzen in Biomasse umwandeln oder die Ozeane aufnehmen können, erreicht die Kurve in keinem Jahr den Niedrigstand des Vorjahres. Sie steigt im Mittel unaufhaltsam an. Das gleiche gilt für die Südpolkurve. Diese hinkt lediglich ein wenig hinter jener von Hawaii her, weil die meisten Quellen für das Verbrennungsgas Kohlendioxid auf der nördlichen Halbkugel liegen.

Diese Ergebnisse kamen nicht ganz überraschend. Schon lange hatten die Wissenschaftler vermutet, daß durch das Verheizen von Kohle, Öl und Gas mehr Kohlendioxid entsteht, als die Atmosphäre verkraften kann. Aber niemand hatte handfeste Beweise für diese Überlegung. Die Messungen vom Südpol und vom Mauna Loa machten erstmals zwei Dinge deutlich: Zum einen bleibt das Kohlendioxid nicht dort, wo es entsteht. Es verteilt sich vielmehr von der Quelle aus gleichmäßig über den Planeten.

Und zum anderen reichert es sich an. Es gibt keine Senke auf der Erde, die das überschüssige Gas vollständig schlucken könnte. Von Alaska bis in die Antarktis, von Europa bis in die Südsee – überall herrschte schon damals »dicke« Luft, und sie wurde seither ständig dicker.

In der ersten Zeit der Beobachtungen nahm die Kohlendioxidkonzentration jährlich, von einem Wert von 315,8 ppm ausge-

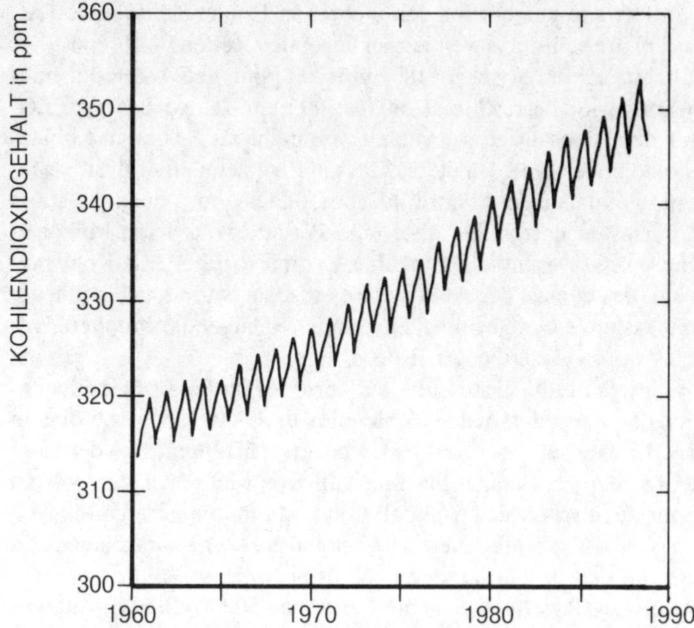

Abb 5.1: **Dicke Luft.** Seit 1958 messen die Meteorologen am Vulkan Mauna Loa in Hawaii den Kohlendioxidgehalt der Atmosphäre. Er schwankt im Verlauf eines Jahres, weil die Pflanzen der Nordhalbkugel im Sommerhalbjahr Kohlendioxid aufnehmen und im Winterhalbjahr durch die Verwesung von Biomasse Kohlendioxid in die Atmosphäre entweicht. Insgesamt steigt der Spurengasgehalt kontinuierlich an. In den achtziger Jahren nahm er jährlich um 1,6 ppm zu.

hend, um 0,7 ppm und später wesentlich stärker zu*. Ralph Rotty, vom amerikanischen Institut für Energie-Untersuchungen in Oak-Ridge, Tennessee, berechnete aus den weltweiten Verbräuchen an Kohle, Öl und Gas eine beeindruckende Zahl: Zu Beginn der sechziger Jahre landeten Jahr für Jahr allein aus deren Verbrennung neun Gigatonnen Kohlendioxid in der Müllhalde Atmosphäre. Ende der siebziger Jahre waren es bereits 18 Gigatonnen im Jahr. Heute sind es längst 22 Gigatonnen.

* Der Spurengasgehalt wird oft in »parts per million«, kurz ppm, angegeben, also in Teilen pro einer Million Teile. 1 ppm = 0,0001 Prozent. Wenn nicht anders angegeben, sind hier immer Volumenanteile gemeint.

Mittlerweile kennen wir den Gehalt an Kohlendioxid in der Atmosphäre selbst aus weit zurückliegenden Zeiten. Während einer Eiszeit lag er zwischen 180 und 200 ppm und während einer Warmperiode erreichte er 280 bis 300 ppm. Lange davor, zu Zeiten der Dinosaurier, schwebten weit mehr als 1000 ppm Kohlendioxid in der Luft. Da dieses Gas ein Pflanzennährstoff ist, wuchsen die damaligen Farnwälder besonders gut, und aus ihren Überresten entstanden über eine Periode von vielen Millionen Jahren die wesentlichen fossilen Energievorräte. Das Kohlendioxid, das damals der Atmosphäre entzogen wurde, gelangt heute mit rasanter Geschwindigkeit, binnen weniger Jahrhunderte zurück in die Gashülle der Erde.

Wichtiger als die dicke Luft der Saurier ist für heutige Überlegungen der »vorindustrielle« Kohlendioxid-Gehalt, der bis zu Beginn des 19. Jahrhunderts galt. Er lag bei etwa 280 ppm. Auf der Erde lebten damals weniger als eine Milliarde Menschen. Sie holzten zwar auch schon den Wald ab und verbrannten geringe Mengen an Kohle. Doch alles hielt sich – global gesehen – im Rahmen. Zu Beginn des 19. Jahrhunderts gab es noch keine Motorsägen und keine Großkraftwerke, keine Flotte von 500 Millionen Automobilen und keinen Lebensstandard, der mit dem eines heutigen Industriemenschen auch nur annähernd vergleichbar gewesen wäre.

Als das 19. Jahrhundert anbrach, zu Zeiten Goethes und Schillers, des Turnvaters Jahn und der Gebrüder Grimm, hatte die Welt die ökologische Unschuld noch nicht verloren. Was die gesamte Menschheit damals an Kohlendioxid und anderen Treibhausgasen in die Luft geblasen hat, das hat diese im wahrsten Sinne des Wortes weggesteckt. Die Atmosphäre war so gut wie nicht gestört.

Das Ende der Unschuld

Im Jahre 1769 hatte der Engländer James Watt eine Erfindung perfektioniert, die vor ihm seine Landsleute Thomas Savery und Thomas Newcomen gemacht hatten: Watt konstruierte eine Maschine, deren Kolben sich durch den Druck von Wasserdampf auf- und abbewegte. Dieses fauchende Ungeheuer aus Eisen, genannt Dampfmaschine, wandelte fossile Energie mit einem denkbar schlechten Wirkungsgrad in Bewegungsenergie und später in elektrische Energie um. Seit 1787 arbeiteten die Geräte in den ersten Fabriken, wo sie die neuen, automatischen Webstühle mit ihren fliegenden Schiffchen antrieben. Nebenbei, und das kümmerte zunächst keinen, bliesen die Maschinen große Mengen an Ruß, an Schwefeldioxid, Kohlenmonoxid und Kohlendioxid in die Luft. Die industrielle Revolution hatte begonnen – zunächst in England, dann setzte sie ihren Siegeszug in Belgien, Holland, in der Schweiz, in Deutschland und Schweden und später in Nordamerika fort.

Es gab schon früh ein paar schlaue Köpfe, die erkannten, daß ein solches System des hemmungslosen Wildwuchses gewisse Probleme mit sich bringen würde. Svante Arrhenius beispielsweise, ein genialer Physikochemiker, geboren 1859 in der Nähe der schwedischen Stadt Uppsala. Er sagte um die Jahrhundertwende eine Gefahr für das Klima voraus, wenn immer mehr Kohlendioxid ausgestoßen würde: Sollte sich der Kohlendioxidgehalt verdoppeln, so meinte der Forscher, dann würde sich die Erde im globalen Mittel um vier bis sechs Grad erwärmen. Arrhenius hatte allerdings keine Meßgeräte, die empfindlich genug waren, um die Konzentration und damit den Zuwachs des Spurengases in der Atmosphäre zu bestimmen. Folglich konnte er seine Hypothese nicht beweisen.

Die revolutionären Gedanken des Schweden blieben unerhört. Schließlich galten zu Arrhenius' Zeiten die rauchenden Schornsteine als Symbol eines gesunden Wirtschaftswachstums. Und die Schlote der jungen Reviere in Mittelengland oder im Ruhrgebiet rauchten nicht schlecht: Zwischen 1850 und 1914 wuchs der Ausstoß an Kohlendioxid weltweit um vier Prozent im Jahr. Nur die Weltwirtschaftskrise von 1930, die Weltkriege sowie die Ölkrisen 1973 und 1979 konnten den Anstieg vorübergehend dämpfen – wenngleich niemals aufhalten. Noch heute steigt die Kohlendioxid-Emission um jährlich etwa 2,5 Prozent an.

In absoluten Zahlen bedeutet das: Auch wenn früher der Zuwachs höher lag, so steigt die Menge an Verbrennungsgasen, die jedes Jahr den Schornsteinen und Auspufftöpfen entweicht, mit jedem neuen Jahr auf eine neue Rekordziffer. Dieses Wachstum ist nicht *linear*, der Kohlendioxid-Ausstoß wächst also nicht um

gleiche Mengen in gleichen Zeitabständen. Es ist vielmehr *exponentiell*, es beschleunigt sich immer mehr.
Nach dem gleichen Prinzip einer Exponentialfunktion wachsen etwa Bakterienkolonien, die Weltbevölkerung, der Staat der Lemminge – aber auch die Konzentration der anderen Treibhausgase. Ein solcher Anstieg hat erst ein Ende, wenn sich die Voraussetzungen für das Wachstum verändern. Wenn beispielsweise den Bakterien in ihrer Kolonie die Nährstoffe ausgehen oder sich die giftigen Stoffwechselprodukte der Mikroorganismen in dem Nährmedium anreichern. Wenn sie gewissermaßen in ihrem eigenen Mist verenden.
Ähnlich könnte die globale Kohlendioxid-Emission theoretisch einmal sinken, wenn die Abgase die Menschheit akut bedrohen oder wenn die fossilen Kohlenstoffvorräte in der Erdkruste irgendwann zur Neige gehen. Von diesem Punkt sind wir allerdings noch *sehr* weit entfernt: Die Internationale Energieagentur in Paris schätzt die Vorräte an fossilen Brennstoffen auf insgesamt 13 000 Gigatonnen Kohlenstoff (83 Prozent als Kohle, 13 Prozent als Öl und vier Prozent als Erdgas), wovon gegenwärtig rund 1000 Gigatonnen als wirtschaftlich nutzbar gelten. Der größte Teil davon entfällt auf die Sowjetunion, auf China und die Vereinigten Staaten. Doch selbst in der rohstoffarmen Bundesrepublik Deutschland warten noch über 23 Gigatonnen Braun- und Steinkohle auf die Preßlufthämmer und die Schaufelbagger. Da jährlich weltweit »nur« fünf bis sechs Gigatonnen Kohlenstoff gefördert werden und insgesamt seit Beginn der Industrialisierung erst 250 Gigatonnen verbraucht sind, steht uns die eigentliche fossile Ära womöglich noch bevor.

Arrhenius hat doch recht

Die theoretischen Überlegungen zum Treibhauseffekt von Svante Arrhenius standen im Grunde nie außer Frage. Doch selbst der Schwede glaubte zu Anfang des Jahrhunderts nicht daran, daß sich der Kohlendioxid-Gehalt der Atmosphäre in absehbarer Zeit einmal verdoppeln könnte. Der Forscher hatte die Kapazität der Atmosphäre gewaltig über- und das Wachstum der Menschheit gewaltig unterschätzt.

Zunächst stieg die Konzentration an Kohlendioxid in der Luft tatsächlich sehr langsam – trotz industrieller Revolution und Dampfmaschine, trotz Dieselmotor und Kohleheizung. Die Ozeane vermögen nämlich bis zu 85 Prozent des zusätzlichen Kohlendioxids zu schlucken – vorausgesetzt, es bleibt ihnen ausreichend Zeit dazu. Solange die Menschheit recht langsam anwuchs (im Jahr 1900 lebten ungefähr 1,5 Milliarden Menschen) und vergleichsweise bescheiden heizte und feuerte, kamen die Weltmeere noch einigermaßen hinterher. Heute fangen die Ozeane nicht einmal mehr die Hälfte des jährlichen Kohlendioxidangebots auf. Einen kleinen Teil nehmen vermutlich die Pflanzen auf. Der überwiegende Rest bleibt jedoch in der Atmosphäre.

Offensichtlich wurde dieser ständig wachsende Gasberg vor rund 30 Jahren durch die Messungen auf Hawaii. »Die Mauna-Loa-Kurve«, meint Klaus Hasselmann, Direktor am Max-Planck-Institut für Meteorologie in Hamburg, »hat die ganze Klima-Diskussion überhaupt erst ausgelöst.« Aber schon zuvor, in den fünfziger Jahren, hatten sich die Wissenschaftler an die ersten Modelle zur Abschätzung einer möglichen Klimaveränderung gemacht. Der Mathematiker Gilbert Plass von der Texas A&M Universität in Forth Worth sagte beispielsweise eine mittlere Temperaturerhöhung von zwei bis drei Grad voraus, falls sich der Kohlendioxidgehalt in der Atmosphäre verdoppeln sollte.

Andere Forscher, wie der Physiker Lewis Kaplan von der Universität in Chikago, der den Effekt der Wolken erstmals mit in seine Kalkulationen einbezog, dämpften diese Befürchtungen zunächst. Der Meteorologe Fritz Möller von der Universität in München hingegen berücksichtigte in seinen Modellen, daß auf einer wärmeren Erde mehr Wasser verdampft. Er sah deshalb einen verstärkten anthropogenen Treibhauseffekt und eine Erwärmung um drei bis neun Grad voraus. All diese Modelle waren noch sehr ungenau, denn sie gingen lediglich auf die Strahlungsvorgänge in der Atmosphäre ein und vernachlässigten die Wechselwirkung zwischen der Gashülle und den Ozeanen. Im Grunde sagten sie nichts anderes als Arrhenius 60 Jahre zuvor.

1960 verbrannte die Menschheit 2,5 Gigatonnen Kohlenstoff und entließ damit 9,2 Gigatonnen Kohlendioxid in die Atmosphäre. Die Sorge der Experten hielt sich dennoch im Rahmen, denn viele vermuteten, daß es eine unbekannte Senke für das Kohlen-

dioxid, ein »missing sink«, geben müßte. Die einfachste Erklärung war folgende: Die Pflanzen, vor allem die Vegetation in den Tropen, würden große Teile des Gases aufnehmen und in der Biosphäre festlegen. Eine Verdoppelung des Kohlendioxid-Gehalts schien in weiter Ferne.
Als dann 1973 auch noch die erste Ölkrise kam und der Energieverbrauch kurzfristig stagnierte, schien die Gefahr einer raschen globalen Klimaveränderung vorläufig gebannt. Arrhenius hin, Spurengase her. Offensichtlich hatten die Wissenschaftler übertrieben. Entwarnung in der Öffentlichkeit.

Das Fenster zum All

Inzwischen aber hatten die Atmosphärenphysiker in Ruhe ergründet, was eigentlich am Himmel über uns geschieht, wenn dort die Luft immer dicker wird. Warum bestimmte Gase zum Treibhauseffekt beitragen, andere aber nicht. Die Daten für diese Berechnungen hatte zu einem großen Teil die amerikanische Luftwaffe zusammengetragen. Das Militär interessierte sich besonders für die Zusammensetzung der Atmosphäre, denn die Spurengase haben einen wesentlichen Einfluß auf die Sichtweite in fast allen Spektralbereichen oder auf die Reichweite des Funkverkehrs.
Wie in den vorausgegangenen Kapiteln erläutert, gibt die Erdoberfläche einen Teil der aufgenommenen Sonnenenergie als Wärmestrahlung in die Atmosphäre ab, und zwar hauptsächlich im Wellenlängenbereich zwischen vier und 1000 Mikrometern. Der Wasserdampf, das mit Abstand wichtigste Treibhausgas, absorbiert infrarote Strahlung in den Bereichen von fünf bis acht, sowie von 20 bis 1000 Mikrometern und bewirkt dadurch etwa 60 Prozent des gesamten Treibhauseffektes. Es bleibt zwischen acht und 20 Mikrometern ein »Fenster zum All«, durch das Wärme in den Weltraum entweichen kann. Gäbe es keine weiteren Treibhausgase, so stünde dieses Fenster offen.
Kohlendioxid absorbiert sehr stark bei 15 und bei 4,3 Mikrometern. Es hängt gewissermaßen als Vorhang im Fenster. Gelangt mehr Kohlendioxid in die Atmosphäre, wird der Vorhang dichter und etwas breiter und hält mehr Wärme auf der Erde gefangen.

Der Rest des Fensters bleibt jedoch im Bereich zwischen acht und 13,5 Mikrometern weitgehend geöffnet.

Die Treibhaus-Bande

Schon vor der Diskussion um die Treibhausgase in den sechziger Jahren war klar, daß es neben dem Wasserdampf und dem Kohlendioxid noch eine Reihe von anderen Spurengasen gibt, die allesamt die Wärmestrahlung der Erde absorbieren und den noch offenen Bereich des Fensters zum All teilweise blockieren. Dies ist die sogenannte *greenhouse-gang* aus Ozon, Lachgas und Methan sowie den Fluorchlorkohlenwasserstoffen, den »FCKW«. Die Gase kommen – mit Ausnahme der FCKW – im Ökokreislauf vor. Aber sie nehmen durch das Wirken des Menschen drastisch zu, und sie ergänzen sich beim Treibhauseffekt. Je mehr sie das Fenster zum All verdunkeln, um so mehr Wärme bleibt auf der Erde gefangen.

An dieser Stelle eine kurze Zwischenbemerkung zum Thema Ozon. Die Verteilung dieses Spurengases ist selbst für Fachleute verwirrend:

– *Erstens* nimmt es in den unteren Schichten der Atmosphäre zu. Hier schädigt es als Giftgas alle Lebewesen.

– *Zweitens* schwindet es weiter oben in der Atmosphäre, insbesondere über der Antarktis, wo in jedem Frühjahr ein »Ozonloch« zu beobachten ist. Der Ozonschwund läßt vermehrt die gefährliche ultraviolette Strahlung bis zur Erdoberfläche durchdringen.

– *Drittens* sorgt der Mangel an Ozon in den oberen Teilen der Stratosphäre für einen zusätzlichen Treibhauseffekt.

Das Ozon und die anderen Mitglieder der Treibhausbande sind Teile einer komplizierten Kette von chemischen Reaktionen. Die Atmosphäre gleicht dadurch einem schwer kontrollierbaren Chemiebaukasten, der zusehends aus dem Gleichgewicht gerät. *Ein* Resultat dieser Reaktionen ist beispielsweise der Ozonabbau, beziehungsweise das »Ozonloch«, in der Stratosphäre. Wie aber schafft es die Treibhausbande, die Erde in den Schwitzkasten zu nehmen?

Das *Methan*, eine einfache Verbindung aus einem Atom Kohlenstoff und vier Atomen Wasserstoff (chemische Formel: CH_4), auch als Erd- oder Sumpfgas bekannt, war vor der Industrialisierung mit nur 0,7 ppm in der Luft vertreten.* Mittlerweile ist die Konzentration auf 1,7 ppm angestiegen, sie hat sich also in den letzten 200 Jahren mehr als verdoppelt. Und sie steigt weiter – mit jedem Jahr um ein Prozent beziehungsweise um 50 Millionen Tonnen. Vermutlich enthielt die Gashülle der Erde, seit es den Menschen gibt, noch nie so viel Methan wie heute. Obwohl Methan nur 0,00017 Prozent der Atmosphäre ausmacht, wirkt es als besonders gute Jalousie. Es hat im Vergleich zum Kohlendioxid pro Molekül die etwa 30-fache Treibhauswirkung.

Das *Lachgas* oder Distickstoffoxid (chemisches Kürzel: N_2O) wächst derzeit mit nur bis 0,3 Prozent im Jahr an, zerfällt aber erst nach 150 Jahren – eine ungewöhnlich lange Lebensdauer. Bei einer Konzentration von 0,31 ppm in der Atmosphäre und dem genannten Zuwachs sorgt es immerhin für fünf Prozent des zusätzlichen Treibhauseffektes. Jedes Molekül ist etwa 150-mal wirksamer als ein Molekül Kohlendioxid.

Auch das *Ozon*, eine Verbindung aus drei Atomen Sauerstoff (O_3), reichert sich in tieferen Luftschichten gefährlich an. In hohen Atmosphäreschichten hingegen, wo es hauptsächlich vorkommt und uns vor der ultravioletten Strahlung der Sonne schützt, wird es langsam abgebaut. Das Ozon blockiert das Fenster zum All in einem Bereich, der von den anderen Treibhausgasen weitgehend unberührt bleibt. Ein Molekül Ozon ist je nach Höhenlage und Temperatur bis zu 2000-mal so effektiv wie ein Kohlendioxid-Teilchen.

Mit diesen drei Vertretern der *greenhouse-gang* bleibt der Erde letztlich noch ein Wellenlängenbereich zwischen acht und neun, sowie zwischen zehn und 13 Mikrometern, über den die Wärme mehr oder weniger ungehindert abfließen kann. Genau diese Stellen im Fenster verdunkeln die *FCKW*, jene Kunstprodukte, mit denen sich Spraydosen unter Druck setzen und Kunststoffe aufschäumen lassen, die als Kühlmittel in Gefrier- und Klimaan-

* Ähnlich wie die Konzentration des Kohlendioxids schwankte auch die des Methans im Verlauf der Wärme- und Kälteperioden der Erdgeschichte. Auf dem Höhepunkt einer Eiszeit lag die Methankonzentration bei 0,35 ppm; während einer Warmzeit stieg sie auf 0,65 ppm, also ungefähr auf den Wert, der auch vor der Industrialisierung herrschte.

Gas	Volumen-anteil 1990	Zunahme in den achtziger Jahren in Prozent pro Jahr	derzeitige Lebens-dauer der anthro-pogenen Emis-sionen	Treib-haus-potential	Anteil am der-zeitigen anthropo-genen Treib-haus-effekt
Kohlendioxid (CO_2)	353 ppm	0.47	100	1	49
Methan (CH_4)	1.72 ppm	1.0	10	27	9
Fluorchlorkoh-lenwasser-stoffe - gesamt (FCKW)					21
F11	0.00028 ppm	5	60	11000	5
F12	0.00048 ppm	5	130	14000	10
Lachgas (N_2O)	0.31 ppm	0.3	150	200	5

Abb. 5.2: Die wichtigsten anthropogenen Treibhausgase

lagen und als Reinigungsmittel für elektronische Bauteile oder Textilien dienen.

Diese FCKW haben sich als die effektivsten Treibhausgase entpuppt, die der Himmel zu bieten hat. Sie haben eine enorme Wirkung, obgleich sie nur in winzigen Konzentrationen vorhanden sind. Gerade 0,001 ppm FCKW haben sich in der Atmosphäre angereichert. Könnte man sie an der Erdoberfläche sammeln, so bekäme man eine FCKW-Schicht von nicht einmal einem halben Zehntel Millimeter. Dafür hat ein FCKW-Molekül je nach Typ die 10000- bis 17000-fache Treibhauswirkung eines Kohlendioxidmoleküls. Der Ausstoß dieser Chemieprodukte weist zudem mit fünf Prozent im Jahr die stärkste Wachstumsrate unter allen klimawirksamen Substanzen auf. Schon heute tragen sie mit mindestens 20 Prozent zum anthropogenen Treibhauseffekt bei.

Nur wenige Jahre nach der vermeintlichen Entwarnung stand also das Problem einer Klimaveränderung erneut vor der Tür – und zwar in verschärfter Form. Die Klimaforscher verstanden jetzt das Zusammenspiel der verschiedenen Komponenten, die einen Wärmeabfluß in den Weltraum behindern: Vom *Wasserdampf* bis zu den *FCKW* ziehen sie das Fenster zum All Schritt

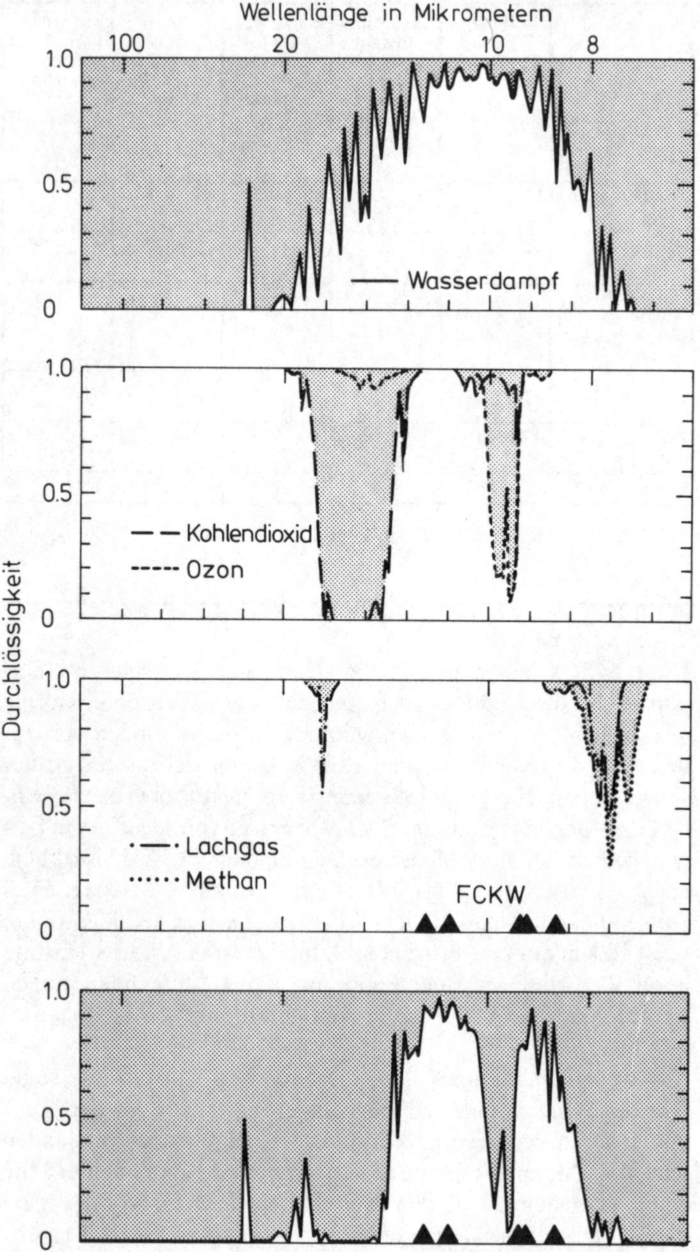
Wellenlänge in Mikrometern
100
20
10
8
1.0
0.5
0
Wasserdampf
1.0
0.5
0
Kohlendioxid
Ozon
Durchlässigkeit
1.0
0.5
0
Lachgas
Methan
FCKW
1.0
0.5
0

für Schritt zu. Der amerikanische Wissenschaftler Ralph Cicerone vom Nationalen Zentrum für Atmosphärenforschung in Boulder, Colorado, hat dafür einen schönen Vergleich parat: »Wenn ich Lex Luthor (der Bösewicht in dem Comic »Superman«) wäre, und ich wollte die Erde vernichten, dann wäre es keine schlechte Idee, dieses Fenster zu blockieren.«

Aus Reisfeld und Rindermagen

Einen gehässigen Schurken, der die Erde im Handstreich zum Kochen bringt, gibt es allerdings nicht. Verantwortlich ist die Menschheit *in toto*, die auf den unglaublichsten Wegen für den anthropogenen Treibhauseffekt sorgt. Wo also kommt sie her, die Treibhausbande?

Die ersten Wissenschaftler, die den Gehalt an Methan in der Atmosphäre über einen längeren Zeitraum genau gemessen haben, waren die beiden Amerikaner Aslam Khalil und Reinhold Rasmussen vom Institut für Atmosphären-Wissenschaften am Oregon Graduate Center in Beaverton. Die Daten der Station Cape Meares an der Küste Oregons, die eine deutlich steigende Tendenz aufweisen, reichen allerdings nur bis in das Jahr 1979 zurück. Zwar hatte der Belgier Michel Migeotte mit seinen Mitarbeitern schon seit 1951 zufällig die Methankonzentration über der 3500 Meter hoch gelegenen Forschungsstation Jungfraujoch in der Schweiz dokumentiert. Die Auswertung der Daten zeigte jedoch nur einen groben Trend an. Die Wissenschaftler mußten also erneut nach »alter« Luft im Polareis suchen, um die Bedingungen der Vorzeit zu rekonstruieren. Und sie wurden fündig.

Die historischen Daten belegen, daß der Methangehalt in der

Abb. 5.3: **Fenster zum All.** Ohne Treibhausgase würde die Wärme der Erde ungehindert in den Weltraum strahlen. Der Wasserdampf als wichtigstes Treibhausgas verstellt jenen Bereich im Spektrum, in dem ein großer Teil der Wärme entweichen könnte. Kohlendioxid, Ozon, Lachgas und Methan verhängen teilweise den noch offenen Bereich des Strahlungsfensters. Ausgerechnet dort, wo jetzt noch Wärme entweichen kann, behindern die FCKW die Abstrahlung. Diese Bereiche sind durch Pfeile in Teil drei der Abbildung gekennzeichnet. Teil vier zeigt den heute noch durchlässigen Teil des Fensters.

Atmosphäre einige tausend Jahre lang um einen Wert von ungefähr 0,7 ppm pegelte, ehe er zu Beginn des 18. Jahrhunderts langsam zu steigen begann. Natürliche Vorgänge sorgten bis zu diesem Zeitpunkt für ein Gleichgewicht. Die Quellen und Senken für das Spurengas hielten sich die Waage.

0,7 ppm entsprechen einer Gesamtmenge von zwei Milliarden Tonnen Methan in der Atmosphäre. Diese Menge entstammt vor allem dem Stoffwechsel jener »anaeroben« Bakterien, die erst aktiv werden, wenn sie von möglichst wenig Sauerstoff umgeben sind: im Schlamm der Sümpfe, in den Mägen grasfressender Tiere, vor allem der Wiederkäuer, in Misthaufen oder im Verdauungstrakt von Termiten. Dort überall bauen die Kleinstlebewesen organisches Material ab und scheiden Methan als Abfallstoff aus. Über den Mooren und Tundren der nördlichen Breiten oder den Zebra- und Gnuherden Afrikas steigt demnach seit Äonen eine Wolke von Methan in den Himmel. Das Gas entsteht zudem, wenn Biomasse unkontrolliert verbrennt, bei jedem Strohfeuer wie auch bei natürlichen Steppen- und Waldbränden.

Wie es sich bildet, so verschwindet das Methan auch wieder im ökologischen Kreislauf aus der Atmosphäre. Dort bauen sogenannte Hydroxylradikale* das Methan zu Kohlendioxid und Wasserdampf ab. Der Methangehalt ist also austariert. Das heißt: Er war es – solange nicht große Mengen zusätzlich in die Atmosphäre entströmten.

Noch vor einigen Jahren konnten sich die Klimaforscher nicht erklären, auf welche Weise jährlich eine geschätzte Menge von 500 Millionen Tonnen Methan als Abgas zusammenkommen. Die Lösung der Frage ist einfach: Was die Natur liefert, das verstärkt der Mensch auf allen Ebenen. Zu den natürlichen Sümpfen schuf er riesige überschwemmte Reisfelder, in denen die anaeroben Methan-Bakterien leben; zu den Wildtieren in der Savanne züchtete er eine milliardenstarke Rinderherde; zu dem natürlichen Mist türmte er gewaltige Müllhalden auf, in

* Die extrem reaktiven Hydroxylradikale können in allen Atmosphäreschichten entstehen, wenn ultraviolettes Licht ein Ozonmolekül (O_3) spaltet und dabei ein Molekül Sauerstoff (O_2) und ein angeregtes Sauerstoffatom (O) freisetzt. Letzteres vermag mit Wasserdampf (H_2O) zu zwei Hydroxylradikalen (OH) zu reagieren. OH-Radikale kommen nur zu 0,02 billionstel Volumenanteilen in der Atmosphäre vor.

denen es kräftig fault und gärt; zu den natürlichen Feuern zündete er den Regenwald quadratkilometerweise an, um ihn zu roden, und flammte weite Flächen an Gras- und Savannenland ab.

Damit nicht genug: überall dort, wo nach Öl und Erdgas gebohrt oder Kohle abgebaut wird, dringt Methan in die Umgebungsluft, denn es ist ein Bestandteil aller fossilen Lagerstätten. Nur die nahe der Erdoberfläche liegenden Kohleflöze, die im Tagebau gefördert werden, haben das Gas schon vor Jahrmillionen langsam in die Atmosphäre abgegeben.

Die Formel für den Methananstieg ist geradezu banal: je mehr Menschen auf der Erde – desto mehr Methan in der Atmosphäre. Kein anderes Treibhausgas ist in seinem Zuwachs so direkt an die Zahl der Menschen gekoppelt wie der Stoff mit dem harmlos klingenden Kürzel CH_4.

Paul Crutzen und seine Mitarbeiter im Max-Planck-Institut für Chemie in Mainz und Wolfgang Seiler vom Fraunhofer-Institut

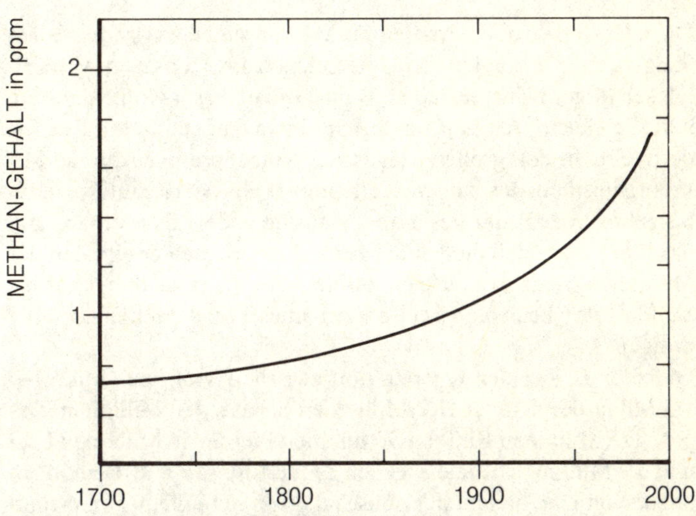

Abb. 5.4: **Abgas aus der Landwirtschaft.** Seit die Menschheit in großem Maßstab Rinderherden hält und Reis anbaut, steigt der Methangehalt der Atmosphäre. Zusätzliche Quellen für das Spurengas sind Kohlebergwerke, Erdgasverluste und Müllhalden. Der Methangehalt von 0,7 ppm vor der Industrialisierung ist bereits auf 1,7 angewachsen und hat sich damit mehr als verdoppelt (modifiziert nach Ehhalt, 1988).

für Atmosphären- und Umweltforschung in Garmisch, aber auch Dieter Ehhalt von der Kernforschungsanlage Jülich, haben einmal aufgelistet, wo die Unmengen an Methan herkommen:
Die Bauern dieser Erde kultivieren auf ungefähr 1,5 Millionen Quadratkilometern überschwemmter Felder Reis, das entspricht der sechsfachen Fläche der Bundesrepublik. Jeder Quadratmeter setzt täglich, je nach Klimazone oder Bodentemperatur, 0,2 bis 0,8 Gramm Methan frei. Das Ganze summiert sich global auf 75 bis 170 Millionen Tonnen im Jahr und stellt den wichtigsten Einzelposten beim Methan-Nachschub in die Atmosphäre dar. Und zwar heute wie in der Zukunft.
Nach Zahlen der Welternährungs-Organisation FAO hat sich die Reisanbaufläche der Erde in der Zeit von 1940 bis 1980 verdoppelt. Selbst wenn diese Fläche sich in den kommenden Jahren nicht zusätzlich vergrößern sollte, so wird wahrscheinlich die ertragreichere künstliche Bewässerung weiter zunehmen. Das bedeutet: mehr Lebensraum für die methanproduzierenden Mikroben.
Die nächsten Großlieferanten für Methan sind die grasfressenden Säugetiere. Sie können, im Unterschied zum Menschen, von zellulosehaltiger Nahrung leben. Beim Abbau dieser Kohlenhydrate hilft die gleiche Art von Bakterien, die in den gefluteten Reisfeldern lebt. In den großen Mägen der Säugetiere knacken die Mikroorganismen die langen Kettenmoleküle der Zellulose. Drei bis zehn Prozent der gesamten Nahrung enden als Methan, und das führt dazu, daß die Rinder beim Wiederkäuen zweimal in der Minute rülpsen. Ein ausgewachsenes Tier kann es dabei auf bis zu 400 Liter beziehungsweise ein halbes Pfund Methan am Tag bringen.
Globaler Erfolg der Kooperation zwischen Vieh und Mikrobe: 1,3 Milliarden Rinder, 1,2 Milliarden Schafe, 480 Millionen Ziegen, 125 Millionen Büffel, 65 Millionen Pferde, 54 Millionen Esel und 17 Millionen Kamele geben unter Rülpsen und Blähungen unentwegt eine brisante Gasmischung von sich, die pro Jahr rund 70 Millionen Tonnen Methan enthält. Wildlebende Tiere, allen voran die vermutlich 110 Millionen Gazellen, 70 Millionen Gnus und die 26 Millionen hirschartiger Tiere, leisten demgegenüber mit jährlich 1,8 Millionen Tonnen Methan einen vergleichsweise bescheidenen Beitrag zum Treibhauseffekt. Fünf Milliarden Ex-

emplare der Allesfresser-Spezies *Homo sapiens* kommen zusammen auf nur 300 000 Tonnen.

Gigantische Methanmengen steuert der Mensch hingegen über seine ständig wachsenden Müllhalden bei. Was dort zwischen alten Kühlschränken und Bauschutt an organischer Materie und an Kunststoffen verrottet, liefert 30 bis 70 Millionen Tonnen brennbares Methangas im Jahr – das freilich nur selten verbrannt und zum Heizen genutzt wird.

Wieviel Gas eine einzelne Müllhalde von sich geben kann, ist besonders gut an der berüchtigten Deponie Georgswerder in Hamburg untersucht. Dort »entsorgten« die Hansestädter in unbekümmerter Naivität über drei Jahrzehnte lang rund 13 Millionen Kubikmeter Unrat jeglicher Art – vom ausrangierten Blumentopf bis zu Chemieabfällen wie Zyankali, Ölschlamm oder Arsen. 1979 schlossen die Behörden das Giftdepot, über das anschließend Gras wachsen sollte. Es war geplant, aus der Halde ein Naherholungsgebiet zu machen. Als 1983 klar wurde, daß der Berg hektoliterweise dioxinhaltiges Öl ausschwitzte, mußten die Stadtväter den vermeintlichen Kinderspielplatz hermetisch abdichten lassen. (Positiver Nebeneffekt der Abriegelung: Heute wissen die Ingenieure recht genau, wieviel Fäulnisgas aus dem Hügel dringt. Nach Angaben des Umweltbundesamtes in Berlin entweichen ihm jährlich 4,5 Millionen Kubikmeter Methan, genug, um damit 15 000 Einfamilienhäuser zu beheizen.)

Nächster Posten in der Methanbilanz sind die Torfmoore und Tundren der nördlichen Breiten. Sie dünsten jährlich 40 bis 110 Millionen Tonnen Methan aus. Torf ist nichts anderes als in Wasser konservierte Biomasse, bietet also ideale Bedingungen für anaerobe Mikroorganismen. Den Bakterien stehen womöglich ungeahnte Aufgaben bevor, denn große Gebiete der Tundren in Kanada und Sibirien ruhen derzeit noch im Permafrost. Sollte dieser gefrorene Boden im Zuge einer globalen Erwärmung langsam vom Süden her auftauen (was bereits zu beobachten ist), dann würde dort zusätzliches Methan freigesetzt und der Treibhauseffekt weiter angekurbelt. Ein Lehrbuchbeispiel für eine positive Rückkoppelung. Sie wird nur dadurch ein wenig gebremst, daß die Menschen weite Feuchtgebiete trockenlegen, was wiederum von großem ökologischen Schaden ist.

Der generelle Methanzuwachs in der Atmosphäre ist deutlich meßbar. Die geschätzten Emissionen für die einzelnen Methan-

Wiederkäuer (vor allem Rinder)	70 - 100 *
Insekten (vor allem Termiten)	20 - 80 *
Reisanbau in Naßfeldern	70 - 170 *
Sümpfe / Seen	20 - 70
Tundra	40 - 110
Verbrennung von Biomasse	20 - 110 *
Müllhalden	30 - 60 *
Erdgasverluste	20 - 50 *
Steinkohlebergbau	12 - 40 *

* ausschließlich oder überwiegend durch den Menschen verursacht.

Abb. 5.5: Schätzungen der Methanquellen in Millionen Tonnen pro Jahr

quellen variieren allerdings stark. Die weltweite Zahl der Rinder oder die Fläche der Reisfelder ist noch relativ präzise zu bemessen. Schon schwieriger ist es, den Umfang aller Müllhalden oder die Gasproduktionsrate eines Durchschnittskamels genau zu bestimmen. Ziemlich im dunkeln tappen die Wissenschaftler, wenn sie abschätzen sollen, wieviele Termiten auf der Erde leben. Manche Forscher glauben, die Insekten setzten durch ihren Holzverzehr fünf Millionen Tonnen Methan im Jahr frei. Andere, wie Patrick Zimmermann vom Nationalen Zentrum für Atmosphärenforschung in Boulder, Colorado, glaubten bis vor kurzem, daß es 250 Millionen Tonnen sein könnten. Inzwischen schätzt der Amerikaner diese Zahl wieder niedriger ein. Vor allem der abgeholzte Regenwald mit seinen großen Mengen an Holzresten ist ein gefundenes Fressen für die Kerbtiere. »Termiten legen bis zu 80 000 Eier am Tag«, meint Zimmermann, und könnten sich dank der unerwarteten Nahrungsquelle explosionsartig vermehren. »Keiner weiß genau, wieviele Termiten es gibt«, ergänzt der Wissenschaftler, »aber wir glauben, daß auf jeden Menschen eine dreiviertel Tonne Termiten kommt.«
Auch wenn Reisnationen wie China und Indien oder Regenwaldvernichter wie Brasilien erheblich zum Methanproblem beitragen, so liegt die Hauptverantwortung für die Methanbelastung der Atmosphäre bei den hochentwickelten Industrienationen. Dort gibt es den meisten Müll, und bei der Kohleförderung, beim

Transport und Verbrauch von Erdgas geht viel Methan an die Luft verloren. In diesen Ländern ist auch der Fleischkonsum am höchsten.
Fleisch zu produzieren, ist ungemein energieaufwendig. Um beispielsweise ein Kilo Mastrindfleisch zu erzeugen, muß ein Landwirt seinem Tier acht Kilo Kraftfutter in den Trog werfen. Ein Mensch, der das Fleisch eines mit Getreide gefütterten Rindes ißt, nimmt nicht nur sieben anderen Menschen die Nahrung weg. Er ist auch verantwortlich für einen hohen CO_2-Ausstoß und für die achtfache Methanmenge, die ein Vegetarier verursacht.
Das Methanproblem wird sich in Zukunft über den reinen Zuwachs hinaus weiter verstärken. Denn die Selbstreinigungskraft der Erdatmosphäre ist überfordert. Das folgende Beispiel zeigt, wie sehr das Großlabor Erde schon aus dem Gleichgewicht geraten ist: Die Hydroxyl-Radikale, das »Waschmittel« der Atmosphäre, das viele Spurengase wie das Methan oder das giftige Kohlenmonoxid abbaut, kann seinen Aufgaben nur noch begrenzt nachkommen. Die Folge: Das Methan in der Luft wird mehr und mehr älter. Weil auch die Kohlenmonoxid-Emissionen ständig wachsen* und beide Substanzen um das begrenzte Waschmittel konkurrieren, wird der Methanabbau obendrein verlangsamt.
Der Meteorologe und Atmosphärenchemiker Paul Crutzen hat herausgefunden, daß diese Reinigungsvorgänge je nach geographischer Lage sehr unterschiedlich verlaufen können. Über tropischen Regionen, wo die Luft relativ frei von Industrieabgasen ist, aber viel Methan entsteht, wird das Gas in einem komplizierten Reaktionszyklus zu Kohlendioxid abgebaut. Das *kostet* an Waschmittel für jedes zerstörte Methanmolekül durchschnittlich 3,5 Hydroxyl-Radikale und zusätzlich 1,7 Ozonmoleküle, fordert also die letzten Oxidationsreserven der Atmosphäre. In den tropischen Reinluftgebieten, meint deshalb Crutzen, sei die Abbaukapazität der Atmosphäre für das Methan bereits erschöpft. Aber selbst wenn die Hydroxyl-Radikale das Methan in der Stratosphäre in beliebiger Menge aufzehren könnten, wäre das kein Anlaß zur Beruhigung: Denn bei dem Abbau entsteht Wasser-

* Kohlenmonoxid (chemisches Kürzel CO), das bei unvollständiger Verbrennung anfällt, ist selbst ein sehr schwaches Treibhausgas. Hauptquelle für das Kohlenmonoxid sind die Automobile.

dampf, der in dieser Höhe eine besonders starke Treibhauswirkung hat.
Anders sieht die Atmosphärenchemie über den Industriegebieten der nördlichen Breiten aus. Dort bilden sich beim Verfeuern fossiler Brennstoffe Stickoxide*, die fast ausschließlich in der Troposphäre** chemisch abgebaut werden. In Gegenwart der Stickoxide *entstehen* beim Methanabbau je zerstörtem Molekül Methan im Mittel 0,5 Hydroxyl-Radikale und 3,7 Moleküle Ozon. Die Abbaukapazität für Methan ist also nicht erschöpft, und über den Ballungsgebieten könnte mehr Methan vernichtet werden. Das hat zur Folge, daß sich die atmosphärische Methan-Oxidation immer weiter von den Reinluftgebieten in den Tropen in die nördlichen Breiten verlagert. Dort steigt dann auch der Ozonpegel in den unteren Schichten der Atmosphäre – und das ist, anders als in den höheren Schichten, extrem unerwünscht (siehe auch Kapitel 8).

Vom Dünger zum Narkosegas

Derzeit überlebt ein Methanmolekül im Mittel zehn Jahre in der Atmosphäre. Das Distickstoffoxid oder Lachgas hält sich, wie bereits erwähnt, noch wesentlich länger. Weit über hundert Jahre vergehen, bis es zerfällt. Dieser Stoff, dem Laien eher als Narkosemittel bekannt, wird von Bodenbakterien freigesetzt, wenn man ihnen stickstoffreiche Nahrung vorsetzt. Deshalb entsteht er auch ohne menschliches Zutun bei dem rasanten Humusabbau im tropischen Regenwald, zusätzlich aber auf den überdüngten Feldern der Landwirte. Lachgas bildet sich in geringen Mengen bei jeder Verbrennung unter sehr hohen Temperaturen, beispielsweise in Düsentriebwerken. Andererseits entsteht es auch, wenn

* In jeder Flamme verbrennt ein Teil des ansonsten ziemlich reaktionsträgen Stickstoffs der Luft zu Stickstoffmonoxid und Stickstoffdioxid, die meistens unter der Formel NO_x zusammengefaßt werden. Je höher die Verbrennungstemperatur, also je leistungsfähiger ein Motor ist, desto mehr NO_x entsteht. Sehr viel NO_x liefern beispielsweise die Düsentriebwerke der Jets.
** Die Troposphäre ist die erdnächste Atmosphärenschicht, in der sich das Wetter abspielt und die bis in eine Höhe von etwa zehn Kilometern über dem Erdboden reicht.

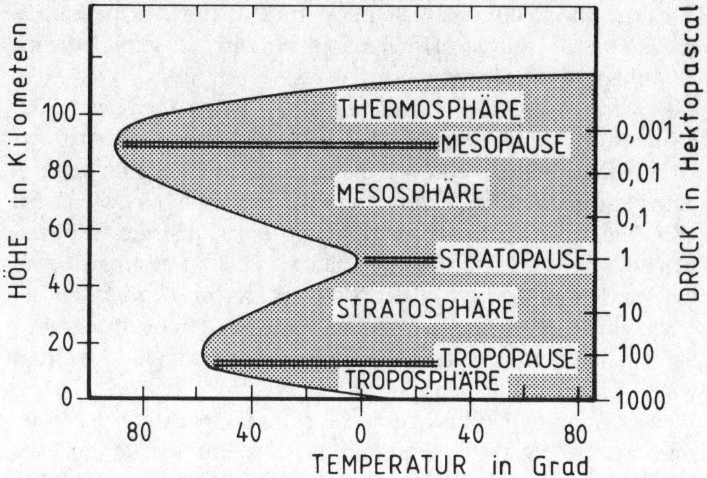

Abb. 5.6: **Die Stockwerke der Atmosphäre.** Wetter findet nur im untersten Teil der irdischen Gashülle statt – in der Troposphäre. Sie reicht bis in eine Höhe von etwa zwölf Kilometern an die sogenannte Tropopause. In der Troposphäre sinkt die Temperatur um rund sechs Grad je Kilometer Höhe. Darüber, in der Stratosphäre, steigt die Temperatur, weil dort die Ozonschicht einen Teil der Sonnenstrahlung absorbiert und dabei die umgebende Luft erwärmt. Über dem Ozon, in der Mesosphäre, wird die Atmosphäre weiter dünner und die Temperatur sinkt wieder. Auch wenn oberhalb der Thermosphäre noch Gasmoleküle existieren, »endet« hier definitionsgemäß die Atmosphäre.

Biomasse unkontrolliert vor sich hinkokelt, bei der Brandrodung, beim Zündeln mit Gartenabfällen, selbst bei einem gemütlichen Kartoffelfeuer.

Derartige unvollständige Verbrennungen von noch feuchter Biomasse sind für die Atmosphäre so ziemlich das Schlimmste, was man sich vorstellen kann. Neben dem Qualm steigt eine ganze Palette von schädlichen Abgasen in den Himmel: Zu dem Hauptverbrennungsgas Kohlendioxid kommen Lachgas und andere Stickoxide, Methan und weitere Kohlenwasserstoffe, Kohlenmonoxid und Schwefeldioxid.

Trotz all dieser Quellen erreicht die jährliche Emission an Lachgas nur fünf Millionen Tonnen, und die Konzentration in der Atmosphäre ist sehr niedrig. Bis zur Jahrhundertwende lag der Wert lange konstant bei 0,29 ppm. Dann begann ein langsamer

Anstieg, und heute sind 0,31 ppm erreicht. Ein 20-Quadratmeter-Zimmer, gefüllt mit Durchschnittsluft, enthält somit lediglich 30 Milligramm Lachgas.
Das scheint beruhigend wenig zu sein – ist es aber nicht. Das Distickstoffoxid ist so stabil, daß selbst ein geringer, aber steter Nachschub genügt, damit sich in der Atmosphäre ein immer größerer Lachgasberg auftürmt, eine »Treibhausbombe«, wie Ralph Cicerone meint. Erschwerend kommt hinzu, daß der Stoff aus den überdüngten Äckern nicht schadlos in der Atmosphäre beseitigt werden kann. Erst in der Stratosphäre, im oberen Teil der Ozonschicht, wird das Lachgas vom ultravioletten Licht zerstört – ein chemischer Vorgang, dessen Reaktionsprodukte das dort wertvolle Ozon abbauen.
Weil sich das stabile Lachgas so langsam in der Atmosphäre anreichert, halten es die Forscher für das Problemgas erst des 22. Jahrhunderts. Vorher, im 21. Jahrhundert, könnte vermutlich das Methan die Führung in Sachen Treibhauswirkung übernommen haben, da seine Zunahme eng an die Ernährung der wachsenden Menschheit gekoppelt ist. Das Problem unserer Tage hingegen wird bis zum Ende der fossilen Ära das Kohlendioxid bleiben.

Ozon: Oben hui – unten pfui

Ozon ist die schillerndste Substanz in der gesamten Atmosphärenküche. Es ist das einzige Treibhausgas, das *nicht* emittiert wird, aber trotzdem allerorts Ärger macht. Es bildet sich natürlicherweise in der hohen Atmosphäre aus Sauerstoff und Licht. In den erdnahen Luftschichten hingegen entsteht es in einer weit verzweigten Reaktionsfolge mit verschiedenen Spurengasen.
Die heutige Verteilung des Ozons läßt sich auf einen einfachen Nenner bringen: Es schwindet dort, wo es hingehört (in der Stratosphäre) – und dort, wo es stört, gibt es zuviel davon (in der Troposphäre). Oder, wie die Berliner *Tageszeitung* einmal treffend formulierte: »Oben hui – unten pfui.«
Ozon ist ein sehr starkes Gift, insbesondere für Pflanzen, aber auch für Mensch und Tier. Es trägt zum Waldsterben bei oder verringert bei einigen Pflanzen die Ernteerträge. Das hochreak-

tive Gas mit einer starken Oxidationswirkung und dem typischen Geruch einer Höhensonne reagiert mit den meisten organischen Molekülen und schädigt sie. Deshalb nutzen es beispielsweise die Besitzer von Schwimmbädern als wirksames Desinfektionsmittel. Kein Wunder, daß diese aggressive Substanz beim Menschen die Schleimhäute reizt, die Lungen schädigt und tränende Augen verursacht. Sie bleicht Farben, greift sogar Kunststoffe, Gummischläuche und Autoreifen an und macht sie spröde.

Fatalerweise reichert sich das Giftgas ausgerechnet dort an, wo die Menschen am dichtesten aufeinander wohnen. Die dicke Luft der Ballungsgebiete, der es an kaum einem Schadstoff mangelt, bietet ideale Voraussetzungen für die Ozonbildung. Dazu braucht es – verkürzt gesagt – ultraviolette Strahlung und Stickstoffdioxid (NO_2), also beispielsweise schönes, klares Sommerwetter und viel Autoverkehr.

Zwar ist diese Ozonentstehung bei niedrigem NO_2-Pegel umkehrbar. Aber bei hohem NO_2-Nachschub und in Gegenwart von Kohlenwasserstoffen oder Kohlenmonoxid, also in der typischen Giftküche über einer Industriestadt mit viel Verkehr und einem Großflughafen, wird die Luft zu einem gigantischen Ozonreaktor. Kein Wunder, daß bei diesem »photochemischen Smog« die Ozonkonzentration in den Ballungsgebieten seit den vierziger Jahren steigt. Mit ihr erhöht sich auch der Treibhauseffekt, denn das Gas ist ein sehr guter Absorber für infrarote Strahlung.

In Mitteleuropa gelten inzwischen 0,03 bis 0,04 ppm bei Schönwetter als Normalwert für Ozon. Oft klettert er bis auf 0,1 ppm, zu Spitzenzeiten, wie im Frühsommer 1989 in Südwestdeutschland sogar auf 0,2 ppm. Das sind Werte, die an einem Arbeitsplatz längst nicht mehr zugelassen sind. Als »maximale Arbeitsplatzkonzentration« erlaubt der Gesetzgeber gerade 0,1 ppm. Die Weltgesundheitsorganisation (WHO) schätzt, daß ein Mensch bereits Gesundheitsschäden erleidet, wenn er sich mehr als acht Stunden ununterbrochen einer Ozonkonzentration von 0,06 ppm aussetzt.

Einen Rekordzuwachs haben auch deutsche Meteorologen gemessen. An der Station des deutschen Wetterdienstes am Hohenpeißenberg im bayerischen Alpenvorland erhöhte sich seit Beginn der Messungen im Jahr 1967 die Ozonkonzentration in der Luft jährlich um etwa zwei Prozent. In einer Höhe von einem bis fünf Kilometern über dem Boden sogar von 0,021 ppm auf

0,035 ppm im Jahr 1986. Das Skurrile an der ganzen Sache: Langsam, aber sicher wird die Waldluft tatsächlich so ozonhaltig, wie es die Werbebroschüren der Ferienorte lange – und fälschlicherweise – vorgaukelten.

Am klimawirksamsten ist das Ozon als Treibhausgas in Höhen um die Tropopause, jener Grenzschicht zwischen Troposphäre und Stratosphäre, in der fatalerweise die meisten Routen der Langstreckenflugzeuge liegen. Die Jets pusten einen Cocktail aus Stickoxiden und Kohlenwasserstoffen direkt in die Tropopause. Bei der hohen UV-Dosis dort und dem fast immer klaren Himmel sind dies Idealbedingungen für die Ozonbildung. Und weil es mit minus 45 bis minus 70 Grad Celsius sehr kalt ist, kann das Ozon relativ viel Wärmestrahlung der Erde absorbieren – aber zugleich wenig in den Weltraum abgeben. Es erhöht damit den Treibhauseffekt.

Das Ganze ist noch komplizierter: Weiter oben in der Atmosphäre, in einer Region von 15 bis 50 Kilometern über dem Erdboden, zerstören die Abbauprodukte der FCKW den schützenden Ozonschleier der Erde. Besonders stark ist der Ozonschwund über der Antarktis während des dortigen Frühjahrs im September und Oktober, wo die Wissenschaftler seit 1979 das sogenannte Ozonloch registrieren, das langfristig größer und tiefer wird. Etwa 90 Prozent des Gesamtozons der Erde sind in der Stratosphäre anzutreffen. Wenn dieser Ozonschleier zerfressen wird, sollte die Wärmestrahlung eigentlich besser entweichen können. Doch wer glaubt, daß diese weltweit beobachtete Ausdünnung in den Schichten um 40 km Höhe den Treibhauseffekt bremst, der irrt. Das Gegenteil ist der Fall.

Der Grund liegt in den Temperaturverhältnissen dieses Teiles der Atmosphäre: Theoretisch müßten die Temperaturen kontinuierlich fallen, je höher in der Gashülle man steigt. Ohne das Ozon wäre das auch so. Weil aber in 50 Kilometern Höhe unter dem Bombardement der UV-Strahlen laufend Ozon entsteht und zerfällt und dieses viel Sonnenstrahlung absorbiert und in Wärme überführt, herrschen dort etwa minus 20 Grad Celsius »Wärme«. Die gleiche Reaktion verläuft zwar auch bis hinunter zu 20 Kilometern Höhe (wo das meiste Ozon hängt). Weil die Luft hier jedoch wesentlich dichter ist, kann die vom Ozon absorbierte Sonnenstrahlung die weit höhere Anzahl von Gasteilchen weniger gut aufheizen. Und das genügt, je nach Höhe, nur für eine

Temperatur von minus 30 bis minus 70 Grad Celsius. Aufsteigend von der Erdoberfläche wird es also in der Gashülle bis zur Tropopause in 10 bis 15 Kilometern Höhe immer kälter, dann bis zur Stratopause in 50 Kilometern Höhe wärmer und anschließend bis zur Mesopause in etwa 90 Kilometer Höhe wieder kälter (siehe *Abb. 5.6*).
Die Verteilung bedeutet folgendes: Die oberen, wärmeren Teile der Ozonschicht können mehr Energie in den Weltraum abgeben als die darunterliegenden kühleren. Wird die Oberschicht – wie momentan beobachtet – dünner, dann übernehmen die kälteren Schichten die Abstrahlung ins All, es kann weniger Wärme von der Erde entweichen und der Treibhauseffekt nimmt zu – obwohl das Treibhausgas Ozon in diesen hohen Schichten schwindet. Beim Ozon kommt es also sehr auf den Ort an. In der Troposphäre bedeutet mehr Ozon mehr Treibhauseffekt – im oberen Teil der Ozonschicht ist es umgekehrt.

Die Rächer der Retorte

Über den amerikanischen Chemiker Sherwood Rowland gibt es eine interessante Anekdote zu berichten. Ihn plagten Anfang der siebziger Jahre seltsame Gedanken. Es geschah allmorgendlich, wenn er vor dem Spiegel stand und den Rasierschaum aus der Spraydose spritzte. Wieviel von dem Gas, das den Schaum aus der Dose trieb, so grübelte der Professor von der Universität von Kalifornien in Irving, würden wohl alle Sprayer dieser Welt jeden Tag in ihrer gemeinsamen Aktion versprühen? Rowland dachte noch kurz daran, wo das ganze Zeug wohl bliebe, nachdem es aus der Dose raus war, wischte sich den letzten Schaum von seinen langen Koteletten und machte sich auf den Weg in sein Institut, denn dort hatte er ganz andere Dinge zu tun.
Anfang 1972 erfuhr Rowland dann eher zufällig, daß irgendwelche Atmosphärenchemiker in Luftproben der unteren Stratosphäre die beiden gängigsten Treibgase wiedergefunden hatten, und zwar in erstaunlichen Konzentrationen. Aus dem Badezimmer bis in eine Höhe von über zehn Kilometern! Rowland fand das bedenklich und schlug seinem Mitarbeiter Mario Molina vor,

das Problem zu untersuchen und das Schicksal der Treibgase zu erforschen.

Es handelte sich dabei um Verbindungen mit der schier unaussprechlichen Bezeichnung »Fluorchlorkohlenwasserstoffe«. Genau gesagt waren es die Substanzen Trichlorfluormethan (kurz: $CFCl_3$) und Dichlordifluormethan (kurz: CF_2Cl_2), denen der amerikanische Hersteller DuPont vorsichtshalber die einschlägigen Namen »Freon-11« und »Freon-12« gegeben hatte. Thomas Midgley von dem Automobilkonzern General Motors hatte die Stoffe 1928 auf der Suche nach einem ungefährlichen Kühlmittel erstmals synthetisch hergestellt. Zunächst sah es aus, als hätte er damit den Wurf des Jahrhunderts gelandet. (Midgley war im übrigen auch jener Wissenschaftler, der das bleihaltige Benzin erfand. Aber das ist eine andere Geschichte.)

Die Wunder-FCKW erfüllten alle Anforderungen an ein Industriegas, die man sich nur vorstellen konnte. Sie waren ungiftig, unbrennbar, unsichtbar, ungemein stabil, nicht korrosiv und leicht zu komprimieren. Man konnte ein Zündholz dranhalten, sie verschütten oder einatmen, und nichts geschah. Vor allem aber taugten sie als hervorragendes Kühlmittel.

Als nach dem Zweiten Weltkrieg der aus der Schweiz stammende Amerikaner Robert Abplanalp aus den Bronx in New York das Sprayventil erfand (und damit Multimillionär wurde), begannen die FCKW einen weiteren Siegeszug: als Treibgase, um Haarspray, Farben, Insektizide, Medikamente, Parfums oder Deos aus der Dose zu jagen. Bald begann die Industrie, mit den Gasen Kunststoffe aufzuschäumen, für Autositze, für Isoliermittel, Einweggeschirr oder Hamburger-Kartons. Dann erlebten sie einen weiteren Boom als Säuberungsmittel für elektronische Platinen. Die Freon-Zwillinge waren wirklich universell einsetzbar – ein Triumph der Retorte. Endlich einmal hatten die Chemiker eine Medaille ohne Kehrseite zustande gebracht.

So jedenfalls schien es, bis sich Rowland und Molina der Sache annahmen. Molina, der zunächst nicht sonderlich viel Ahnung von Atmosphärenchemie hatte (aber wer hatte das damals überhaupt?), begann zu rechnen, und was dabei herauskam, wollte er zunächst selbst nicht glauben. Er zeigte die Ergebnisse seinem Chef, beide vertieften sich zwei Tage lang in die Kalkulationen, und als Rowland abends nach Hause kam, sagte er zu seiner Frau Joan: »Die Arbeit läuft gut, aber es sieht nach dem Ende der Welt aus.«

Die beiden Forscher wußten, warum die Freone die lange Reise bis in die Tropopause überlebt hatten. Die Moleküle sind so stabil, »inert«, wie der Chemiker sagt, daß ihnen praktisch keine Substanz auf Erden etwas anhaben kann. Deshalb waren sie ja so beliebt. Also mußte mit jedem *pfffft* aus der Spraydose die Konzentration der FCKW in der Luft steigen, und sie mußten in alle Himmelsrichtungen entweichen, vor allem aber *in* den Himmel. So kamen die Retortenprodukte bis in die Flughöhe der Jets. Und es gab keinen Grund zu glauben, daß sie ausgerechnet dort bleiben sollten. Also, dachten die beiden Amerikaner, würden sie in der Stratosphäre weiter steigen, wo sie in Höhen von 30, 40 oder 50 Kilometern unter Beschuß der immer härter werdenden UV-Strahlung der Sonne gerieten. Und dieses Bombardement würden selbst die stabilen FCKW nicht überleben.
Im Sommer 1974 veröffentlichten Rowland und Molina im britischen Fachblatt *Nature* ihren Bericht: 2000 Tonnen Freone, so schrieben die beiden, gehen täglich auf die Reise in die Stratosphäre. Dort werden sie von der Strahlung gespalten, die Fachleute sprechen von einer »Photodissoziation«. Was bleibt, sind chlorhaltige Fragmente – Substanzen, die alles andere als harmlos sind. Sie greifen das Ozon an, das just in dieser Höhe als schützender Strahlenschirm fungiert. Die mögliche Folge lag auf der Hand: Sinkt der Ozongehalt in der Stratosphäre, dringt mehr ultraviolettes Licht auf die Erde, geht die empfindliche Wasserflora ein, erkranken die Menschen an Hautkrebs, und, und, und . . .
Das waren schlechte Nachrichten – besonders für die chemische Industrie, die längst Milliarden mit den praktischen Freonen verdient hatte. Den Untergang der Erde, den besorgte Forscher und Laien kommen sahen, befürchteten die großen Hersteller wie DuPont, ICI oder Hoechst zunächst einmal für sich selbst.
Vor allem dann, wenn die Welt auf jene Wissenschaftler hören würde, die nichts als hochspekulative, unbewiesene, ja unbeweisbare Theorien predigten. Insbesondere DuPont, die Firma, die damals gerade eine gewaltige neue Produktionsanlage für Freone in Texas gebaut hatte, versuchte mit allen Tricks, das Problem herunterzuspielen. Und Robert Abplanalp, der um sein Ventilimperium »Precision Valve« fürchtete, beschuldigte die FCKW-Kritiker als »Ökologie- und Verbraucherschutzextremisten«, die einen »Krieg gegen die amerikanische Industrie« führten.

Doch die Bevölkerung in den Vereinigten Staaten hatte sich an dem Hautkrebs-Szenario gehörig erschrocken. Sie begann die ohnehin meist sinnlosen Spraydosen so scharf zu boykottieren, daß es die FCKW-Hersteller fast klaglos hinnahmen, als die USA und Kanada 1978 die Treibgase in den Spraydosen verboten. Längst hatten die multinationalen Firmen Ersatzmärkte für die Produkte aufgetan, auf denen sich nach einem nur kurzen Markteinbruch noch mehr Fluorchlorkohlenwasserstoffe absetzen ließen als mit den verbotenen Dosen.

Damit hatte lediglich das gefährliche Gesprühe, und obendrein nur in Nordamerika, ein Ende. In allen anderen Bereichen waren die FCKW »unersetzlich«, wie die Hersteller glaubhaft zu versichern wußten. Und weil sich unter Kühlmitteln für Klimaanlagen und Reinigungsflüssigkeiten für Computerchips kein Mensch etwas Bedrohliches vorstellen konnte, schwanden die Bedenken wegen einer Ozonzerstörung rasch. Vor allem blieb der angekündigte Krebstod aus, und es kam auch nicht zu einem Massen-Algensterben durch UV-Strahlen. Nicht einmal ein Ozonschwund in der Stratosphäre ließ sich damals messen. Das Thema, eben noch auf allen Titelseiten, verschwand wie vom Erdboden. Auf langwierige und komplexe Umweltprobleme kennt die Weltöffentlichkeit (bisher jedenfalls) nur eine Reaktion: Sie schaltet ab.

Schon 1975 hatte Veerabhadran Ramanathan, ein junger Wissenschaftler, der damals am Langley-Forschungszentrum der Nasa arbeitete, einen zweiten Makel an den vermeintlichen Wunderstoffen ausgemacht. Er hatte die Handbücher der Chemiker gewälzt und anhand der Absorptionsdaten der FCKW eine überraschende Entdeckung gemacht. Die Retortenprodukte entpuppten sich als die effektivsten aller Treibhausgase. Die Forscher hielten die Konzentrationen der Gase allerdings für sehr gering und glaubten, daß sie allenfalls im nächsten Jahrhundert zu einem Problem werden könnten. Erst 1983 schlugen Ramanathan und andere Alarm. Nachdem erste Trendmeldungen aus höheren Luftschichten vorlagen, wurde klar, daß die FCKW bald schon wesentlich zum Zusatztreibhauseffekt beitragen würden.

Für die Warnung gab es guten Grund: Zwar hatten Ende 1982 rund 20 Länder gewisse Einschränkungen für den Gebrauch der FCKW erlassen, die Produktion stieg aber dennoch an. Bis Anfang der achtziger Jahre waren insgesamt sechs Millionen Tonnen

Freon-11 und fünf Millionen Tonnen Freon-12 in die Atmosphäre gelangt. Diese Zahlen geben nur einen Teil der Atmosphärenverschmutzung wieder, da der damalige Ausstoß der Ostblockländer unbekannt und hier nicht enthalten ist. Im Westen stiegen die Emissionen um stattliche sechs Prozent im Jahr. Und da die Substanzen so ungemein stabil sind, schwebt der größte Teil davon noch heute unverändert in der Atmosphäre. Entsprechend steigt der relative Anteil der FCKW am anthropogenen Treibhauseffekt stetig und rapide an: von wenigen Prozent im Jahr 1970 über etwa zehn Prozent im Jahre 1980 auf heute mindestens 20 Prozent.
Für die Bundesrepublik, wo große Produktionsanlagen für die FCKW stehen und jährlich bis zu 100 000 Tonnen verbraucht werden, ist der Anteil sogar noch wesentlich höher. Hierzulande tragen die FCKW mittlerweile in gleichem Maße zu dem anthropogenen Treibhauseffekt bei wie das Kohlendioxid. Die überflüssigen oder weitgehend ersetzbaren Substanzen in Kühlanlagen, Feuerlöschern oder Reinigungsmitteln richten also den gleichen Schaden an wie das gesamte Kohlendioxid aus allen bundesdeutschen Autos, Flugzeugen, Kraftwerken, Industrieanlagen und Heizungen zusammen!
Wie bedeutsam die FCKW-Herstellung für die chemische Industrie ist, zeigt eine andere Zahl: Rund sieben Prozent des weltweit produzierten Chlorgases, eines gängigen Zwischenstoffes für viele chemische Prozesse, fließen in die FCKW-Synthese. Für die Industrie bedeutet dieser Verbrauch eine wichtige »ökonomische Senke«. Denn für die großen Mengen an Chlorgas (das bei der Produktion von Natronlauge anfällt), gäbe es ansonsten keinen Markt. Der FCKW-Boom geht also trotz vielfältiger Warnungen der Wissenschaft weiter.
Die Kunstprodukte kamen erst wieder ins Gerede, als britische Polarforscher über ihrer Antarktisstation in der Halley-Bucht im Oktober 1984 das »Ozonloch« entdeckten.* »Ein Loch in der Atmosphäre«, wie Sherwood Rowland meint, »das man vom Planeten Mars aus erkennen könnte.« Die Entdeckung schlug ein wie eine Bombe und erweckte längst verdrängte Befürchtungen neu.

* Die britischen Wissenschaftler hatten den schleichenden Ozonschwund schon seit 1977 registriert. Die Daten kamen ihnen aber so unwahrscheinlich vor, daß sie an einen Meßfehler glaubten.

Klimaforscher und Politiker konnten den Herstellern nur mühsam eine langfristige Selbstbeschränkung bei der FCKW-Produktion abringen. Die Umweltabteilung der Vereinten Nationen (UNEP) arbeitete 1985 das Wiener Abkommen zum Schutz der Ozonschicht aus, das im Montrealer Protokoll seit dem 1. 1. 1989 folgendes festlegt: Bis zum Jahr 2000 sollen die Industrienationen die Produktion einzelner (längst nicht aller) FCKW auf die Hälfte der Werte von 1986 senken. Diese Vereinbarungen gelten nicht für in der Zwischenzeit neu entwickelte FCKW und auch nicht für die Entwicklungsländer, inklusive der Volksrepublik China. Ob sie also eine baldige Wirkung haben werden, bleibt abzuwarten. Immerhin wurde das Montrealer Protokoll Ende Juni 1990 nachgebessert, mit der Forderung, die vollhalogenierten FCKW bis zur Jahrtausendwende weltweit zu verbieten.

Bisher jedenfalls nehmen die FCKW-Emissionen global weiter zu. Das liegt vor allem daran, daß zu den Freonen lange schon andere Verbindungen der FCKW-Klasse hinzugekommen sind – ein treibhausförderndes und ozonkillendes Gruselkabinett: das Trichlortrifluorethan (FCKW-113) zum Entfetten und Trocknen von elektronischen und optischen Bauteilen; das Trifluorchlormethan (FCKW-13), als »harmloser« Ersatzstoff für die Freone erfunden, mit einer Lebensdauer von rund 400 Jahren; das Chlordifluormethan (FCKW-22) als Kühlmittel; das Dichlortetrafluorethan (FCKW-114) als Spraygas; Chlorpentafluorethan (FCKW-115); Trichlordifluorethan (FCKW-122); Chlortrifluorethan (FCKW-133); und, und, und ...

Dabei fließen die FCKW teilweise in fragwürdige, oft geradezu schwachsinnige Anwendungsbereiche. Die bundesdeutschen Automobilhersteller liefern jährlich 500 000 Fahrzeuge mit Klimaanlage aus. Da diese Geräte, die wesentlich mehr FCKW enthalten als ein gewöhnlicher Haushaltskühlschrank, meist nicht dauerhaft dicht sind, müssen sie im Laufe ihres Lebens oft dreimal neu gefüllt werden.

Fast eine Tonne FCKW entweicht an jedem Bundesliga-Wochenende in die Luft, wenn die Fans mit Gasdruckfanfaren ihre Mannschaft anfeuern. Die Geräuschinstrumente tröten auch bei anderen Sportveranstaltungen wie Eishockeyspielen (eine Treibgasdose ist gut für etwa eine Minute Dauerton), und insgesamt beziffert das Umweltbundesamt die Jahresemission durch treibgasunterstützte Lärmerzeuger auf hundert Tonnen FCKW.

Für den rasant gestiegenen Verbrauch von FCKW-113 ist die florierende Mikroelektronik-Industrie verantwortlich. Allein der amerikanische Konzern IBM verbraucht 20 Tonnen FCKW-113 pro Tag. Das Lösungsmittel dringt in die feinsten Ritzen und Gänge der immer kleiner werdenden Chips und Transistoren ein, reinigt sie – und verdampft dann meist nach einmaligem Gebrauch, obwohl ein Recycling im allgemeinen möglich wäre. Das amerikanische Militär, der größte High-Tech-Kunde der Welt, besteht bei den Herstellern sogar darauf, daß die Lösungsmittel *nicht* wiederverwendet werden, da es eine Qualitätsverminderung der Elektronikteile befürchtet.

Auch aus den Spraydosen verschwanden die FCKW nur zögerlich. Die Stiftung Warentest untersuchte mehrfach den Inhalt der Dosen und fand im Frühjahr 1987 in zwei Dritteln, im Frühjahr 1988 in der Hälfte und Ende 1988 immer noch in einem Drittel

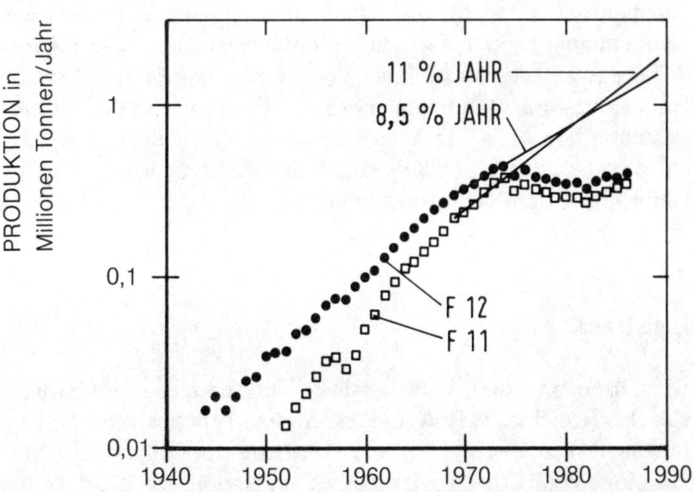

Abb. 5.7: **Das Zivilisationsgas.** Seit die chemische Industrie in den fünfziger Jahren begann, in großen Mengen die Kunstprodukte FCKW zu produzieren, steigt die Konzentration dieser Spurengase in der Atmosphäre rapide. Die FCKW überleben bis zu 400 Jahre, so daß ihr Gehalt in der Luft selbst dann noch jahrzehntelang steigt, wenn die Produktionszahlen sinken (nach Hansen, 1989).

der teilweise sogar mit dem Umweltzeichen ausgerüsteten Druckgefäße die FCKW vor. Eine jüngere Untersuchung liegt derzeit nicht vor.
Neben den FCKW schufen die Chemiker die »Halone«, unbrennbare organische Verbindungen, die als Feuerlöschmittel eingesetzt werden und die, ähnlich wie die Freone, Chlor- und Fluoratome, daneben aber auch ein oder mehrere Bromatome enthalten. Das macht sie noch gefährlicher, denn die Bromverbindungen zerfressen die Ozonschicht von allen halogenhaltigen Substanzen am schnellsten.
Die gasförmigen Halone ersticken die Flammen und werden vor allem in fest eingebaute Feuerlöschanlagen gefüllt, beispielsweise in Schiffen, in großen elektronischen Schalträumen oder in Lagerräumen für leicht entflammbare Flüssigkeiten. In den meisten Fällen wären allerdings Sprinkleranlagen, Kohlendioxid- oder Schaumlöscher nicht nur billiger, sondern auch sicherer und wesentlich umweltschonender. Schon bei Probeflutungen entweichen nach Angaben der Fraunhofer-Gesellschaft in der Bundesrepublik jährlich etwa 150 Tonnen Halone in die Atmosphäre.
Am bedrohlichsten für das Klima ist womöglich ein Stoff, der nicht einmal benötigt wird: das Tetrafluormethan, ein Abfallprodukt, das bei der Herstellung von FCKW und zudem bei der Herstellung von Aluminium entweicht. Es absorbiert die Wärmestrahlung je Molekül 15 000mal besser als das Kohlendioxid. Es hat wie die anderen FCKW eine hohe Steigerungsrate. Und es bleibt mindestens 500 Jahre stabil.

High Dreck

Die Diskussion über eine mögliche anthropogene Gefährdung der Ozonschicht, die Rowland und Molina 1974 ausgelöst hatten, war nicht neu gewesen. Schon zuvor hatte der holländische Meteorologe Paul Crutzen, der damals am Nationalen Zentrum für Atmosphärenforschung in Boulder, Colorado, arbeitete, eine ähnliche Theorie aufgestellt. Er und seine Kollegen vom »Programm zur Abschätzung von Klimaeinflüssen« glaubten allerdings, einen anderen Schuldigen für den potentiellen Ozonabbau ausgemacht zu haben. Stickoxide, so meinten die Wissenschaft-

ler, wenn sie denn bis in die Stratosphäre vordringen sollten, könnten die Ozonschicht schädigen.
Für diese Vermutungen gab es einen aktuellen Anlaß: Auf den Zeichentischen des amerikanischen Luftfahrtkonzerns Boeing lagen damals Entwürfe für den Prototypen eines Überschallflugzeuges, das schon bald die herkömmlichen Langstreckenflugzeuge hätte ersetzen sollen. Die Motoren dieses Gefährtes hätten in der Tat große Mengen an Stickoxiden direkt in die Stratosphäre gepustet. Crutzens Überlegungen waren damit zwar berechtigt – aber sie trugen kaum zu dem frühen Ende der hochfliegenden Pläne bei: Die amerikanische Industrie verlor aus ökonomischen Gründen das Interesse an den Überschalljets. So kam es letztlich nur zu dem Prestigebau der britisch-französischen Concorde und einer sowjetischen Kopie namens Tupolew-144. Diese Flugzeuge fliegen, beziehungsweise flogen, mit doppelter Schallgeschwindigkeit* (und unter enormen Kosten) durch die untere Stratosphäre und richten dort vermutlich nur deshalb wenig Schaden an, weil sie so selten unterwegs sind.
Problematischer ist da schon der Space Shuttle, die Raumfähre der amerikanischen Nasa. Bereits 1973, also acht Jahre bevor die erste Raumfähre vom Cape Canaveral in Florida aus abhob, meldeten Richard Stolarski und Ralph Cicerone, die damals an der Universität von Michigan forschten, Bedenken gegen den Shuttle an. Dessen Abgase, so ihre Theorie, würden die Ozonschicht gefährden – eine Befürchtung, die zunächst auch die Nasa-Offiziellen arglos bestätigten. Doch als Stolarski und Cicerone ihre Ergebnisse im amerikanischen Fachblatt *Science* publizieren wollten, lehnte die Redaktion die Veröffentlichung ab: Die Arbeit habe »keine mögliche geophysikalische Bedeutung«. Ein Irrtum, wie sich später herausstellen sollte.
Anstoß für die Untersuchung der beiden Wissenschaftler hatten die sogenannten Feststoffraketen des Shuttle gegeben, die als gigantische, weiße Hülsen an dem roten Haupttank des Raumfahrzeuges angebracht sind. Sie arbeiten nach dem Prinzip eines Feuerwerkskörpers und sind mit jeweils 500 Tonnen einer Mi-

* Die Geschwindigkeit des Schalls in der Luft hängt von der Temperatur und den Druckbedingungen ab. Auf Meereshöhe, bei null Grad beträgt sie 1224 Kilometer in der Stunde. Ein Flugzeug, das genauso schnell wie der Schall ist, fliegt mit einer Geschwindigkeit von »Mach 1«.

schung aus Aluminiumpulver, der Chemikalie Ammoniumperchlorat und einem klebrigen, schwarzen Kunststoff gefüllt. Das Ganze verbrennt nach Zündung der Rakete binnen zwei Minuten, läßt sich dabei weder regulieren noch abstellen, katapultiert das Geschoß auf eine Höhe von 45 Kilometern und setzt unterwegs große Mengen an Stickoxiden, an Wasserdampf, an ozonzerstörendem Chloroxid und feinstem Aluminiumoxidstaub frei. Ein einziger Shuttleflug, so schreiben sowjetische Klimatologen, sei auf diese Art in der Lage, 1,7 Millionen Tonnen Ozon zu vernichten, eine Menge, die etwa einem Zwanzigstel des antarktischen Ozonloches entspricht. Diese Zahlen sind allerdings bisher nicht bestätigt. Einziger Vorteil bei der Abgasfahne der Shuttle-Flotte: Sie ist kleiner als ursprünglich geplant. Hatte die Nasa einst euphorisch mit einem Start pro Woche gerechnet, so kam die pannengeplagte und anfällige Raumfähre bisher nur auf gut 30 Starts in 13 Jahren. Eine zwar große, aber immerhin seltene Umweltschädigung also.

Um so fragwürdiger sind japanische, britische, amerikanische und bundesdeutsche Pläne, im nächsten Jahrhundert eine ganze Armada von Hyperschallflugzeugen* zu bauen. Das japanische Wirtschaftsministerium unterstützt schon in diesem Jahr mit 21 Millionen Dollar ein multinationales Firmenkonsortium, das einen Mach-5-Jet bauen will, der in drei bis vier Stunden von Tokio nach New York fliegen soll.

Britische Ingenieure träumen von »Hotol« (englisches Kürzel für *horizontal take-off and landing space vehicle*). Die Amerikaner wollen die Militärmaschine »X-30« mit einer Spitzengeschwindigkeit von 30000 Kilometern in der Stunde und eine gebremste zivile Variante namens »Orient Express« bauen. Und das Bonner Bundesforschungsministerium fördert mit 220 Millionen Mark die erste Planungsstufe für den zweistufigen Raumtransporter »Sänger«.

Benannt nach dem Raumfahrtpionier Eugen Sänger, der einst mit Elan für das Reichsluftministerium arbeitete, soll der Flugzwitter zunächst als Raumtransporter und später auch als Passagierjet die eiligsten Menschen des nächsten Jahrtausends trans-

* Als Hyperschallgeschwindigkeit bezeichnen die Luftfahrtingenieure die Geschwindigkeit, die jenseits der heute gängigen Überschallgeschwindigkeit liegt.

portieren. Die erste Stufe von Sänger, ein pfeilförmiges Flugzeug, könnte dann bis auf die siebenfache Schallgeschwindigkeit beschleunigen und in einer Höhe von 30 bis 35 Kilometern (also in der Ozonschicht) fliegen. Dieses Gerät soll huckepack ein kleineres zweites Gerät bis in die Stratosphäre schleppen, das dann ausklinkt, aus eigener Kraft bis auf Mach 25 beschleunigt und sich anschließend, beladen mit einer Astronautencrew, auf den Weg in eine Erdumlaufbahn macht. Die erste Sängerstufe, so betonen Vertreter der Firmen Messerschmitt-Bölkow-Blohm (MBB), eigne sich ideal für die Verkehrsluftfahrt der Zukunft, denn binnen drei Stunden ließe sich damit jeder beliebige Ort der Welt erreichen.

Das Doppelkonzept hat – neben ungeklärten, aber auf jeden Fall astronomischen Kosten – einen zweiten Haken: Sänger wird mit seinen als umweltfreundlich gepriesenen Triebwerken, die nichts als flüssigen Wasserstoff verbrennen, tonnenweise Stickoxide und Wasserdampf (neun Tonnen pro Tonne Wasserstoff) direkt in die Ozonschicht blasen. Bei einem Luftdruck von nur einem Sechzigstel des Drucks auf Meereshöhe sind das bereits gewaltige Mengen. Während die Stickoxide in Höhen über 20 Kilometern mit Sicherheit weiteres Ozon zerstören, wird sich der Wasserdampf als zusätzlicher dünner Treibhausschleier um den Planeten legen, und beide emittierten Gase können die Bildung von polaren stratosphärischen Wolken fördern.

Welchen Schaden die Hyperschallflieger tatsächlich anrichten könnten, ist bisher unbekannt. Aber bereits ein Jumbo-Jet setzt auf einem Flug von Frankfurt nach Hongkong aus 80 Tonnen Kerosin 100 Tonnen Wasserdampf frei. Sänger würde auf gleicher Strecke (in zehnfach dünnerer Luft fliegend) etwa das 2,5-fache an Wasserdampf emittieren – und dabei wesentlich weniger Passagiere transportieren.

Ganz normaler Dreck

Es muß irgendwann in den siebziger Jahren gewesen sein, als selbst dem blauäugigsten Beobachter gewisse Nebeneffekte des Wirtschaftswachstums auffielen. Die gotischen Figuren des Kölner Doms hatten längst ihre Gesichter verloren, viele skandinavische Seen waren so sauer, daß die Fische starben, die mitteleuropäischen Wälder begannen zu kränkeln und teilweise gar zu sterben, und selbst Bauwerke aus Beton und Stahl kapitulierten vor der aggressiven Luft.

Ursache dafür waren der Saure Regen* und Schwebstoffe in der Luft, sogenannte Aerosolteilchen. Dies ist im Normalfall kein größeres Problem, denn Staub, Ruß und andere Aerosole sind natürliche Bestandteile der Atmosphäre und Teil des ökologischen Kreislaufes. Dem Wattenmeer oder den Sümpfen entweicht beispielsweise Schwefelwasserstoff, der in der Atmosphäre rasch zu Schwefeldioxid oxidiert wird. Große Mengen von Stickoxiden können sich in den Kanälen der Gewitterblitze bilden. Ammoniak ist ein Bakterienabgas, das vorwiegend dem Dung entsteigt. Diese Gase sind »Aerosolvorläufer«. Oft wandeln sie sich in der Luft chemisch um, ballen sich zusammen oder lagern sich an andere Schwebstoffe an wie Ruß, Wüstenstaub oder feinste Salzpartikel aus den Ozeanen. All diese Teilchen machen den Planeten (aus dem Weltraum betrachtet) je nach Helligkeit der Erdoberfläche entweder heller oder dunkler – sie können sowohl kühlend als auch wärmend wirken.

Aerosole haben allerdings auch andere, oft komplizierte Auswirkungen auf das Klima. Sie bestimmen wichtige physikalische Eigenschaften der Wolken. Vereinfacht gesagt: Je mehr Dreck in der Luft ist – desto heller sind (von oben gesehen) die Wolken. Weil in der dreckigsten Industrieluft die meisten Teilchen schweben, entstehen dort aus diesen Keimen und Wasserdampf überdurchschnittlich viele winzige Wassertröpfchen. Und je kleiner sie sind, desto besser streuen sie das sichtbare Licht zurück ins Weltall. Dreck in der Luft wirkt in diesem Fall also kühlend.

An dem Beispiel offenbart sich die ganze Problematik heutiger Umweltpolitik: Der Staub, der Ruß, das Schwefeldioxid und die Stickoxide, die wir aus guten Gründen und unter großem Aufwand mit Elektrofiltern, Rauchgasentschwefelungs-Anlagen und Katalysatoren aus den Abgasen zurückhalten, haben eine Reihe von »Vorteilen«, die nach und nach durch sinnvolle Umweltschutzgesetze verlorengehen.

Als in den siebziger Jahren die erste »Technische Anleitung zur

* Schwefeldioxid und Stickoxide aus den Abgasen wandeln sich in der feuchten Luft größtenteils zu Schwefelsäure oder Sulfaten und Salpetersäure oder Nitraten um. Niederschläge, die mit diesen Verbindungen angereichert sind, bezeichnet man als Sauren Regen.

Reinhaltung der Luft« in Kraft trat und die Industrie vermehrt Filter in ihre Schlote einbaute, sank deutlich die sichtbare Dreckbelastung der Atmosphäre. Die Filter hielten die meist kalziumhaltigen, also basischen Stäube und Ruß zurück, die zuvor einen Teil des Sauren Regens neutralisiert hatten. Ohne diese Puffer wurde der Regen noch saurer. Im zweiten großen Schritt gegen die Atmosphärenverschmutzung wollte der Gesetzgeber den Sauren Regen bekämpfen, also das Schwefeldioxid und die Stickoxide, die gleichzeitig Vorläufer der (kühlenden!) Aerosole sind. Seit die Großfeuerungsanlagen-Verordnung und die Katalysatorpflicht für Neuwagen gelten, sinkt (wenn auch langsam) der Ausstoß an diesen Vorläufern und der Treibhauseffekt nimmt zu.*

Jetzt, und nur wenige Jahre nach den ersten gravierenden Umweltschutzauflagen, bereitet der Treibhauseffekt weltweit die größten Sorgen, und die Politiker beginnen, über das eigentliche Problem nachzudenken – nämlich den hohen Kohlendioxid-Ausstoß. Natürlich wäre es vernünftiger (weil billiger und effektiver) gewesen, von Anfang an weniger fossile Brennstoffe zu verfeuern, kurz gesagt, zu sparen oder sie intelligenter zu nutzen. Denn das hätte sämtliche beschriebenen Probleme mit einem Schlag gemildert.

Die Einsicht aus dieser Fehlpolitik ist geradezu banal: Wer ein komplexes System wie die Atmosphäre stört, sie aus dem Gleichgewicht bringt und dann versucht, *Teile* des Problems zu lösen, der bringt das System oft noch weiter in Schräglage. Das Gleichgewicht stellt sich erst wieder ein, wenn man die *gesamte* Störung auf ein erträgliches Maß verringert.

Das Jahrhundertproblem

Die größte Herausforderung für die zukünftige Umweltpolitik ist denn auch die Verringerung des globalen Kohlendioxid-Ausstoßes – eine titanische Aufgabe. Immerhin setzen wir fossile Brenn-

* Das gilt nur, wenn man das Gebiet der Bundesrepublik isoliert betrachtet. Da aber die Emissionen, vorwiegend der östlichen Nachbarländer, in der Vergangenheit stark zunahmen, wurde bei uns die Luft insgesamt trüber.

stoffe in allen erdenklichen Lebenslagen ein. Wir brauchen sie zum Heizen und Kochen, zum Fliegen, Auto- und Bahnfahren; nahezu jeder Industriebetrieb benötigt fossile Energieträger, vom Fahrradproduzenten über den Hersteller von Solarzellen bis zum Betreiber eines Kernkraftwerkes; die Landwirtschaft verschlingt große Energiemengen für ihre Maschinen, für Pestizide und Düngemittel und für den Vertrieb von Lebensmitteln. Ohne Kohle, Öl und Gas läuft so gut wie nichts in den Industrienationen und auch nur wenig in der Dritten Welt. Global gemittelt summiert sich das alles zu einem jährlichen Kohlendioxidausstoß von 4 Tonnen pro Erdenbürger. Verträglich für das Weltklima wäre heute ungefähr eine Tonne.

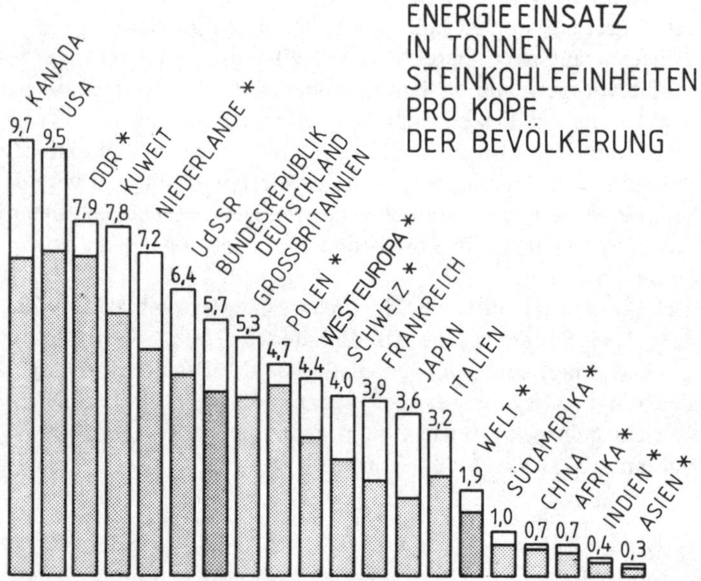

Abb. 5.8: **Der Energiehunger.** Die Ansprüche auf der Erde sind ungleich verteilt. Während der hohe Lebensstandard der Industrienationen viel Energie erfordert, bleiben alle Entwicklungsländer weit unter dem, was ein Durchschnitts-Weltbürger an Energie benötigt. Ein Dritte-Welt-Bewohner verbraucht weit weniger als 1,9 Tonnen Steinkohle-Einheiten pro Jahr, das ist jene Energiemenge, die beispielsweise in 1900 Kilogramm Steinkohle enthalten ist. Der größte Teil der auf der Erde umgesetzten Energie stammt aus fossilen Quellen. Der dunkle Teil der Säule stellt jenen Teil der Energieversorgung dar, der Kohlendioxid freisetzt. Die (*)Angaben sind geschätzte Werte.

Die Verantwortung für das Treibhausgas ist ungleich verteilt, denn verständlicherweise trägt ein Bewohner der Bundesrepublik wesentlich mehr zum anthropogenen Treibhauseffekt bei als ein Bangladeschi. Generell läßt sich sagen, daß ein hoher Energieumsatz auch eine hohe Kohlendioxid-Emission nach sich zieht. Dieser Zusammenhang stimmt nicht ganz für Länder, die viel Energie aus Wasser- oder Kernkraftwerken nutzen.

Weltführend in der Kohlendioxidproduktion sind Länder wie die DDR (jährlicher CO_2-Beitrag: 19 Tonnen pro Kopf), Kanada (15), die Vereinigten Staaten (18). Ein Bundesbürger kommt auf 12 Tonnen.

– Die DDR beispielsweise hat (bei relativ niedrigem Lebensstandard) ein denkbar uneffizientes Wirtschaftssystem, schlecht isolierte Wohnhäuser und verfeuert vorwiegend die heimische Braunkohle, die einen miserablen Heizwert besitzt.

– Kanada nutzt zwar intensiv die Wasserkraft, braucht aber wegen der großen Entfernungen im Lande und der kalten Winter ungeheuer viel Energie.

– Kaum ein Land der Welt geht so verschwenderisch mit der Energie um wie die Vereinigten Staaten, und das, obwohl ein beträchtlicher Teil des Landes in klimatisch günstigen Zonen liegt.

– Die Sowjetunion rangiert weit oben in der Liste, weil die Energie sehr schlecht genutzt wird und weil die kalten Winter viel Heizung erfordern.

– Ölscheichtümer fackeln das bei der enormen Ölförderung anfallende Erdgas ungenutzt ab. Diese Staaten verschleudern das schier unbegrenzt vorhandene Öl und verbrauchen viel Strom für Klimaanlagen.

– Die Bundesrepublik hält eine Position im oberen Mittelfeld der CO_2-Produzenten. Wir verbrauchen zwar viel fossile Brennstoffe, wir setzen sie aber vergleichsweise effizient ein.

– Frankreich hat einen recht hohen Primärenergieeinsatz, aber viele Kernkraftwerke, also einen relativ geringen CO_2-Ausstoß. Der typische französische PKW verbraucht rund 30 Prozent weniger Treibstoff als ein bundesdeutscher Wagen.

– Die hochentwickelte Schweiz oder Norwegen kommen in der Bilanz gut weg, weil sie viele Wasserkraftwerke betreiben.

– Auch Italien steht recht sauber da, weil das mediterrane Klima wenig Energie zum Heizen erfordert.

– Das vermeintlich saubere Holland hingegen ist der westeuro-

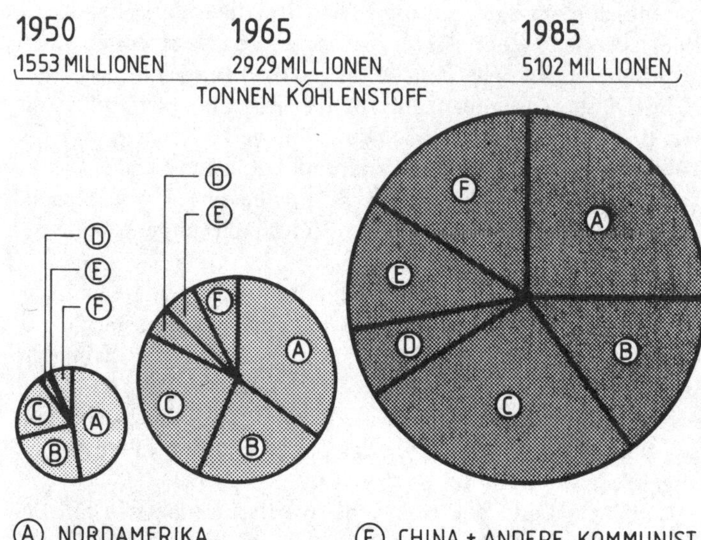

Abb. 5.9: **Das Wirtschaftsbarometer.** Von 1950 bis heute hat sich der Verbrauch an fossilen Brennstoffen weltweit vervierfacht, und er steigt weiter. Den größten Anteil an dem Ausstoß von Kohlendioxid tragen nach wie vor die Industrieländer. Aber der ehemalige Ostblock, China und die Dritte Welt holen auf. Vor allem China, 1950 fast noch ein »emissionsloses« Land, wird in Zukunft die Kohlendioxid-Produktion stark erhöhen.

päische Schmutzfink. Die Niederländer betreiben die intensivste Landwirtschaft und haben pro Kopf die größte LKW-Flotte der Welt.

– Großbritannien steuert viel Kohlendioxid bei, unter anderem, weil die Briten viel Kohle verbrennen und weil der Londoner Flughafen Heathrow *der* europäische Startpunkt für den Transatlantik-Flugverkehr ist.

– Japan verhält sich fast schon »sauber«. Bei viel High-Tech, kleinen PKW's, winzigen Wohnungen und einem milden Klima entweicht recht wenig Kohlendioxid.

– Die bevölkerungsreichste Nation der Welt, China, hat nur einen bescheidenen Lebensstandard, könnte aber bald schon weit mehr zu dem Treibhauseffekt beitragen, denn das Land besitzt enorme Kohlevorräte. Der Energieeinsatz in China steigt derzeit rapide an, und die Effizienz ist miserabel: Um den gleichen Betrag an Bruttosozialprodukt zu erwirtschaften wie Japan, erzeugt China die dreizehnfache Kohlendioxidmenge.

– Unter dem erträglichen Limit von etwa 1 Tonne CO_2 pro Jahr und Kopf liegen lediglich die meisten Entwicklungsländer. Ihnen fehlt es schlichtweg an Geld, fossile Brennstoffe einzukaufen, Konsum und Mobilität sind gering, und die Landbevölkerung heizt und kocht meist mit der regenerativen Energiequelle Holz. Letzteres ist freilich nur problemlos, solange die Bäume im gleichen Maße nachwachsen können, wie sie abgeholzt werden. Die Armut der Dritten Welt ist aus unserer Sicht nicht eben attraktiv. Aber sie ist weitaus klimaverträglicher als unser Lebensstil.

Der Treibhaus-Yuppie

Aus diesen Zahlen läßt sich das Bild eines Bewohners einer westlichen Industrienation zeichnen, der wie kaum ein anderer zu einer drohenden Klimaveränderung beiträgt – ein regelrechter Treibhaus-Yuppie.

Er lebt beispielsweise auf dem Lande bei Lüneburg und fährt täglich mit seiner Drei-Liter-Limousine nach Hamburg zur Arbeit. Er hat ein wunderschönes, aber schlecht isoliertes Bauernhaus, das er als Single bewohnt, mit Sauna und einem geheizten Swimming-Pool. Am Wochenende besucht er vorzugsweise seine Freundin in Basel und er verbringt seinen Urlaub auf den Malediven. Er mag gerne saftige T-Bone-Steaks aus Argentinien, verzichtet ungern auf Erdbeeren zum Weihnachtsmenü und kauft sich alle paar Jahre ein neues Fernsehgerät. Natürlich hat er Heimvideo, einen PC mit Laserdrucker und einen ganzen Fuhrpark an Küchenmaschinen. Seine Cola trinkt er am liebsten aus der Aluminiumdose, aber den kalifornischen Wein bevorzugt er in Flaschen. Und die bringt er anschließend im Wagen zum Altglascontainer.

Kapitel 6
Vom Regieren und Reagieren

Warum uns der Abschied vom fossilen Zeitalter so schwerfällt

Es gibt mittlerweile zahllose nationale und internationale Gremien, Kommissionen und Organisationen, die vor einer drohenden Klimaveränderung warnen. Wissenschaftler messen, forschen und bauen immer kompliziertere Computermodelle. Journalisten schreiben sich die Finger wund und malen mehr oder weniger düstere Szenarien an die Wand. Und die Politiker aller Lager machen besorgte Gesichter. Alle treffen sich regelmäßig auf Konferenzen, die wahlweise in Toronto, auf Hawaii, in Hamburg, Montreal oder Nairobi stattfinden. Vermutlich sind durch den weltweiten Treibhaus-Tourismus, durch die Tonnen bedruckten Papiers und den Bau und Betrieb der leistungsstärksten Supercomputer für die Klimamodelle bisher mehr Treibhausgase in die Atmosphäre gelangt, als durch die eigentlich geplante Aufklärung vermieden wurden. Erkenntnis ist eine Sache – die Reaktion darauf eine andere.

Doch wer trägt die Schuld an dieser Trägheit? Die entscheidungsunfähigen Politiker, die eher auf den nächsten Wahlkampf schielen denn auf das kommende Treibhausjahrhundert? Die multinationalen Konzerne, die nur an die nächsten Bilanzen, nicht aber an die globale Endabrechnung denken? Die übervorsichtigen Forscher, die sich um eindeutige Vorhersagen drücken? Oder jener brave Bürger, der am Wintermorgen sein Auto fünf Minuten im Stand laufen läßt, damit die vereiste Scheibe freitaut? Wir alle tun uns schwer, auf die unsichtbare und langfristige Gefahr zu reagieren, die durch den Treibhauseffekt droht. Es gibt bisher kein Beispiel, bei dem der Mensch vor einer ähnlich globalen Bedrohung stand, geschweige denn sie gemeistert hätte.*

* Eine Ausnahme ist wahrscheinlich das Montrealer Protokoll zum Schutz der Ozonschicht von 1987, das seine Wirkung allerdings erst noch zeigen muß.

Was uns heute bevorsteht, läßt sich, streng naturwissenschaftlich gesehen, nur sehr schwammig formulieren: Das einzige, was die Klimatologen *mit Sicherheit* sagen können, ist, daß der Gehalt der meisten Treibhausgase in der Atmosphäre seit geraumer Zeit wächst und daß der Mensch dies verursacht. Die Forscher können mit gutem Grund *annehmen*, daß dies zu einer Erwärmung der erdnahen Luftschichten führt. Modellrechnungen, die von bestimmten Emissionsszenarien ausgehen, sagen regional sehr unterschiedliche Klimaveränderungen voraus. Diese mathematischen Prognosen bilden die Realität nur *grob angenähert* ab, und die Wissenschaftler sind die ersten, die dies unterstreichen.

Ungewiß ist daher, um wieviele Grad, wo und wann die Thermometer steigen werden. Es läßt sich nicht einmal sagen, ob der lange vorausgesagte Effekt der anthropogenen Erwärmung bereits eingesetzt hat oder nicht. Zwar stiegen die Temperaturen in den vergangenen hundertdreißig Jahren um 0,7 Grad an, aber die ursprünglichen Modelle hatten eine zwei- bis dreimal stärkere Erwärmung in Aussicht gestellt. Der gemessene Temperaturanstieg liegt gerade noch im Bereich natürlicher Schwankungen und läßt keine Aussage über einen kausalen Zusammenhang zwischen Emissionen und anthropogenem Treibhauseffekt zu. Ein Beweis dafür läßt sich bestenfalls in zehn Jahren erbringen. Es gibt sogar noch die *theoretische* Möglichkeit, daß alle Prognosen das sind, was sie vorhersagen – nämlich nichts als heiße Luft.

Kein Wunder, daß die Lobby der FCKW-Hersteller, der Automobilproduzenten oder des Kohlebergbaus jede wissenschaftliche oder populäre Veröffentlichung ausschlachten, die das Treibhausszenario abschwächt oder in Frage stellt. Richard Lindzen vom Massachusetts Institute of Technology in Boston und Jerome Namias vom Scripps-Institut für Ozeanographie in San Diego schrieben beispielsweise im September 1989 in einem Brief an den amerikanischen Präsidenten George Bush, die Prognosen ihrer Kollegen seien »ungenau und mit Unsicherheiten beladen« und deshalb »nutzlos für politische Entscheidungsträger«. Zur gleichen Zeit legte das George-Marshall-Institut in Washington dem Weißen Haus ein 35-Seiten-Papier vor, das den anthropogenen Treibhauseffekt für unbedeutend erklärt. Das eher politisch als wissenschaftlich angelegte Dokument führt den globalen Temperaturanstieg während der vergangenen hundert Jahre vor-

wiegend auf eine gesteigerte Sonnenaktivität zurück – eine Behauptung, die sich keinesfalls mit Meßdaten belegen läßt.
Zehn Jahre bis zu einem glaubhaften Signal des Himmels entsprechen zwei bis drei Legislaturperioden, und das ist, politisch gesehen, eine lange Zeit. Welcher Politiker trifft anhand von unausgereiften Computermodellen weitreichende wirtschafts- und energiepolitische Entscheidungen, die zunächst einmal viel Geld kosten? Noch problematischer: Diese Entscheidungen sollen ja eine zukünftige Veränderung (daß sich die Erde erwärmt) verhindern – ein Erfolg der heutigen Weitsicht bliebe also im besten Fall (wenn sie sich nicht erwärmt) unbemerkt, und das obendrein erst für die nächste oder übernächste Generation. Solch eine Politik bringt wenig Ruhm, dafür aber um so mehr Ärger, und macht eine Menge Arbeit.
Genaue Vorhersagen über das Wie und Wann und Wo des Treibhauseffektes, die eine politische Argumentation erleichtern würden, können die Wissenschaftler nicht geben. Wird beispielsweise die Nordseeinsel Sylt bei steigendem Meeresspiegel verlorengehen? Müssen die amerikanischen Farmer mit häufigen Dürreperioden rechnen? Geht halb Bangladesch unter? Müssen in österreichischen Skiorten die Lifte abgeschrieben werden? Auf diese Fragen gibt es keine oder widersprüchliche Antworten, weil sie von zu vielen äußeren Faktoren abhängen, unter anderem von der zukünftigen Reaktion der Menschen auf derartige Gefahren. Und die ist unbekannt. Sollten Politiker mit ihren Entscheidungen da nicht wenigstens so lange warten, bis die Wissenschaft verläßlichere Aussagen machen kann?
Niemand weiß, welche Abgasmengen in den nächsten Jahrzehnten ausgestoßen werden. Keiner kennt alle positiven und negativen Rückkopplungen im Klimasystem, die eine globale Erwärmung entweder aufschaukeln oder bremsen können. Schlucken die Ozeane mehr überschüssiges Kohlendioxid? Gibt es unbekannte Methanquellen? Werden zusätzliche dicke Wolken den Treibhauseffekt dämpfen? Wächst der Eispanzer der Antarktis, weil es dort mehr schneien wird und puffert sie damit den potentiellen Anstieg des Meeresspiegels ab?
Manche Klimatologen zweifeln sogar an den bisherigen Meßergebnissen. Sie meinen, der ermittelte globale Temperaturanstieg von 0,7 Grad während der vergangenen 130 Jahre sei nur zustande gekommen, weil viele Meßstationen mittlerweile in den

»urbanen Wärmeinseln« der Großstädte liegen. Genauso falsch könnten die Zahlen für den Meeresspiegelanstieg von 15 Zentimetern seit dem Jahre 1860 sein. Die Pegel sind schwer zu messen, weil sich die Ränder der Kontinente durch tektonische Kräfte mancherorts stark heben oder senken. Die Nordseeküste an der Deutschen Bucht beispielsweise sinkt. Umgekehrt steigt die Küste am Bottnischen Meerbusen um etwa 50 Zentimeter pro Jahrhundert, weil sich das Festland noch heute von der Last der letzten Eiszeit vor 18 000 Jahren erholt.
Die Uneinigkeit der Experten und die immer wieder neuen Fragen in der Klimadiskussion sind eine typische Folge wissenschaftlicher Arbeit. Deshalb läßt sich vieles von dem, was in der breiten Öffentlichkeit als gesichert gilt, in Frage stellen. Schließlich können auch Wissenschaftler irren, und dafür gibt es genügend Beispiele. Sie haben uns schon vor allem Möglichen gewarnt, vor dem Waldsterben, dem Exitus der Robben oder dem Kollaps der Nordsee. Nichts davon ist bisher in letzter Konsequenz wahr geworden. Die Atmosphärenphysiker hatten einst erwartet, daß das Ozon auch in der unteren Stratosphäre von den Abbauprodukten der FCKW vermindert wird. Mittlerweile hat sich herausgestellt, daß es ausgerechnet dort zunimmt, dafür aber um so mehr in höheren Schichten schwindet. (Das ist freilich kein Trost, denn in beiden Fällen wirkt das treibhausfördernd – und das hat auch keiner vorausgesagt.)
Trotzdem: Nicht alle Vorhersagen sind aus der Luft gegriffen. Denn so falsch manche Prognosen sein mögen, so unwahrscheinlich ist es, daß sich die Mehrzahl der Klimatologen in der gleichen Richtung verrechnet hat. Daß zufällig alle befürchteten Effekte ausbleiben oder daß sie sich in einer Art konspirativer Aktion gegenseitig aufheben und das Klima bleibt, wie es ist.
Doch angenommen, die Erwärmung kommt, dann gibt es immer noch genügend Gründe, die *dagegen* sprechen, darauf zu reagieren: Um den Ausstoß von Treibhausgasen zu verringern, müßte man die Häuser besser isolieren, neue Motoren entwickeln oder regenerative Energiequellen nutzen. All das kostet zunächst einmal eine Menge Geld. Die Menschheit müßte auch lernen, auf gewisse Konsumgüter, auf bequem Gewordenes zu verzichten – sprich: den existierenden Lebensstandard zu verändern. Beides sind fraglos unpopuläre Forderungen.
Um den Treibhauseffekt zu bekämpfen, müßten wir zudem die

Strukturen der Wirtschaft radikal verändern. Die chemische Industrie müßte schleunigst auf die FCKW verzichten, die Elektrizitätswirtschaft das Sparen und nicht den Verbrauch vergüten. Die Mineralöl- und die Automobilindustrie müßte ihre Produktion drosseln und der heimische Steinkohlebergbau auf die Milliardensubventionen verzichten. Die Gewerkschaften müßten alledem zustimmen. Letztlich müßten auch die Fluggesellschaften und die Touristikindustrie, die von der heutigen Hypermobilität leben, gewaltige Abstriche machen.

Keine der aufgelisteten Branchen wird derartigen Forderungen klaglos zustimmen, denn alle würden, zumindest vordergründig, Schaden erleiden. Kurzum: Keiner, vom Normalbürger bis zum Großindustriellen, will, daß wirklich etwas geschieht. Und solange die Gesellschaft keine Einschränkungen akzeptiert, wird sich in einer Demokratie kaum ein Politiker finden, der sie autoritär durchsetzt. Die Alternative wäre ein rigoroser Öko-Stalinismus, und für den werden sich wohl auch keine Anhänger finden.

Vielleicht ist es ohnehin besser, eine Art ökologischen Kredit aufzunehmen, dem Leben seinen Lauf zu lassen und die Lösungen der Treibhausprobleme den kommenden Generationen zu überlassen. Die werden aller Voraussicht nach wohlhabender und technisch versierter sein als wir, könnten einer Klimaveränderung also womöglich besser entgegentreten. Irgendwann wird der fortentwickelte Mensch vielleicht sogar das Klima nach seinen eigenen Wünschen regional oder global beeinflussen können, also ein bewußter Klimamacher sein. Warum also heute Konsumverzicht üben, wenn die Ingenieure des 21. Jahrhunderts viel besser mit den Problemen umgehen können? (Mehr über ingenieurtechnische Vorschläge zur Überwindung des Klimaproblems in Kapitel 12).

Es ist kaum verwunderlich, daß die Ökonomen Kosten-Nutzen-Rechnungen zum Treibhauseffekt aufstellen. Zum Beispiel: Was ist teurer, der Deichbau oder der Ausstieg aus der fossilen Energieversorgung? Auf FCKW zu verzichten oder gentechnisch trokkenresistentes Getreide zu züchten? Die Großstädte für den Individualverkehr zu schließen oder die Bevölkerung aus Dürre- und Überschwemmungsgebieten umzusiedeln? Mit anderen Worten: Sollen wir reduzieren oder uns adaptieren – handeln oder abwarten?

Diese Überlegungen sind gar nicht so abwegig, wie sie auf den ersten Blick erscheinen mögen. Entsprechende Kalkulationen sind längst im Detail erstellt. Nach einer Studie der amerikanischen Umweltschutzbehörde EPA würde es 73 bis 111 Milliarden Dollar kosten, die Küsten vor einem Meeresspiegelanstieg von einem Meter zu schützen. Diese Summe entspricht einem Bruchteil des amerikanischen Militärhaushaltes. Das Worldwatch Institute in Washington schätzt dem gegenüber die nationalen »CO_2-Vermeidungskosten« auf 100 bis 900 Milliarden Dollar, je nachdem, ob die Energieversorgung auf Wind-, Kern- oder Solarenergie umsteigen würde.

Ins Paradies in 15 Jahren?

Nach diesen Berechnungen wäre es aus dem Blickwinkel der Vereinigten Staaten geradezu unwirtschaftlich, die Treibhausgase zu begrenzen. Den Kosten für eine reine Atmosphäre stehen obendrein mögliche Nutzen und Gewinne des neuen Klimas gegenüber. So wird es nicht jedem Erdenbürger einleuchten (insbesondere wenn er in Sibirien wohnt), daß eine Erwärmung etwas Schlechtes ist. Jeder Mensch sehnt sich eher nach Wärme denn nach Kälte. Eiszeiten gelten als gräßlich, Warmzeiten als paradiesisch. Im biblischen Garten Eden gab es Apfelbäume, aber keine Gletscher.

Bisher kalte Gebiete mit einer hochliegenden Felsenküste, Island, Grönland, Kanada, zum Teil auch die Sowjetunion, könnten regional von einem anthropogenen Treibhauseffekt profitieren. Das Leben in einer kohlendioxidreichen Welt muß nicht von Nachteil sein. Kohlendioxid in der Luft düngt die Pflanzen, die in der Wärme obendrein besser wachsen. Blühende Aussichten beispielsweise für Kanada und Alaska. Noch Mitte der achtziger Jahre gab es auf einer geophysikalischen Tagung im kanadischen Calgary lauten Applaus, als ein Redner berichtete, daß es um einige Grade wärmer werden könnte. Diese Warmperiode könnte für eine ungeahnt lange Zeit vorhalten, denn der vom Menschen gemachte Treibhauseffekt wird die nächste unangenehme kleine Eiszeit wohl verhindern können.

Michael Iwanowitsch Budyko, ein Klimatologe der Universität

von Leningrad, sieht in diesem Zusammenhang keine Katastrophe, sondern ein wahres Paradies auf die Menschheit zukommen, ähnlich wie im Zeitalter des Pliozän vor vier Millionen Jahren, als der Mensch entstand, die tropische Vegetation viel weiter nach Norden reichte als heute und die Sahara bewaldet war.* Budyko erwartet auf dem Weg ins Paradies lediglich eine Durststrecke von zehn bis 15 Jahren, auf der vorübergehend die Zentren der asiatischen und nordamerikanischen Kontinente austrocknen (und damit die Getreidegürtel in der Ukraine und im amerikanischen Mittelwesten), danach aber weltweit ein feuchteres und wärmeres, also wachstumsförderndes Klima herrschen soll. »Den Verbrauch an fossilen Brennstoffen zu senken«, sagt der Forscher, »ist nicht nur sinnlos, sondern auch gefährlich.«

Glaubt man Budyko, dann stehen der Sowjetunion fette Jahre bevor. Die Vereinigten Staaten hingegen müßten sich zwischenzeitlich auf eine zunehmende Verwüstung einstellen. Dort stiegen bislang über Jahre die Getreideüberschüsse, während die Ernten in der Sowjetunion stagnierten oder sanken. Das Klima könnte diesen Trend schon bald umkehren. »Diese Aussichten werfen politisch und industriell interessante Fragen auf«, bemerkt dazu nüchtern Robert Watson, der Leiter des Klimaforschungsprogramms der amerikanischen Nasa. »Ob diese Szenarien wahrscheinlich sind, ist eine andere Frage. Aber es wird Zeit, daß wir uns über so etwas Gedanken machen.«

Vermutlich sind die Ideen des 70-jährigen Budyko nicht ganz zu Ende gedacht. Es ist fraglich, ob zehn bis 15 Jahre genügen, um die Menschheit aus der heutigen Welt schadlos in das Paradies zu vertreiben. Und wenn Wetterextreme, wie die Wirbelstürme oder die Hitzewellen, die sich in der jüngsten Zeit häuften, Vorboten sind, dann müssen wir uns auf dem Weg ins vermeintliche Paradies auf manche Überraschung gefaßt machen. Ungewiß ist auch, ob wir das sowjetische Paradies nicht im Eiltempo wieder verlassen müssen, wenn wir der Erde weiter ungehemmt einheizen und der Treibhauseffekt davongaloppiert.

Kenneth Hare, der Vorsitzende des kanadischen Ausschusses für

* Budyko rechnet bei der zu erwartenden Erwärmung nicht damit, daß die Antarktis abzuschmelzen beginnt. Wie im Pliozän soll sie eisbedeckt bleiben. Andernfalls könnte der Meeresspiegel bis zu 70 Metern ansteigen.

Klimaplanung und ein Altersgenosse Budykos, urteilt deshalb weit vorsichtiger: »Als Wissenschaftler beschränke ich mich darauf zu sagen, daß die beste Erklärung für die steigenden Oberflächentemperaturen die Anreicherung der Treibhausgase ist ... Als Berater meiner Regierung kann und werde ich sagen, daß die Erwärmung weitergehen und sich beschleunigen wird. Es wird immer konservative Wissenschaftler geben, die vor so weitreichenden Aussagen zurückschrecken. Im Alter von 69 Jahren kann ich es mir nicht mehr erlauben, konservativ zu sein.«

Kapitel 7
Sag mir, wo die Wolken sind

Wie baut man Klimamodelle?

In den frühen Nachtstunden des 15. Oktober 1987 braute sich einige hundert Kilometer vor der Nordwestküste Spaniens ein Tiefdruckgebiet zusammen. Auf den Satellitenbildern von elf Uhr vormittags lag das Zentrum des Tiefs noch fast an gleicher Stelle westlich des Golfes von Biskaya, aber es begann bereits Richtung Englischem Kanal zu wandern. Zusätzlich war in der Nähe noch ein zweites Tief entstanden. Nachmittags, kurz vor vier, warnte der Radiosender des BBC in London vor Stürmen über Frankreich, Belgien und den Niederlanden.

In der Nacht zum 16. Oktober fiel in Südwestengland das Barometer auf unter 955 Hektopascal, den niedrigsten Stand, der dort jemals gemessen wurde. Eine Warmfront überquerte Südengland, und an manchen Stationen stiegen die Temperaturen binnen Minuten um zehn Grad an. Dann raste ein Orkan über das Land, wie es ihn seit mindestens 300 Jahren nicht gegeben hatte. Mit Spitzengeschwindigkeiten von bis zu 190 Kilometern in der Stunde knickte er auf der britischen Insel 15 Millionen Bäume, richtete einen Schaden von einer Milliarde Pfund an und brachte 19 Menschen den Tod.

Der nächste Sturm brach wenig später in den Räumen des britischen Wetterdienstes, im traditionsreichen »Met Office« los. Die renommierten Meteorologen hatten den Anzug des Jahrhundertsturmes nicht erkannt und die Bevölkerung erst gewarnt, als fast schon die Ziegel von den Dächern flogen. Auf der anderen Seite des Kanals hatten ihre französischen Kollegen bereits 24 Stunden vor dem Unglück einen schweren Sturm für ihre eigene Nordküste angekündigt und vorausgesagt, daß die Winde mit Höchstgeschwindigkeiten direkt über die britische Insel ziehen würden.

Eine Untersuchungskommission sollte klären, was im Met Office am 15. Oktober schiefgelaufen war. Dabei kam heraus, daß die Franzosen mehr Beobachtungsdaten in ihre Computer eingegeben hatten. Daß sie aber auch über eine bessere Rechenmaschine, eine nagelneue Cray X-MP, verfügten. Die Briten hatten noch mit der wesentlich rechenträgeren Cyber 205 (Baujahr 1980) und mit einem anderen Rechenprogramm gearbeitet.

Der Vorfall zeigt, welche wichtige Rolle die elektronische Datenverarbeitung heute bei der Wetterprognose spielt. Das Zusammenwirken von Hochs und Tiefs, von Luftfeuchtigkeit und Windgeschwindigkeit, von Wolken und Sonnenstrahlung ist so kompliziert, daß es sich nur mit den leistungsfähigsten Großcomputern der Welt berechnen läßt.

Noch aufwendiger ist es, das Klima zu simulieren. Also die rasch bewegte Atmosphäre mit dem trägen Ozean und den fest verankerten Systemen Eis und Biosphäre in mathematischen Gleichungen zu vernetzen. Die Atmosphäre besteht aus einzelnen Molekülen, die sich frei bewegen können. Auf die Luftteilchen wirken eine Reihe von verschiedenen Kräften. Sie bestimmen Wetter und Klima. Wir wollen versuchen, das Schicksal eines Luftwürfels unter Einfluß dieser physikalischen Gesetze zu verfolgen.

Die *Schwerkraft* zieht das Luftpaket wie alle Massen Richtung Erdmittelpunkt. Ihretwegen müßte die Luft eigentlich auf den Erdboden stürzen. Dies verhindert die *Druck-Gradient-Kraft*, die der Schwerkraft genau entgegenwirkt und dafür sorgt, daß der Luftwürfel in der Schwebe bleibt. Sie kommt zustande, weil in der höheren Atmosphäre ein geringerer Luftdruck herrscht als weiter unten, jedes Gasteilchen also viel einfacher nach oben als gen Erde fliegen kann. Die Druck-Gradient-Kraft sorgt auch dafür, daß die Luft aus nebeneinander liegenden Würfeln mit verschiedenem Druck zu strömen beginnt – vom Hoch ins Tief: Beispielsweise bildet sich an der Küste tagsüber bei schönem Wetter über dem Land warme Luft, die weniger dicht ist als die kalte Luft über dem Meer und deshalb emporsteigt. Der Druck sinkt und ein lokales Tief entsteht. Die Luft aus dem Hoch über dem Meer strömt daraufhin in das Tief über dem Land. Wir spüren den Effekt an der typischen kühlen Seebrise.

Im Grunde sollte die Luft immer auf ähnlich direktem Weg vom Hoch ins Tief fließen. Das tut sie aber im allgemeinen nicht, wie auf jeder Wetterkarte zu sehen ist. Ursache dafür ist die *Coriolis-*

*kraft.** Sie lenkt strömende Luft seitwärts ab. Und zwar auf der Nordhalbkugel rechts und auf der Südhalbkugel links herum.** So entstehen horizontale Luftwirbel, wie die tropischen Hurrikane.
Die Corioliskraft und die horizontale Druck-Gradient-Kraft lenken einen Luftwürfel so ab, daß er entlang der Linien gleichen Drucks (der Isobaren) wie auf Schienen um ein Tief kreist. Auch das ist auf der Wetterkarte zu erkennen, wenn die Wolken im Zeitraffer des Satellitenfilms um ein wanderndes Tief rasen. Weil sich die kreisenden Luftmassen an der Erdoberfläche reiben, dabei verwirbeln und langsamer werden, verlieren sie an Bewegungsenergie, treiben ins Tief und füllen es auf. Das geht um so schneller, je rauher die Oberfläche ist. Langsam hingegen über dem Ozean. Unter anderem deshalb halten sich die großen Wirbelstürme nur über dem Meer lange.
Im Grunde ist es schon schwierig, dieses bewegte Treiben in Gleichungen festzuhalten. Aber wesentliche Motoren der Klimamaschine fehlen noch in der Kalkulation. Es ist ein Naturgesetz, daß die Energie in einem abgeschlossenen System erhalten bleibt. Dies besagt der *Erste Hauptsatz der Thermodynamik*. Man kann sie weder erzeugen noch vernichten, lediglich umwandeln. Für das Klimasystem bedeutet das: In der Atmosphäre und auf der Erdoberfläche wird Strahlungsenergie von der Sonne in Wärme umgewandelt. Ein großer Teil der Wärme läßt Wasser aus den Ozeanen oder den Pflanzen verdunsten, und die Energie wandert in die Wolken. Die Kondensation zu Wassertröpfchen setzt die Wärme wieder frei und heizt dabei die Atmosphäre auf. Fällt dann der Regen zur Erde und fließt als Bach von den Bergen, ist aus der Wärme kinetische Energie geworden. Wird das Wasser aufgestaut, ist sie als potentielle Energie gespeichert. Die wiederum läßt sich als kinetische Energie in Wasserkraftwerken nutzen und in Elektrizität umsetzen. Strom wiederum läßt sich in nahezu jede Energieform verwandeln. Zuletzt bleibt von allem –

* Die Corioliskraft wirkt auf jeden Körper, der sich auf einer rotierenden Scheibe oder Kugel befindet und zusätzlich in horizontaler Bewegung ist – also auf ein dahinschwebendes Gaspaket, nicht aber auf einen festverwurzelten Baum. Am Äquator ist sie unbedeutend, weil sie senkrecht nach oben wirkt, nicht aber »zur Seite«, in horizontaler Richtung.
** Aus dem gleichen Grund erodieren übrigens die Flußufer auf der Nordhälfte der Erde eher auf der rechten als auf der linken Seite.

wegen der Reibung – nur mehr Wärme übrig. Und diese strahlt in den Weltraum zurück. Damit ist die Energiebilanz der Erde ausgeglichen.
Der *Zweite Hauptsatz der Thermodynamik* lehrt, daß jedes System einem Zustand höchster Unordnung, also höchster »Entropie«, zustrebt. Das läßt sich an jedem Schreibtisch beobachten oder wenn etwa ein Stück Kohle verbrennt: Der Kohlenstoff, in dem nach einem bestimmten Muster Molekül für Molekül ordentlich nebeneinandergeschichtet ist, verbindet sich beim Verbrennen mit Sauerstoff zu Kohlendioxid. Dieses Gas entweicht Molekül für Molekül in die Umluft, zieht von hier nach dort und ist bald um die ganze Erde verteilt. Keine Macht der Welt kann genau diese ungeordneten Teilchen wieder zu einem Stück Kohle ordnen. In der Klimatologie lassen sich mit dem Zweiten Hauptsatz irreversible Prozesse beschreiben, beispielsweise wie Wärme von der Erdoberfläche in der turbulenten Atmosphäre verteilt wird.
Wichtig für die Klimamodellbauer sind auch Strahlungsgesetze, vor allem das *Plancksche* und das *Kirchhoffsche Gesetz*. Sie bebeschreiben, wieviel Wärme oder Sonnenenergie ein Körper absorbiert und je nach seiner Temperatur und seiner Farbe wieder aussendet. Etwa: Ein schwarzer Stein, der in der Sahara in der Sonne liegt, absorbiert viel Licht und strahlt viel Wärme ab. Liegt der Stein in der Antarktis, dann kann er die gleiche Lichtenergie absorbieren, strahlt aber, weil die Umgebung kälter ist, weniger Wärme ab. Letztlich gehören auch die Gesetze der *Quantenmechanik* zum Rüstzeug der Klimatologen. Sie beschreiben, welche Treibhausgase welchen Bereich von Wärmestrahlung (also welche Wellenlängen) absorbieren können. Warum etwa ein FCKW-Molekül wesentlich treibhausfördernder ist als ein Molekül Kohlendioxid.
All diese vernetzten Zusammenhänge muß ein Klimamodell mathematisch erfassen. Zusätzlich müssen die Wissenschaftler zahllose empirische Daten in ihre Computer einspeisen, die bislang nur gemessen und nicht oder nur zum Teil auf physikalische Grundgesetze zurückgeführt werden können: Wieviel Wasserdampf von der Erde – sei es via Wald, Wiese oder Wüste – verdunstet. Wie die Helligkeit einer Oberfläche von der Vegetation abhängt. Oder wieviel Kohlendioxid die verschiedenen Pflanzentypen binden können.

Tendenz steigend

Die einfachsten Klimamodelle sind schon einige Jahrzehnte alt. Sie betrachten allein den Strahlungshaushalt eines Planeten ohne Gashülle. Dafür braucht es an Rohdaten lediglich die Albedo des Planeten sowie die Solarkonstante. Strahlung dringt auf die Erde, erwärmt die Oberfläche je nach Helligkeit und geht danach zurück ins Weltall. Ergebnis der Rechnung: Die Oberflächentemperatur der Erde beträgt im Mittel minus 18 Grad. Das entspricht der Temperatur, die ohne eine Atmosphäre herrschen würde.*

Schon in den fünfziger Jahren machten sich Wissenschaftler wie Fritz Möller von der Universität in München daran, Modelle zu bauen, die auch den Einfluß der Atmosphäre berücksichtigten. Der Einfachheit halber vernachlässigten die Forscher die Wärmeströmungen vom Äquator zu den Polen sowie die vertikale Luftbewegung. Dann füllten sie die Modellatmosphäre mit den natürlichen Treibhausgasen. Die Rechnung ergab eine Oberflächentemperatur von 32 Grad Celsius am 35. Breitengrad. Auch diese Zahl ist noch ziemlich falsch, denn tatsächlich ist es dort im Mittel 20 Grad warm. Für grundlegende Berechnungen war das Modell dennoch zu gebrauchen. Die Klimatologen konnten damit den Einfluß von zusätzlichem Wasserdampf oder Kohlendioxid bestimmen: Mit mehr Treibhausgasen in der Atmosphäre wurde es wärmer. Erstmals war bewiesen, daß es einen anthropogenen Treibhauseffekt geben kann.

Syukuro Manabe von der Princeton-Universität in Virginia und Fritz Möller gelang es in den frühen sechziger Jahren, die vertikale Umwälzung der Luft mit in eine weit verbesserte Simulation einzubeziehen. In diesem Modell stieg die Oberflächentemperatur um durchschnittlich zwei bis drei Grad, wenn die Wissenschaftler den CO_2-Gehalt der Atmosphäre verdoppelten. Diese pauschale Aussage deckt sich im übrigen noch immer mit den Ergebnissen der besten heutigen Modelle.

Im nächsten Verbesserungsschritt nahmen die Wissenschaftler die Wolken mit in die Berechnungen auf und kamen zu dem

* Diese Temperatur gilt nur, wenn sich der Planet während der Abkühlung in seiner Helligkeit nicht verändert. So war die Ur-Erde dunkler als die heutige – die Temperatur lag also höher, bei minus 15 Grad.

Schluß, daß tiefhängende Wolken kühlen und hohe einen zusätzlichen Treibhauseffekt bewirken. Manko des Modells: Die Luftschichten sind nach wie vor starr. In der Real-Atmosphäre hingegen führen große Luftströme den Hitzeüberschuß aus den Tropen in Richtung der Pole, und diese Winde werden von der Erddrehung abgelenkt.

Michael Budyko aus der Sowjetunion und James Sellers vom Nationalen Zentrum für Atmosphärenforschung in den Vereinigten Staaten versuchten 1968, auch die unterschiedliche Wärmeverteilung der verschiedenen Breiten im sogenannten eindimensionalen Energiebilanzmodell zu berücksichtigen. Damit konnten sie erstmals die Eis-Albedo-Rückkopplung mit in die Modelle einbauen und zeigen, daß sich eine mäßige globale Erwärmung in hohen Breiten sehr verstärkt.

Doch erst das »zweidimensionale Zirkulationsmodell«, das auch den vertikalen Luftaustausch berücksichtigt, konnte diesen Effekt genau erklären. Demnach erwärmt sich die Erde bei Zunahme der Treibhausgase sehr unterschiedlich: Der Temperaturanstieg ist am Äquator gering, wird aber in Richtung der Pole immer stärker. Am höchsten ist er dort, wo die permanente Meereisgrenze polwärts abschmilzt. Hier nämlich ändert sich durch die freiwerdende dunkle Wasseroberfläche rapide die Strahlungsbilanz. Dies kann zu einem Temperaturanstieg von bis zu zehn Grad bei Kohlendioxid-Verdoppelung führen. Jenseits der Eisrandzone hingegen, im Meereisgebiet am Nordpol oder im Inneren der Antarktis, bleiben die Sommertemperaturen weitgehend konstant. Nur im Winter steigen sie an.

Die wirkliche Atmosphäre ist dreidimensional, und sie läßt sich erst in einem »3-d-Modell« abbilden. Es rastert die gesamte Erde in etwa 500 mal 500 Kilometer große Flächen auf und unterteilt die Atmosphäre in rund 15 übereinanderliegende Schichten. Diese »Gitterpunkte«, von denen einer ungefähr der Fläche der Bundesrepublik entspricht, können in dem Modellklima miteinander wechselwirken. Für jeden Punkt gibt es einen gemittelten meteorologischen Zustand. Das ist eine grobe Näherung, wenn man bedenkt, wie verschieden das Wetter in Flensburg und in Garmisch sein kann.

Auch die Wolken lassen sich im 3-d-Modell nicht kleinflächig auflösen. Die Forscher rechnen daher mit einer mittleren Bewölkung je Gitterpunkt. In der Simulation fliegen demnach 500 mal

500 Kilometer große Durchschnittswolken wie überdimensionale Bierdeckel durch die Atmosphäre. Ein weiterer Makel des 3-d-Atmosphären-Modells ist, daß es die Ozeane als unbewegte flache Pfützen vereinfacht, was keineswegs der Wirklichkeit entspricht. Im Modell variiert ihre Oberflächentemperatur lediglich im Laufe der Jahreszeiten oder als Reaktion auf eine generelle Erwärmung. Die für das Klima so wichtige Tiefenzirkulation und globale Strömungen wie der Golfstrom bleiben unberücksichtigt. Gleichermaßen vereinfacht ist der Regen: Wenn eine 250000 Quadratkilometer große Bierdeckelwolke genug Wasser enthält, macht es *schwapp* und im nächsten Moment ist die Wolke leergeregnet. Das sind kaum wirklichkeitsgetreue Bedingungen.

Dennoch: Das 3-d-Modell beschreibt in einem Versuch sowohl das historische wie auch das heutige Klima erstaunlich gut. Es ist allerdings schon so kompliziert, daß es an die Grenzen eines heutigen Großrechners stößt. Nur an einigen wenigen Instituten der Welt gibt es Anlagen, die das können: etwa am Nationalen Zentrum für Atmosphärenforschung in Boulder, Colorado; am Goddard-Institut für Weltraumwissenschaften der Nasa in New York; am Met Office im britischen Bracknell in Berkshire; im Labor für Dynamische Meteorologie in Paris; und im Deutschen Klimarechenzentrum in Hamburg.

Eiskalte Gigaflops

Dort, im 15. Stock des Universitätshochhauses steht solch ein Gerät: die Cray-2/4-128, einer der leistungsfähigsten Computer der Welt. Verborgen hinter einer Sicherheitsschleuse – Ostblock-Forschern bleibt der Zutritt verwehrt – und mit Passworten vor dem Zugriff der Hacker geschützt, macht sich die Cray in dem langen, hellen Raum voller Datenspeicher recht bescheiden aus: ein C-förmiger Kunststoffkasten, kaum hüfthoch und nicht schwerer als ein Kleinwagen. Er hat so gut wie nichts mehr mit den klotzigen Computern früherer Tage zu tun, die wie archaische Denksaurier im Raume standen.

Die Prozessoren mit ihren 20 Kilometern Kabelgeflecht schwimmen in einer eiskalten Kühlflüssigkeit. Fluorkohlenwasserstoffe

führen die Wärme aus dem Elektronenhirn in eine spezielle Klimaanlage auf dem Dach des Institutes ab. Immerhin schluckt die Cray 250 Kilowatt Strom, eine Energiemenge, die in dem Computer restlos in Wärme umgewandelt wird. Gemeinsam mit den angeschlossenen Datenspeichern verbraucht der Rechner jeden Monat Strom im Wert von 115 000 Mark.
Was leistet solch ein Supercomputer, der den bundesdeutschen Steuerzahler immerhin 40 Millionen Mark gekostet hat? Zum einen kann er unvorstellbar schnell rechnen. Wenn es sein muß, absolviert die Cray zwei »Gigaflops«, das sind zwei Milliarden Rechenschritte oder sogenannte Gleitkomma-Operationen, in der Sekunde. Im Dauerbetrieb arbeitet die Maschine allerdings wesentlich langsamer. Zum anderen kann sich die Cray eine Unmenge Daten merken. Ihr Hauptspeicher faßt ein Gigabyte, also eine Milliarde Computerworte zu je acht Bit oder Informationseinheiten. Zusätzlich angeschlossen sind acht Plattenspeicher mit einer Kapazität von insgesamt 25 Gigabyte.
Meist läuft auf der Cray irgendein Klimaprogramm, das sich selbst auf seine eigene Zuverlässigkeit untersucht. Denn ein Modell muß zunächst einmal in der Lage sein, das vom Menschen unbeeinflußte Klima wirklichkeitsgetreu wiederzugeben. Die Wissenschaftler starten die Simulation daher im allgemeinen mit einem Test unter klimatischen Normalbedingungen und kontrollieren nach geraumer Zeit, was aus dem Klima geworden ist. Stimmen Temperaturverteilung und die generellen Windströmungen? Ist die Strahlungsbilanz am Außenrand der Atmosphäre ausgeglichen? Entsprechen Regen- und Verdunstungsrate einander?
Ein erster Testlauf bildet das wirkliche Klima im allgemeinen sehr schlecht ab. Schon kleine Programmierfehler schaukeln sich nach wenigen Modelltagen zu dem größten Unsinn auf. »Dann kriegen wir plötzlich Winde von 10 000 Meter pro Sekunde«, erklärt der Klimaforscher Robert Sausen vom Meteorologischen Institut in Hamburg, »oder Temperaturen von minus 450 Grad.« Normalerweise stellt der Computer den Lauf dann von alleine ab und verhindert, daß teure Rechenzeit verlorengeht.
Dann beginnt die eigentliche Arbeit. Das Modell wird so lange geeicht und die eingegebenen Parameter korrigiert, bis Wind und Wetter durch den Rechner fließen, als wäre es draußen vor der Tür. Wichtig ist dabei, daß der Computer die in den verschiede-

nen Breitengraden sehr unterschiedlich ausgeprägten Jahreszeiten genau wiedergeben kann. Diesen Zwölf-Monats-Zyklus zu simulieren, erscheint auf den ersten Blick trivial. Als der amerikanische Klimatologe Stephen Schneider vom Nationalen Zentrum für Atmosphärenforschung in Boulder diese Eigenschaft der Modelle einmal voller Stolz präsentierte, erntete er bei einer Anhörung vor dem amerikanischen Kongreß prompt harsche Kritik von einem Abgeordneten: »Soll das etwa heißen, daß Ihr Kerle Millionen von Steuergeldern ausgebt, um uns zu sagen, daß es im Winter kalt und im Sommer warm ist?« »Ja«, antwortete Schneider, »und da sind wir sogar stolz drauf. Denn wenn wir die Jahreszeiten nicht simulieren könnten, hätte ich nicht die Nerven, vor diesem Komitee zu stehen und zu behaupten, daß eine rasche Klimaveränderung durch die Umweltverschmutzung des Menschen ein ernstes Problem ist.«

Ist ein Modell getestet, dann können die Wissenschaftler es mit einem erhöhten Gehalt an Treibhausgasen laufen lassen. James Hansen, Leiter der Klimaabteilung des Goddard-Institutes der Nasa in New York hat beispielsweise das Modell seines Labors mit den realen Ausgangsdaten des Jahres 1960 gefüttert und dann in einem 30-Jahre-Testlauf die Treibhausgase hinzugegeben, genau in dem Maß, wie sie der Mensch zwischen 1960 und 1990 in die Atmosphäre geblasen hat. Anschließend ließ er den Computer noch für 30 Jahre mit drei verschiedenen Emissionsszenarien weiterrechnen.

In der Simulation vergingen die Tage, Wochen und Monate, es wurde Frühling, Sommer, Herbst und Winter. Die Hochs und Tiefs wanderten über das Gitter, strömten nach hier und nach dort. Die Ozeanoberfläche erwärmte sich oder sie kühlte ab. Alles lief wie in der echten Welt. Nach etwa 20 Stunden Rechenzeit auf dem Supercomputer war ein Jahr vergangen. Das nächste Jahr kam und ging, und so weiter.

Die Kalkulation beschrieb über 60 Jahre das Klima in den verschiedenen Regionen der Erde und zeichnete eine Art Fieberkurve mit der globalen Durchschnittstemperatur des Planeten. Kalte Jahre folgten auf wärmere – oder umgekehrt. Für 1964 beispielsweise ermittelte der Rechner überdurchschnittlich tiefe, für 1982 ungewöhnlich hohe Temperaturen, was zufällig jeweils der Wirklichkeit entsprach. In anderen Jahren, wie 1974 und 1977, war die Vorhersage völlig falsch. Derartige Fehler waren keineswegs beunruhigend, denn ein Klimamodell kann und soll ja nicht das Wetter beschreiben. Interessant ist lediglich der langfristige Trend im Klimageschehen. Und den traf das Experiment ungewöhnlich genau: In Modell und Wirklichkeit stiegen die Welttemperaturen zwischen 1969 und 1990 um 0,2 bis 0,3 Grad an. Das ist zwar kein Beweis für einen anthropogenen Treibhauseffekt, aber es sagt immerhin, daß die Klimatologen mit ihren Berechnungen nicht völlig daneben liegen können.

Der unbekannte Ozean

Die vielleicht größte Rolle im globalen Klimageschehen spielen die Ozeane, ein Faktor, den die Wissenschaftler bisher stiefmütterlich behandelt haben. Das liegt weniger daran, daß sie die Weltmeere vergessen hätten, als an der Tatsache, daß diese sehr schwer in Modellen darzustellen sind. Die Ozeane bedecken zwei Drittel der Erdoberfläche, und in ihren Tiefen ist eine gigantische Menge an Kohlendioxid gelöst. Sie können einen großen Betrag an Energie speichern – allein die obersten drei Meter Meerwasser bergen gleichviel Wärme wie die gesamte Atmosphäre. Sie transportieren Wärme aus den Tropen polwärts und Kälte von dort Richtung Äquator. Sie beherbergen das marine Leben, das direkt mit dem Kohlenstoffkreislauf verknüpft ist. Und letztlich hätte ein verändertes Klima einen wichtigen Einfluß auf das Verhalten der Ozeane, was wiederum nachhaltig das Klima beeinflußt, was die Eigenschaften der Ozeane bestimmt ...

Die Ozeane sind allerdings sehr, sehr träge. Sie wirken wie ein thermischer Schwamm, der viel Wärme aus der Atmosphäre aufnimmt, sich selbst dabei aber nur wenig aufheizt. Während sich die Temperaturen in der Atmosphäre binnen Stunden drastisch verändern können, brauchen die Wassermassen Monate, um sich den Bedingungen von Sommer und Winter anzupassen. Es dauert 200 bis 1000 Jahre, bis das gesamte Wasser der Weltmeere einmal umgewälzt ist. So arbeitet das Tiefenwasser noch heute die Klimaveränderungen nach der »kleinen Eiszeit« im 17. Jahrhundert auf.

Die Klimatologen bilden die Weltmeere in sogenannten Ozean-Zirkulations-Modellen ab. Sie werden im Prinzip wie Atmosphärenmodelle entwickelt, denn auch die Meeresströmungen entstehen durch Winde oder aus dem Wechselspiel von »Hochs« und »Tiefs«, wenn sich die dichten, kalten und salzreichen Wassermassen gegen die leichteren, warmen und salzarmen verschieben.

Ein Problem bei den Ozeanmodellen sind die kleinen und langlebigen Wirbel, die sich in einem 500-mal-500-Kilometer-Gitter nicht auflösen lassen. Ein anderes ist die Topographie des Meeresgrundes, die einen entscheidenden Einfluß auf die Strömungen hat. Außerdem gibt es aus früherer Zeit vergleichsweise wenige Meßdaten über Temperaturen und Salzgehalt, mit denen sich ein Modell in einem Testlauf überprüfen ließe.

Entsprechend schwierig ist es bisher, ein Ozeanmodell zu eichen. Am Hamburger Max-Planck-Institut arbeiten die Forscher seit 10 Jahren an zwei verschiedenen Meeressimulationen und gemeinsam mit ihren Kollegen vom Meteorologischen Institut der Universität auch an dem nächsten, entscheidenden Schritt für die Klimamodelle – nämlich den Ozean und die Atmosphäre realitätsgetreu miteinander zu koppeln.

Dies ist nichts anderes als ein unentwegtes Hin- und Herspielen von Daten aus dem Atmosphären- in das Ozeanmodell und umgekehrt. Kopplungspunkt bei dieser Simulation ist die Ozeanoberfläche, denn hier werden Wärme, Wasser und Bewegungsenergie zwischen der Luft und den obersten Wasserschichten ausgetauscht. »Wir gehen dabei von bestimmten Meerestemperaturen an den verschiedenen Gitterpunkten aus«, erklärt Robert Sausen, »lassen dann das Modell für 24 Stunden laufen und geben die neu ermittelte Temperatur an das Atmosphärenmodell weiter. Jetzt läuft die Atmosphäre für 24 Stunden und der Ozean holt sich die neuesten Daten. Anschließend geht es wieder umgekehrt.«

Diese gegenseitige Beeinflussung von Wasser und Luft läßt sich jahrelang im Modell simulieren. Dabei stellt sich zunächst heraus, daß gekoppelte Modelle (bis heute) fehlerhaft sind. Das heißt, sie driften bereits im Testlauf in eine bestimmte Richtung davon. »Fast alle Modelle schmelzen beispielsweise das Meereis ab«, sagt Sausen, »oder die Tiefenzirkulation kommt zum Erliegen.« Die Klimatologen müssen also weiter korrigieren, »an den Schrauben im Modell drehen«, wie Sausen es beschreibt, bis es sich der Wirklichkeit immer weiter annähert. Erst dann hat es

einen Sinn, eine erhöhte Konzentration der Treibhausgase mit in die Rechnung aufzunehmen und ihren Einfluß zu untersuchen.
Trotzdem lassen die gekoppelten Simulationen schon jetzt eine pauschale Aussage zu: Weil die Zirkulationsmodelle, anders als die herkömmlichen Deckschichtmodelle, berücksichtigen, daß sich die Ozeanoberfläche durch Winde und Strömungen bis in eine Tiefe von 300 Metern durchmischt, können in diesen verfeinerten Experimenten die Meere weit mehr Wärme aus der Atmosphäre aufnehmen. Sie verzögern dadurch die globale Erwärmung um 30 bis 50 Jahre – was sich mit den tatsächlichen Beobachtungen durchaus deckt: Die Trägheit der Meere hat die Erde bisher vor jenem Temperaturanstieg von 1,5 Grad bewahrt, den die reinen Deckschichtmodelle voraussagen.
Unklar ist, wie sich die Ozeane in Zukunft verhalten. Ob sie die Erwärmung nicht nur verzögern, sondern generell vermindern. Oder ob sie im Gegenteil den Treibhauseffekt noch verstärken. Möglich wäre nämlich, daß sich die Oberfläche zunehmend erwärmt, das Meereis verschwindet, dadurch weniger kaltes und salzhaltiges Tiefenwasser entsteht, sich eine stabile Schichtung ausbildet, die Zirkulation einschläft und weniger Kohlendioxid aus der Atmosphäre in die Tiefe transportiert wird. In diesem Fall reagiert der Ozean, wie es in einem Deckschichtmodell beschrieben ist. Er könnte also eine Erwärmung der Atmosphäre nicht weiter verzögern. Zusätzlich würde auch das Plankton von der Tiefenzirkulation abgeschnitten, bekäme weniger Nährstoffe vom Meeresgrund heraufgespült und würde weniger Kohlendioxid binden. In diesem Falle würde sich die Erwärmung dramatisch beschleunigen.
Es gibt aber auch eine andere (ziemlich spekulative) Variante: daß nämlich die Ozeane einen globalen Temperaturanstieg weitgehend kompensieren. Ersonnen haben sie der Amerikaner Robert Charlson von der Universität in Seattle, Meinrad Andreae vom Max-Planck-Institut für Chemie in Mainz und der britische Allround-Forscher James Lovelock, der Erfinder der Gaia-Hypothese, nach der das Leben auf der Erde alle ökologischen Widrigkeiten selbst reguliert und so sein eigenes Überleben sichert.
Die drei Forscher halten Folgendes für möglich: Wenn die Meere sich erwärmen, stößt das Phytoplankton als Stoffwechselprodukt vermehrt die Substanz Dimethylsulfid aus, das in die Atmosphäre entweicht. Dieses Gas ist ein Vorläufer für Aerosole, und die

daraus entstehenden Schwebeteilchen sorgen für optisch dichtere Wolken. Diese kühlen den Planeten und verhindern einen zusätzlichen Treibhauseffekt.

Hoffnung am Himmel?

Eine andere Hoffnung sind für manche Klimaforscher die Wolken, die großen Unbekannten in der »Klimaküche«. Sie könnten sich bei einer globalen Erwärmung so verändern, daß sie den Temperaturanstieg entweder dämpfen – oder aber verstärken. Bislang, das hat Veerabhadran Ramanathan mit seinen Kollegen vom *Earth Radiation Budget Experiment* (ERBE) aus Satellitendaten ermittelt, streuen die Wolken mehr Licht in das Weltall zurück, als sie Wärme auf der Erde zurückhalten. Das heißt, sie bewirken im globalen Durchschnitt eine Kühlung.* Das bedeutet freilich nicht, daß die Wolken die Wirkung zusätzlicher Treibhausgase abschwächen oder gar kompensieren. Vorläufige Modellrechnungen gehen eher vom Gegenteil aus – daß sie nämlich den Treibhauseffekt verstärken.
Weil die Wolken aber mit Sicherheit einen großen – aber ungeklärten – Einfluß auf das zukünftige Klima haben werden, ist es kein Wunder, daß sich die Aussagen der Modelle unterscheiden, sobald die Wolken mit in die Berechnungen aufgenommen werden. Robert Cess von der State University von New York hat einmal elf verschiedene Klimasimulationen miteinander verglichen: Solange sie ohne Wolken rechneten, kamen sie zu fast identischen Ergebnissen. Mit Wolken hingegen unterschieden sie sich bis zu dreifach voneinander. Allerdings blieb der generelle Trend gleich: Alle Berechnungen ergaben eine globale Erwärmung von drei Grad Celsius, plusminus 50 Prozent. Keine Simulation kam etwa auf zehn Grad, keine auf nur ein paar Zehntel Grad Temperaturanstieg.

* Nach den Berechnungen von Ramanathan reduzieren die Wolken die Sonneneinstrahlung auf die Erdoberfläche um einen Energiebetrag von 44,5 Watt/Quadratmeter, die Wärmeabstrahlung von der Erde aber nur um 31,3 W/m^2. Das bedeutet eine Nettokühlung um 13 W/m^2. Zum Vergleich: Würde sich die Erde bei Verdoppelung des Kohlendioxidgehalts um drei Grad erwärmen, dann entspräche dies einem Energiegewinn von gerade vier W/m^2.

Die meisten Modellrechnungen setzen eine Verdoppelung des Kohlendioxidgehalts beziehungsweise einen gleich wirksamen Anstieg aller Treibhausgase in der Luft voraus. Bisher hat die Kohlendioxid-Konzentration in der Atmosphäre im Vergleich zur vorindustriellen Zeit um 25 Prozent zugenommen, die anderen Treibhausgase machen gemeinsam den gleichen Effekt aus, so daß wir heute etwa auf halber Strecke bis zu einer Verdoppelung gekommen sind.

Die Frage bleibt, wann wir den Verdoppelungspunkt erreichen werden. In zehn, 20 oder 50 Jahren? Und ob und wie weit die Treibhausgas-Konzentration danach weiter steigen wird. Dies wiederum hängt von ökonomischen Randbedingungen, vom Wachstum der Menschheit, vom technischen Fortschritt, von der Vernunft des Menschen und letztlich von der politischen Weltlage ab – Entwicklungen, die kaum vorherzusehen sind. Bevor wir im übernächsten Kapitel zu den Aussagen der Klimapropheten kommen, folgt deshalb – gewissermaßen als Einstimmung auf diese Probleme – ein Exkurs über das Phänomen Wachstum.

Kapitel 8
Wahnsinn Wachstum

Wenn mehr zuwenig wird

Die junge Mutter hält voller Stolz den Sprößling auf dem Arm. Der Nachwuchs lacht und saugt und wächst, daß es eine Freude ist. Die Eltern wiegen und messen das Kind regelmäßig und dokumentieren zufrieden, wie aus dem Säugling ein Kind wird. Solange das Mädel oder der Bub nur wächst und gedeiht, so scheint es, kann kaum etwas schiefgehen.

Jedem, der einen Garten hat oder auch nur eine Balkonpflanze hegt, geht es ähnlich. Nichts ist befriedigender, als wenn sich nach den kalten und dunklen Monaten des Winters die ersten Knospen regen, wenn die Pflanzenwelt endlich wieder zu wachsen beginnt.

Gleichgültig ob der Kontostand oder ein Baum wächst, die Aktienkurse und die Löhne steigen, die Ernten oder die Gewinne ein neues Rekordmaß erreichen – immer verbinden wir Wachstum mit Glück, Wohlstand und Fortschritt. Das Wort *Wachstum*, so würden es die Soziologen formulieren, ist *positiv* besetzt.

Das kommt nicht von ungefähr, denn Wachstum hat auch etwas mit Macht und Sicherheit zu tun. Kinder, möglichst viele an der Zahl, bedeuteten früher eine gesicherte Altersversorgung. Regenten, in deren Staat die Bevölkerung schneller wuchs als die des Nachbarvolkes, waren mächtig, denn sie hatten mehr Arbeitskräfte, konnten mehr Soldaten in den Krieg schicken. Noch im Jahre 1948 erklärte der indische Ministerpräsident Jawaharlal Nehru seine Nation zum »unterbevölkerten Land«, und der argentinische Staatspräsident Juan Peron wollte in den vierziger Jahren, daß sich seine Bevölkerung binnen einer Generation verdoppele. Auch heute wehren sich in vielen Ländern Afrikas die Stammesgruppen gegen eine Geburtenkontrolle, weil sie den Verlust der quantitativen Vormachtstellung gegenüber ihren Nachbarn befürchten. Das gleiche gilt für die albanische Minderheit im Vielvölkerstaat Jugoslawien oder die moslemischen Volksgruppen im Süden der sowjetischen Republiken.

Wachstum hat auch Grenzen: Jede Spezies bekommt sie zu spüren, wenn es ihr in ihrem Lebensraum zu eng wird, wenn ihr die Nahrung ausgeht, die Feinde zunehmen oder wenn sich Infektionskrankheiten ausbreiten. Alle biologischen Systeme existieren unter diesen begrenzenden Randbedingungen. Sei es der Mensch, der Elefant oder der Wurm, alle vermehren sich so gut, wie es dieser Rahmen zuläßt. Da sich die Randbedingungen ständig ändern, durchlaufen alle Spezies Krisen der Evolution. Das dezimiert den Bestand der Art oder vernichtet sie vollständig. Entwicklungsbiologen vermuten, daß über 99,99999 Prozent aller Arten, die je auf Erden gelebt haben, aufgrund solcher Krisen ausgestorben sind.

Der 1766 geborene englische Nationalökonom Thomas Robert Malthus sah auch die Menschheit an ihre biologischen Grenzen stoßen. Weil sie sich in geometrischer Progression vermehre (von 2 auf 4, auf 8, auf 16 Individuen, . . .), die Nahrungsmittelproduktion aber nur linear steige (von 1 auf 2, auf 3, auf 4, . . .), meinte Malthus, würde es bald ein Ende mit dem Wachstum haben. Ähnlich düstere Prognosen stellte vor 20 Jahren der »Club of Rome« auf. Der *think tank* aus internationalen Wissenschaftlern der verschiedenen Disziplinen, den der italienische Industrielle Aurelio Peccei 1968 begründet hatte, warnte angesichts der Bevölkerungsexplosion vor dem nahen Ende der Rohstoffvorräte.

Heute wissen wir, daß Malthus, wie auch die Weisen aus Rom, geirrt haben. Selbst dicht bewohnte Industriestaaten wie die Bundesrepublik Deutschland erwirtschaften Nahrungsmittelüberschüsse, und die Erde könnte weit mehr als fünf Milliarden Menschen ernähren, gäbe es denn bessere und gerechtere Verteilungswege für die Lebensmittel. In der Europäischen Gemeinschaft tun die Landwirtschaftsminister, was sie können, um die Nahrungsmittelproduktion zu senken. Selbst die allerärmsten Länder wie Äthiopien oder Mosambik wären in der Lage, sich selbst zu versorgen, wenn ihre Menschen in Frieden leben könnten.

Was die Rohstoffe anbelangt, so ist mittlerweile deren schier unbegrenzte Menge und nicht ihr Mangel zum Problem geworden: Weil von allem soviel da ist, verschleudern wir die Reserven und produzieren Abfälle, die uns bedrohen. Es fehlt nicht an

Rohstoffen, sondern an Senken für den Dreck. Weniger die Bevölkerungsexplosion in der Dritten Welt als der haltlose Rohstoffverbrauch in den Industrieländern ist derzeit das Hauptproblem der Menschheit.

Aufstieg und Fall

Der aufrecht gehende Mensch entstand nach heutigen Erkenntnissen vor vier Millionen Jahren in Ostafrika. Die Anthropologen bezeichnen ihn als *Australopithecus*, den »südlichen Affen«. Aus ihm wurde später der *Homo habilis*, der »geschickte Mensch«, und vor vermutlich 400 000 Jahren der frühe *Homo sapiens*, der »kluge Mensch«.

Lange Zeit haben es dessen Nachfahren nicht sonderlich weit gebracht. Geburten- und Sterberate lagen jeweils hoch und hielten sich einigermaßen die Waage. Auf eine Million Menschen kamen über Jahrtausende im Mittel jährlich ganze sieben hinzu. Vor 10 000 Jahren war die Weltbevölkerung auf fünf bis zehn Millionen gestiegen und die lebten schon fast über den ganzen Erdball zerstreut. Diese Menge fände heute in einer Großstadt wie London bequem Platz.

Dann änderten sich erstmals deutlich die Randbedingungen für das Wachstum der Menschheit: Gruppen umherstreifender Jäger und Sammler fanden sich in kleinen Sippschaften zusammen und begannen mit den Urformen von Ackerbau und Viehzucht. Das garantierte die Nahrungsversorgung. Für weniger Arbeit gab es mehr zu essen, und bald erhöhte sich die Geburtenrate. Dennoch stieg die Weltbevölkerung in der agrarischen und vorindustriellen Gesellschaft kaum merklich an, denn die Sterblichkeit, insbesondere bei Säuglingen und Kindern, blieb sehr hoch. 2000 vor Christus lebten auf der Erde 50 Millionen Menschen.

Im Altertum gab es zwar einen Wissenschaftsschub, der schon damals die Bevölkerungszahl stärker hätte steigen lassen können. Aber die finsteren Zeiten des Mittelalters, Pest, katholische Dogmen und endlose Kriege bremsten den Fortschritt im Abendland – und verhinderten damit ein Wachstum.

Naturphilosophen wie Kopernikus, Galilei, Kepler und Newton beendeten diese dumpfe Zeit, begründeten ein neuzeitliches

Denken und lieferten die Voraussetzungen zur industriellen Revolution im 19. Jahrhundert. Mit ihr wurde alles anders: Die medizinische Heilkunst und die hygienischen Bedingungen verbesserten sich. Allein durch die Versorgung mit sauberem Wasser gingen die Seuchen drastisch zurück. In den Industrieländern wurde die Kinderarbeit verboten. All dies ließ die Menschen nicht nur das Kleinkindalter überleben, sondern auch länger leben. Gleichzeitig blieb die Geburtenrate hoch. Die Bevölkerungslawine kam ins Rollen. In Großbritannien beispielsweise verfünffachte sich damals die Zahl der Menschen in nur einem Jahrhundert.

Ein paar Stationen des weltweiten Aufstieges: Um das Jahr 1830 war die Ein-Milliarde-Marke erreicht. Der Erste Weltkrieg hielt den Zuwachs nicht auf und 1930 waren es zwei Milliarden. Der noch grausamere Zweite Weltkrieg brachte auch keinen demographischen Knick. 1960 war der dreimilliardste Mensch geboren, 1974 der viermilliardste. Die Vereinten Nationen deklarierten den 11. Juli 1987 zum Geburtstag des fünftmilliardsten Erdenbürgers. Ein amerikanischer Journalist hatte ihn einmal Mohamed Wang genannt, um zu beschreiben, wo die Menschenlawine derzeit am stärksten rollt.

Inzwischen war etwas bis dato Unbekanntes geschehen. In den meisten westlichen Industrienationen ging seit den vierziger Jahren der Bevölkerungszuwachs zurück, in manchen Ländern bis auf Null und darunter. Die Fachleute nennen das den »Demographischen Übergang«. Er kam einmal zustande, weil Kinder nicht mehr als Arbeitskräfte nötig waren, statt dessen länger zur Schule gingen und immer mehr Geld kosteten. Zum anderen, weil sich die Rolle der Frau in der Gesellschaft dramatisch änderte – von der Nachwuchsproduzentin bis hin zur eigenständigen, unabhängigen Erwerbsfrau, ohne Mann und Kind. Selbst wenn sich eine Frau heute nach Ausbildung und beruflicher Karriere in den Dreißigern fürs Kinderkriegen entscheidet, schafft sie es aus rein biologischen Gründen nicht mehr, die Bevölkerungslawine anzutreiben. Aller Erfahrung nach stagniert das Bevölkerungswachstum dort, wo Emanzipation und Wohlstand ein Mindestmaß erreichen.

Beides ist in den Ländern der Dritten Welt nicht der Fall. Die westliche Entwicklungshilfe, die Gesundheitsversorgung, Impfstoffe und Antibiotika haben ihnen lediglich die medizinisch-hy-

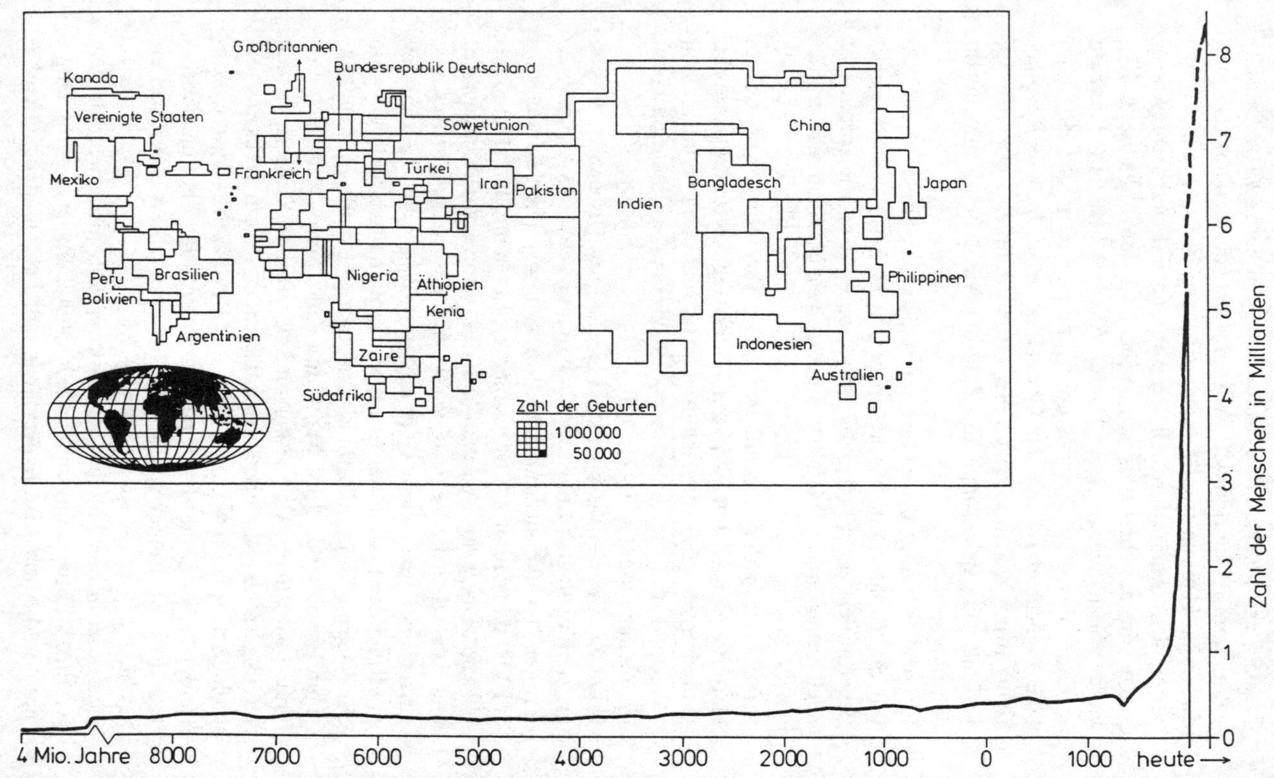

Kanada
Vereinigte Staaten
Mexiko
Großbritannien
Bundesrepublik Deutschland
Frankreich
Sowjetunion
Türkei
Iran
Pakistan
Indien
Bangladesch
China
Japan
Philippinen
Indonesien
Australien
Peru
Brasilien
Bolivien
Argentinien
Nigeria
Äthiopien
Kenia
Zaire
Südafrika
Zahl der Geburten
1 000 000
50 000
0
1
2
3
4
5
6
7
8
Zahl der Menschen in Milliarden
4 Mio. Jahre
8000
7000
6000
5000
4000
3000
2000
1000
0
1000
heute

Abb. 8.1: **Zu viele Menschen.** Seit Beginn der Industrialisierung erlebt die Menschheit einen Wachstumsschub ohnegleichen. Zur Zeit nimmt unsere Zahl um 90 Millionen Köpfe pro Jahr zu – jede Minute wächst die Weltbevölkerung um 170 Menschen. 1987 wurde der fünfmilliardste Erdenbürger geboren, und vermutlich werden sich im Jahr 2050 zehn Milliarden Menschen den Planeten teilen. Die kleine Weltkarte zeigt die Größe der Länder entsprechend ihrer Fläche, die Hauptkarte gemäß der Zahl der Geburten (nach Weltbank, 1985).

gienische Revolution der Ersten Welt beschert. Was jedoch fehlte, waren Kapital, eine geeignete Technik für eine Landwirtschaftsreform und eine angepaßte Ausbildung. Die Menschen blieben also arm und vermehrten sich – eine weitere Bevölkerungsexplosion.
Den größten Satz nach vorn machten in den vierziger Jahren die Bewohner von Ceylon. Binnen zwölf Monaten verlängerte sich die durchschnittliche Lebenserwartung um sage und schreibe neun Jahre. Der Grund: Die Weltgesundheitsorganisation (WHO) ließ vom Flugzeug aus das Insektizid DDT versprühen und rottete vorübergehend die Malariamücke nahezu aus.
In der Bundesrepublik haben wir derzeit ein jährliches Geburtendefizit von 0,2 Prozent. Nur die Zuwanderungen von Aus- und Übersiedlern (im Jahr 1989 waren es 720000) konnte diesen Abwärtstrend mehr als wettmachen, so daß die Bevölkerungszahl hierzulande um insgesamt etwa ein Prozent steigt. Das mag manchem Egozentriker zuviel sein – ein Dritte-Welt-Land wie Kenia schafft den vierfachen Zuwachs aus eigener Kraft.
Stillstand oder Bevölkerungsschwund herrschen mittlerweile in allen hochentwickelten Nationen mit Ausnahme von Irland, Island und Israel. (In den Vereinigten Staaten wird der Geburtenunterschuß nur durch Zuwanderungen kompensiert.) Auf der anderen Seite verdoppeln Länder wie Nigeria mit 3,4 Prozent jährlichem Wachstum ihre Bevölkerung alle 22 Jahre. Hielte dieser Zuwachs an, dann würden sich in Nigeria 2130 so viele Menschen drängeln wie heute auf der ganzen Welt.
Während sich die Italiener* so schlecht vermehren wie kein anderes Volk, wird der Babyboom in Afrika vorerst anhalten. Da niemand die Kinder wird ernähren können, werden die Menschen die Flucht in die Industrienationen antreten, selbst wenn ökologische Katastrophen ausbleiben sollten. Die Wege der Völkerwanderungen sind vorgezeichnet: von Lateinamerika in die Vereinigten Staaten und vom indischen Subkontinent sowie von Afrika nach Westeuropa.
Wohl wird die Geburtenrate in Lateinamerika, China und Indien weiter sinken, und auch diese Länder werden langsam in den

* Neben Italien haben heute (in dieser Reihenfolge) die Bundesrepublik, Griechenland, Dänemark, Japan und Spanien die niedrigsten Geburtenraten der Welt.

demographischen Übergang kommen. Das stimmt hoffnungsvoll. Ob es aber zu einer demographischen »weichen Landung« kommen wird, wie es Leon Tabah, der ehemalige Chef der UN-Bevölkerungsabteilung, beschwört, ist ungewiß. Bei 1,7 Prozent Wachstum verdoppelt sich die Weltbevölkerung derzeit innerhalb von 41 Jahren – so schnell wie nie zuvor. Wir legen momentan alle zwölf Monate 90 Millionen zu, als folgten wir einer biblischen Losung. Das ist, als würde man jedes Jahr die Einwohner der Bundesrepublik, der DDR und Österreichs über der Erde »ausschütten«.

Auch China, das trotz radikalster Bevölkerungspolitik statt der angestrebten Ein-Kind-Familie im Durchschnitt gerade die Zwei-Kind-Familie erreicht, wird zunächst noch weiter wachsen. Das überrascht auf den ersten Blick, denn zwei »durchgebrachte« Kinder je zwei Eltern verheißen Nullwachstum. Aber selbst wenn wir morgen weltweit die Zwei-Kind-Familie einführen könnten, kämen wir in 20 bis 30 Jahren unweigerlich an die Achtmilliarden-Grenze. Der Grund: In der Dritten Welt gibt es einen starken Überhang an jungen Menschen, und darunter sind bereits jene Mütter, die mit (mindestens) zwei Babys für diesen Anstieg sorgen werden. Acht Milliarden sind programmiert.

Kurzfristige demographische Prognosen sind deshalb leicht aufzustellen. Kein Bevölkerungsexperte zweifelt daran, daß wir noch vor dem Jahr 2000 die Sechs-Milliarden-Grenze erreichen werden. Unklar ist, wann und bei welcher Zahl der Zuwachs stagnieren wird, denn langfristige Vorhersagen sind ein noch schwierigeres Geschäft als Klimaprognosen. Niemand weiß, ob neue Infektionskrankheiten oder Hungersnöte die Entwicklung in der Dritten Welt, vor allem in Afrika, bremsen werden. Andererseits könnten Impfstoffe gegen die derzeit schlimmsten Tropenkrankheiten wie Malaria und Cholera einen gegenteiligen Effekt haben. Ungewiß bleiben der Einfluß zukünftiger Rohstoffpreise und der Entwicklungshilfe auf das Schicksal der ärmsten Staaten. Unsicher ist, wie sich ein verändertes Weltklima auf das Wachstum der Menschheit auswirkt.

Einzelne Hochrechnungen unterscheiden sich folglich sehr voneinander. Bei neun Milliarden und im Jahr 2050 wird Schluß sein, meint Louis-Michel Lévy vom Französischen Nationalen Institut für Demographische Studien. Eine »mittlere« Schätzung der Vereinten Nationen kommt auf zehn Milliarden im Jahr 2100, das wären immerhin doppelt so viele Menschen wie heute. Auch das Dreifache, so meinen einige Bevölkerungswissenschaftler, sei durchaus »machbar«, und bei entsprechenden politischen, wirtschaftlichen und sozialen Veränderungen sogar ökologisch tragbar.

Wohlstand ohne Wachstum?

Dieses Wachstum wäre kein Problem, wenn wir auf dem Emissionsstand der Jäger und Sammler leben würden. Aber schon die schiere Zahl der Menschen verbietet solche Überlegungen, denn für fünf Milliarden gibt es nicht genug zum Sammeln auf dieser Welt. Lediglich einzelne kleine Gruppen, manche ostafrikanischen Nomaden, Bergbauern in den Alpen oder Südseefischer verstehen es noch, in geschlossenen ökologischen Kreisläufen zu leben. Nullwachstum genügt ihnen zum Wohlergehen. Sie betreiben eine nachhaltige Weide-, Holz- oder Fischereiwirtschaft und übergeben das Land an ihre Erben, wie sie es vorgefunden haben.

Damit ist Schluß, sobald das Kamel gegen die Ziege, die Sense gegen den Traktor und die Handharpune gegen das Motorboot getauscht werden. Genau dies ist der verhängnisvolle Übergang von der Nachhaltigkeit in die Konsum- und Industriekultur. Vier Punkte sind typisch für eine beginnende Industrialisierung:

– Die Bevölkerung wächst. Das liefert Arbeitskräfte und potentielle Käufer.

– Der Umsatz von Kapital und das Bruttosozialprodukt erhöhen sich.

– Der Verbrauch an Reserven steigt, vor allem an fossilen Brennstoffen. Das hält die Maschinen am Laufen.

– Dadurch steigen die Emissionen. Wasser, Luft und Boden werden zu Lagerstätten für den Abfall.

Das bedeutet Wachstum auf allen Ebenen. In diesem Kreislauf muß die Wirtschaft immer mehr produzieren und dem Arbeitnehmer immer mehr bezahlen, damit dieser immer mehr kaufen kann. Zuwachs ist die Grundlage des Systems, das auch Kapitalismus genannt wird. Der Sozialismus als Alternative schneidet im Vergleich noch schlechter ab. Auch die Kommandowirtschaft versucht, die Bedürfnisse des Menschen zu befriedigen, sie tut dies aber schlecht. Sie zeichnet sich vielmehr durch eine geringe Wertschöpfung bei hohem Rohstoffeinsatz und enormer Umweltbelastung aus. Zynisch gesagt: Die Leute stehen im Dreck und müssen dafür auch noch Trabi fahren.

Da bei der Industrialisierung – gleich welcher ideologischen Herkunft – sowohl der Rohstoffverbrauch pro Kopf als auch die Zahl der Köpfe exponentiell, also stärker als linear steigen, resultiert daraus eine doppelte Exponentialfunktion, also ein überproportionaler Anstieg des Energieeinsatzes und damit der Abfallstoffe, vor allem des Kohlendioxids. Steigen beispielsweise die Zahl der Menschen und der Verbrauch um jeweils zwei Prozent im Jahr, dann *verdoppelt* sich die Bevölkerungsziffer nach 35 Jahren, während sich der Dreck in der gleichen Zeit *vervierfacht*.

Dieser Anstieg währt nicht bis zum jüngsten Tag. Er flacht vielmehr ab, sobald Rohstoffverbrauch und Wirtschaftswachstum entkoppeln, auf deutsch: sobald die Rohstoffe durch bessere Isolation, Leichtbauweise, Miniaturisierung oder Recycling intelligenter genutzt werden und die Wirtschaft trotzdem floriert. Die Bundesrepublik erreichte diesen Punkt schon in den siebziger Jahren, eine unmittelbare Folge der ersten Ölkrise. Auch in anderen Industrienationen liegt das Wirtschaftswachstum heute über dem Anstieg der dafür eingesetzten Primärenergie. Derzeit freilich boomt die bundesdeutsche Wirtschaft derart, daß der Energieeinsatz im Jahr 1989 erstmals seit längerem wieder gestiegen ist.

Osteuropa ist von diesem Übergang noch weit entfernt. Schwellenländer wie Brasilien, China oder Thailand stecken erst in der Phase beginnender Industrialisierung, wobei der Energieeinsatz überproportional steigt. Und die Entwicklungsländer sind auf dieser ersten Stufe der Industriegesellschaft noch gar nicht angelangt. Unter dem Strich wird also der Rohstoffverbrauch weiter steigen und sich das Kohlendioxid verstärkt in der Atmosphäre anreichern.

Dabei hilft es wenig, daß der Energieumsatz in der Ersten Welt stagniert. Denn mit einem Verbrauch von durchschnittlich fünf Tonnen Öleinheiten* pro Kopf und Jahr liegt er weit über allem,

* Als eine Tonne Öleinheit wird eine Brennstoffmenge bezeichnet, die dem Heizwert einer Tonne Erdöl entspricht.

was umweltverträglich wäre. Die Entwicklungsländer mit durchschnittlich 0,5 Tonnen Öleinheiten (in den afrikanischen Nationen südlich der Sahara sind es gar nur hundert Kilogramm) kompensieren somit unfreiwillig unsere ökologischen Sünden. Jeder kann sich ausrechnen, was geschähe, wenn die Dritte Welt den Entwicklungsrückstand zu den Industrienationen aufholen würde.

Zur ökologischen Gesundung unseres Planeten im allgemeinen und zur Abwehr einer Klimaveränderung im besonderen sind drei Maßnahmen erforderlich:

– Erstens muß die Menschheit *aufhören* zu wachsen. Das ist zwar kurzfristig unmöglich, langfristig aber Voraussetzung für das Überleben auf dem Planeten Erde. Hier sind die Entwicklungsländer gefordert.

– Zweitens muß der Verbrauch an Rohstoffen *sinken*. Das ist schon heute möglich und hat die größte Wirkung, wenn wir schnell damit beginnen. Jedes Auto, das auch nur einen halben Liter Sprit auf hundert Kilometer weniger verbraucht, bewahrt uns vor noch größeren »Entbehrungen« in der Zukunft. Dies ist die Aufgabe der High-Tech-Länder.

– Drittens darf die Wirtschaft nur weiterwachsen, wenn sie dabei *weniger* verbraucht und emittiert als zuvor. Dies ist nur durch eine sozial-ökologische Marktwirtschaft möglich, und die gibt es bisher nur ansatzweise in den Köpfen einiger Ökonomen. Eine Konsumgüterindustrie, die einerseits den Massenwohlstand bedient und andererseits im Gleichgewicht mit der Natur steht, ist heute noch eine Utopie.

Wenn dies die Utopie ist – wie sieht dann die Wirklichkeit, wie sieht die heutige Weltwirtschaft aus?

Die Hamburger Connection

Eines Abends im August 1988 fiel dem bundesdeutschen Verbraucher, als er während der Tagesschau in sein Schnitzel vom Kalb biß, schier die Gabel aus der Hand. Der Fernsehsprecher berichtete von einem jener Skandale, die zwar nicht neu, aber immer wieder aufregend sind: In Nordrhein-Westfalen hatten Sicherheitskräfte im Morgengrauen Zehntausende von Kälbern

polizeilich abgeführt, die Ställe versiegelt und Landwirte festgenommen. Die Jungtiere kamen zum Notschlachter und die Lohnmäster auf die Wache. Grund für die ungewöhnliche Inszenierung: Die Kälber hatten, auf daß sie besser wuchsen, Hormone verabreicht bekommen. Das war illegal und ekelte zudem den Verbraucher – wohl weniger der Hormone wegen als vielmehr wegen des Einblicks in die beengenden Stallungen, in denen die Tiere ihr kurzes Leben fristen mußten.
Ein paar Monate zuvor hatte eine ganz andere Katastrophenmeldung die Öffentlichkeit schockiert: Im Frühsommer breitete sich im östlichen Teil der Nordsee ein seltsamer und bedrohlich großer Teppich einer Alge aus, deren Name selbst Meeresbiologen bis dato kaum bekannt war und den kein Mensch richtig aussprechen konnte. Die Pflanze hieß *Chrysochromulina polylepsis* und sie fühlte sich offensichtlich wohl in der Unratflut des Meeres, das mancherorts mit Nitraten und Phosphaten so überdüngt ist, daß am Meeresboden nur noch primitivste Lebewesen existieren können. Denn wenn die Algen nach der Blüte in Massen auf den Grund sinken, verwesen und dabei den Sauerstoff im Wasser verbrauchen, töten sie im weiten Umkreis jedes Leben.
Niemand wird auf Anhieb einen Zusammenhang zwischen Hormonfleisch und Algenpest erkennen. Kaum ein Verbraucher kennt den organisierten Wahnsinn der heutigen Nahrungsmittelproduktion, welche die Umwelt *in toto* zerstört und in der ein Stück Fleisch zum Zwischenlager für gesundheitsschädliche Chemikalien werden kann.

Mit Korruption und Kettensäge

Aber fangen wir von vorne an: in den Tropen, wo ein Teil des Fleisches und der Futtermittel heranwachsen, die wir in den Industrienationen verbrauchen. Der tropische Dschungel taugt freilich erst zum Anbau von Maniokwurzeln und Sojabohnen oder als Rinderweide, wenn der dort heimische Regenwald verschwunden ist. Um sich des Waldes zu entledigen, gibt es nur eine einfache Möglichkeit: das Feuer.
Eingeborene betreiben seit Jahrtausenden Brandrodung, im Fachjargon »Shifting Cultivation« oder Wanderfeldbau genannt.

Sie brennen ein Stück Urwald nieder, bauen dort ein paar Jahre, solange der Boden etwas hergibt, ihre Feldfrüchte an und ziehen dann weiter. Während die Halbnomaden längst woanders Feuer legen, erobert der Wald die kleine, einst kultivierte Fläche rasch zurück. Diese Art von Landbau ist ökologisch verträglich, funktionert aber nur, solange die gerodeten Flächen und die Zahl der rodenden Menschen klein bleiben und der Dschungel letztlich siegt. Heute ist dies bestenfalls in entlegenen und dünn besiedelten Regionen möglich, etwa im Inneren von Zaire.
Ansonsten geht es im Regenwald längst anders zu: Im brasilianischen Amazonasbecken betreiben Großgrundbesitzer die moderne Form des Wanderfeldbaus. Nicht Eingeborene mit Handäxten gehen hier zu Werk, sondern besitzlose Tagelöhner mit Bulldozern und Kettensägen – vorzugsweise der bundesdeutschen Weltmarke »Stihl«. In der Provinz Rondonia hat sich vor einiger Zeit der Kandidat bei der Gouverneurswahl mit einem ganz besonderen Wahlversprechen profiliert: Im Falle eines Wahlsieges sollte es für jeden Holzfäller eine nagelneue Stihl-Säge geben.
Von den geometrisch angelegten Dschungelpisten aus dringen die Arbeiter in den Wald ein und ziehen die dicksten Stämme heraus. Auf diese Weise wird nur jeder hundertste bis tausendste Baum genutzt. Der Rest geht in Flammen auf, und zwar zigquadratkilometerweise. Gigantische Qualmwolken, die sich auf Satellitenbildern über Hunderte von Kilometern ausbreiten, transportieren tonnenweise Kohlendioxid, Kohlenmonoxid, Methan, Stickoxide und unverbrannte Kohlenwasserstoffe bis in hohe Troposphäreschichten. Dies ist die Mischung, aus der das gefährliche, treibhauswirksame Ozon entsteht.
In den siebziger Jahren ließ der Konzern »Volkswagen do Brasil« mit einem einzigen Feuer ein Regenwaldgebiet, dreimal so groß wie das Saarland, einäschern, um dort anschließend eine Rinderfarm anzulegen. Denn bis zum Jahre 1989 gewährte die brasilianische Regierung Steuervergünstigungen für Landbesitzer, wenn sie die »Nutzbarmachung«, sprich die Brandrodung des Geländes, nachweisen konnten.
Es kann Wochen dauern, bis eine einzige Feuersbrunst ein Ende hat. Zurück bleibt eine schwarze Wüste, als hätte ein Vulkanausbruch das Land unter Asche begraben. Bulldozer walzen das verbliebene Chaos nieder, Flugzeuge säen Gras aus, um Nahrung

für die methanrülpsenden Rinderherden zu schaffen, deren Fleisch dann tiefgefroren in Kühlschiffen gen Industrienationen gelangt. Der tropische Regen – im Amazonasgebiet fallen jährlich zwei bis dreieinhalb Meter Niederschläge – wäscht die dünne Humusschicht weg, laugt den darunterliegenden, nährstoffarmen Boden zusätzlich aus, und nach wenigen Jahren ist das Land öde und wertlos. Die Großnomaden des 20. Jahrhunderts müssen weiterziehen.

Länger lassen sich die Flächen nutzen, wenn die Landarbeiter Maniok oder Soja anbauen. Das erfordert Kunstdünger und Pestizide, weil die Schädlinge im tropisch feuchten Klima und auf den gigantischen Monokulturen ein leichtes Leben haben. Der Großeinsatz von Agrarchemie ist für alle Lebewesen gefährlich, vom Schmetterling bis zum Menschen, und obendrein energieintensiv, bedeutet also zusätzliches Kohlendioxid für die Atmosphäre.

Sechs bis sieben Millionen Hektar Wald (das entspricht fast der gesamten Waldfläche der Bundesrepublik, vom Lübecker Stadtwald bis zum Nationalpark Berchtesgaden), schreibt Eneas Salati, der ehemalige Leiter des Nationalen Institutes für Amazonasforschung in Piracicaba, gingen in Brasilien allein im Jahr 1987 verloren. Das südamerikanische Land ist damit – nach den Vereinigten Staaten, der Sowjetunion und China – der viertgrößte Kohlendioxidproduzent der Welt. (Trotzdem verursacht ein Brasilianer pro Kopf immer noch weniger Kohlendioxid als ein Bundesdeutscher.) Vermutlich geht die Hälfte des CO_2-Zuwachses in der Atmosphäre seit dem Jahr 1800 auf das Konto der globalen Waldvernichtung.

Schlimmer noch wirkt sich der Anschlag auf den Regenwald dort aus, wo das Land bergig ist und der Humus mit einem Regenguß auf Nimmerwiedersehen davonrinnen kann. Ein gutes Beispiel dafür bietet Sarawak, ein malaysischer Bundesstaat auf der Insel Borneo. Auch hier ist, wie in den meisten Regionen der Welt, in denen der Dschungel schwindet, der Waldbau streng reglementiert. Doch der Zufall will es, daß der zuständige malaysische Umweltminister James Wong Kim Min gleichzeitig einer der größten Holzkonzessionäre seines Landes ist. Und das mag erklären, warum die Waldarbeiter selbst an steilen Hängen Bäume einschlagen oder Straßen anlegen, und die japanischen Holz- und Papierfirmen eine Art Kolonialregiment führen und mit schweren Komatsu-Bulldozern auch solche Stämme aus dem Wald holen, die gar nicht zum Einschlag taugen. Die viel zu vielen und falsch angelegten Rückwege schwellen nach Gewittern zu Sturzbächen an und erodieren den Boden so stark, daß sich der Schlamm in die Flüsse ergießt und dort vielfach die Fische verenden. Neben dem Holocaust für zahllose Tier- und Pflanzenarten bedeutet der Raubbau in Sarawak neues Kohlendioxid für die Atmosphäre.

Land	Abholzung	fossile Brennstoffe	Summe
Brasilien	336	53	389
Indonesien	192	28	220
Kolumbien	123	14	137
Thailand °	95	16	111
Elfenbeinküste	101	1	102
Laos	85	< 1	85
Nigeria	60	9	69
Philippinen	57	10	67
Malaysia	50	11	61
Burma	51	2	53
andere tropische Länder	514	181	695
Summe:	1659	325	1989

° Thailand hat 1989 jeden Holzeinschlag verboten.

Abb. 8.2: **Brennende Wälder.** Einige tropische Länder tragen durch die Brandrodung stark zu der globalen Kohlendioxid-Emission bei (Stand 1980). Zum Vergleich sind die Emissionen dieser Staaten aus fossilen Brennstoffen angegeben (Stand 1987). Alle Angaben in Millionen Tonnen Kohlenstoff.

Auch gut tausend Kilometer nordöstlich von Borneo fressen sich Brandrodung und Kahlschlag durch den Regenwald. Am Berg Makiling, auf der philippinischen Hauptinsel Luzon, hat Ministerpräsidentin Corazon Aquino kurz nach ihrer Wahl ein von der Universität von Los Baños betreutes Naturschutzgebiet an das örtliche Elektrizitätswerk verkauft. Die Firma wollte dort geothermische Quellen zur Stromerzeugung nutzen und ließ erst einmal Straßen durch den Urwald anlegen. Über die neuen Verbindungen sickerten landlose Siedler ein, und sie brannten und rodeten, ohne daß die Förster der Universität sie daran hindern konnten. Inzwischen hat das Elektrizitätswerk die alten Pläne

fallen lassen, und die philippinische Regierung hat das ehemalige Naturschutzgebiet wieder der Universität übergeben – doch die Siedler lassen sich beim besten Willen nicht mehr vertreiben. Erfolg: mehr Kohlendioxid für die Atmosphäre.
Den nächsten Anlaufpunkt auf der Weltreise durch die schwindenden Tropenwälder bietet die Elfenbeinküste, im Westen des afrikanischen Kontinents, wo sich unter ganz anderen Bedingungen das gleiche Drama abspielt. Das Land hat derzeit Probleme, die man sich in einem Staat, in dem ein paar hunderttausend Übersiedler zu einem Problem stilisiert werden, kaum vorstellen kann. Die Elfenbeinküste, kaum größer, aber wesentlich ärmer als die Bundesrepublik, muß derzeit vier Millionen Flüchtlinge aus dem vertrockneten Sahel verkraften, vor allem aus Mali und Burkina Faso. Diese Menschen, unerfahren im Umgang mit dem Regenwald, brennen von den Straßen der Holzfäller aus kleine Flächen ab, um dort mit primitivem Landbau zu überleben.
Weil obendrein der Preis für Kakao, das wichtigste Exportgut des Landes, in den vergangenen Jahren auf ein Zehntel gefallen ist, braucht die Nation dringend Devisen aus anderen Quellen. Also werden jährlich 30 Millionen Kubikmeter Tropenholz eingeschlagen und das meiste davon ins Ausland verkauft (das siebenmal größere Zaire exportiert nur ein Zehntel dieser Menge!). Resultat: Kohlendioxid für die Atmosphäre.
Daneben muß die Kakaoanbaufläche ständig vergrößert werden – ein Teufelskreis. Das Land brauche »keine Entwicklungshilfe, aber garantierte Kakaopreise«, klagt denn auch Vincent Pierre Loukrou, der Forstminister der Elfenbeinküste, der bald schon nichts mehr zu verwalten hat. Ergebnis: billiger Kakao für die Industrienationen. Und eine massive regionale Klimaveränderung für Westafrika. Die Region versteppt zusehends, und mittlerweile weht im Winter der »Harmattan«, ein trockener Wüstenwind aus dem Norden, bis in die Hauptstadt Abidjan, die fast schon am Äquator liegt. Kein älterer Bewohner von Abidjan kann sich entsinnen, daß es diesen Wind früher schon gegeben hätte.
Noch streiten die Experten darüber, wieviel Waldfläche alljährlich weltweit verlorengeht. Ein Schwund, der sich fast nur vom Satelliten aus messen läßt. Das amerikanische Worldwatch-Institut schätzt den Verlust auf 75 000 Quadratkilometer Feuchtwald

und 38 000 Quadratkilometer Savannenwald im Jahr – zusammen etwa so viel wie die halbe Grundfläche der Bundesrepublik. Andere Schätzungen stufen ihn teils höher, teils tiefer ein. Spitzenreiter bei den Rodungen sind die Elfenbeinküste und Nigeria, die jährlich rund fünf Prozent ihres Bestandes verlieren.
Genauer bekannt sind da schon die Mengen an Futtermitteln, die aus den Tropen in die Erste Welt gelangen. Insgesamt führte die Europäische Gemeinschaft (im Jahr 1987) 25 Millionen Tonnen ein. 56 Prozent der Importe stammten aus der Dritten Welt – genug, um 140 Millionen Schweine auf Schlachtgewicht zu bringen. Der größte Teil der rund zehn Millionen Tonnen Sojaschrot kam dabei aus Brasilien. Der Maniokschrot (Tapioka) vorwiegend aus Thailand und zu einem kleinen Teil aus Indonesien. Auch Osteuropa beteiligt sich mit fast vier Millionen Tonnen Futtermitteleinfuhren am Raubbau in den Tropen. Allein in die DDR gelangen 800 000 Tonnen Sojaschrot im Jahr.

Im Land, wo Gift und Gülle fließen

Das Handelsgut kommt im allgemeinen über Frachtschiffe in die Häfen der Industrieländer, nach Tokio, New York, Rotterdam oder Hamburg. Das kostet eine Menge Öl, aber wenig Geld: Schweren Schiffsdiesel kaufen die Reeder zollfrei auf dem Weltmarkt für 15 Pfennig den Liter. Doch so billig der Treibstoff sein mag, er liefert genausoviel Kohlendioxid wie ein Liter PKW-Diesel von der Tankstelle.
Für die Europäische Gemeinschaft ist Rotterdam *der* Umschlagsort für Futtermittel aus der Dritten Welt. Um die Transportwege kurz zu halten, konzentriert sich die Viehzucht der EG im sogenannten Veredlungsdreieck, jenem Gebiet zwischen Belgien, dem Münsterland und Ostfriesland, das einem Massenquartier für Millionen von Schweinen, Hühnern und Rindern gleicht. Aber auch in Schleswig-Holstein sind zwei von drei Rindern »fremdernährt«, wie es im Fachjargon heißt, dort wird also längst keine Landwirtschaft im eigentlichen Sinne mehr betrieben.
Die Masttiere, gelegentlich auch illegal mit Hormonen gedopt, stehen nur selten auf der Weide oder in herkömmlichen Ställen

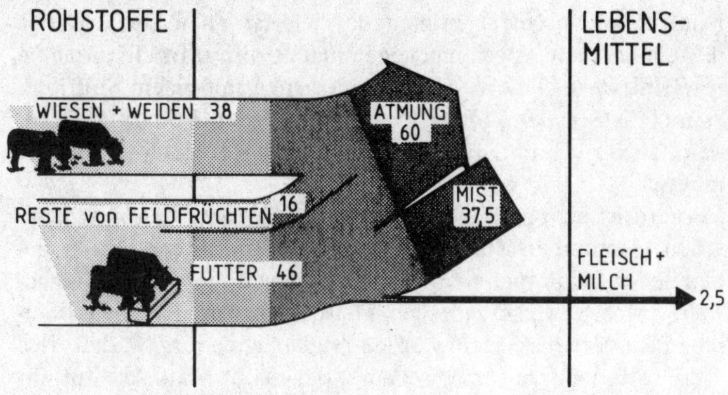

Abb. 8.3: **Viel Brot und wenig Fleisch.** Die kommerzielle Viehzucht erfordert große Mengen an Futtermitteln, von denen genausogut Menschen leben könnten. Um ein Kilogramm Fleisch zu erzeugen, verfüttert ein Landwirt bei der Intensivhaltung den acht- bis zwölffachen Nährwert, meist in Form von Getreide, an das Vieh. Die Angaben im Fließdiagramm sind in Prozent Trockenmasse.

auf Stroh, sondern in wohltemperierten agrarindustriellen Anlagen auf einem Gitterrost, der regelmäßig mit Wasser abgespritzt wird. Unten heraus läuft dann eine übelriechende Brühe, »Flüssigmist« oder Gülle genannt. Was früher ein wertvoller Rohstoff aus der Viehzucht war, ist heute zur lästigen Fäkalienflut geworden. Sie enthält bundesweit und pro Jahr 800 000 Tonnen reinen Stickstoff und muß auf den Feldern »entsorgt« werden. Die Folge: Die Äcker bekommen mehr Nährstoffe, als die Pflanzen gebrauchen können, vielerorts gedeiht nur noch der stickstoffzehrende Mais in öden Monokulturen, und der ungebundene Rest an Nitrat rinnt über die Bäche und Flüsse in die Nordsee, das maritime Endlager der mitteleuropäischen Industriekultur. Kein Wunder, daß es dort bei ruhigem Sommerwetter fast in jedem Jahr zum explosionsartigen Aufblühen von sonst seltenen Algenarten kommt, die kurzfristig von der Nitratschwemme profitieren.

Was nicht auf direktem Weg ins Meer gelangt, versickert im Grundwasser. Nitrat im Trinkwasser ist, insbesondere für Kleinkinder, gesundheitsschädlich, unter anderem, weil es zu Nitrit und zu krebserregenden Nitrosaminen umgewandelt werden kann. Allein in Hessen mußten in den vergangenen Jahren über 50 Brunnen schließen, die mehr als das lebensmittelrechtlich erlaubte Maß an Nitrat enthielten. Viele Brunnen der Republik dürfen nur mit Ausnahmegenehmigung ihr offiziell unsauberes Trinkwasser liefern. Es ist verunreinigt mit einem Stoff, der zum Teil aus dem pflanzlichen Eiweiß der Futtermittel aus den Tropen stammt, für deren Anbau der Regenwald sterben mußte.

Insofern ist eine großangelegte Werbekampagne des amerikanischen Hamburger-Multis »McDonald's« irreführend. In ihr behauptet das Unternehmen, durch McDonald's ginge kein Regenwald verloren, weil die hiesigen Fleischklopse der Kette aus deutschen Rindern hergestellt würden. McDonald's vergißt, daß diese Tiere oft auch mit tropischem Soja- und Maniokschrot ihr Schlachtgewicht erreichen.

Hinzu kommt die Müll-Lawine aus den Frikadellen-Restaurants. McDonald's verwendete, genau wie der Branchenkonkurrent »Burger King«, Verpackungen aus Polystyrol für die dicken Hamburger. Die Kunststoffe bestehen letztlich aus Erdöl und kommen als Verpackungen im allgemeinen nur wenige Sekunden zum Einsatz, danach landen sie in der Müllverbrennung und werden zu Kohlendioxid. Zu allem Überfluß waren die Plastikbehälter bis vor kurzem gar noch mit FCKW aufgeschäumt.

Doch damit nicht genug: Weil die EG mehr Fleisch produziert, als die dort lebenden Menschen unmittelbar verbrauchen können, wandern die Lebensmittel in riesige Kühlhäuser, wo die Rinder- und Schweinehälften eingelagert werden. Das verschlingt hohe Agrarsubventionen, die eigentlich den Landwirten zugute kommen sollten. Und das belastet nicht nur den Steuerzahler, sondern auch die Umwelt: Die Kühlanlagen verbrauchen eine Menge Energie und FCKW. Obendrein gewinnt das Fleisch bei der Lagerung nicht gerade an Qualität und muß anschließend oft zu symbolischen Preisen verschleudert, wenn nicht gar zur »Preis-Stabilisierung« vernichtet werden.

Die Europäische Gemeinschaft hat teilweise Rindfleisch zu 7,50 Mark je Kilo aus Interventionsbeständen aufgekauft und dann für 1,50 Mark auf den Weltmarkt geworfen. Den Steuerzahler kostet ein ausgewachsener Bulle damit rund 2000 Mark – ein Tier, an dem ein Bauer, wenn er Glück hat, gerade mal 500 Mark verdient. Bei diesen Preisen kann es vorkommen, daß eine Schiffsladung mit subventioniertem Billigfleisch der EG im Supermarkt in Brasilien, Argentinien oder in der Dritten Welt auf-

taucht. Bei dem konkurrenzlos niedrigen Preis ruiniert das auch noch die dortigen lokalen Märkte.
Zwar sind mittlerweile der Milchsee, der Butterberg* und das Milchpulvergebirge des Gemeinsamen Marktes unter hohem Finanzaufwand innerhalb der EG verbraucht, exportiert oder an das Vieh verfüttert. Aber die EG ist noch immer ein Markt der energieaufwendigen Absurditäten. So beklagt der Europäische Rechnungshof, daß nach wie vor 2,5 Millionen Tonnen Obst und Gemüse im Jahr auf den Müll gekippt werden (EG-Deutsch: vorbeugende Marktrücknahme). Bei dieser planvollen Überproduktion hätte man sich zumindest den Großaufwand an Kunstdünger und Pestiziden schenken können, die für den Anbau der Agrarprodukte nötig waren.
Weil der LKW-Verkehr auf den Autobahnen Europas so unvernünftig billig ist, lohnt es, die Erzeugnisse auf weite Reisen zu schicken, bevor sie schließlich auf den Tisch des Verbrauchers kommen. Bei der gesamteuropäischen Lebensmittel-Verschiebung ist Süddeutschland ein wichtiges Erzeugerzentrum für die norditalienische Milch-, Käse- und Fleischindustrie geworden: Der edle Parmaschinken, den beispielsweise die Hamburger in ihren Delikatessenläden erstehen, stammt oft genug aus den Hinterhälften von sojagefütterten, bayerischen Schweinen, die bereits zweimal den Brennerpaß überquert haben. Der feine Parmesankäse oder der fette Mascarpone, Produkte, die in allen besseren Geschäften zwischen Rio und Stockholm zu finden sind, kämen ohne die Milch bayerischer Kühe oft nicht zustande.
Einen besonders skurrilen Fall der Lebensmittelzirkulation deckten einmal die Zollfahnder der EG auf: Ein französischer Exporteur hatte für 30 Millionen Mark Interventionsbutter nach Jugoslawien verfrachtet, die ein jugoslawischer Betrieb mit Eiern, Wasser und Salz zu »Diät-Mayonnaise« vermanschte und in die EG reimportierte. Dort schickte ein anderer Produzent das ganze Zeug durch die Zentrifuge, schleuderte die Butter ab, kassierte neue Subventionen und exportierte sie noch einmal.
Manche werden sich fragen, wie solch ein Unsinn überhaupt

* Zu Spitzenzeiten saß die EG auf einem Butterberg von 1,5 Millionen Tonnen. Allein im Jahr 1987 exportierte die Gemeinschaft über 500 000 Tonnen Butter in die Sowjetunion, zum Teil für 40 Pfennig das Kilo, was nicht einmal ¹⁄₁₅ des Interventionspreises entsprach.

funktionieren kann, ohne daß alle Beteiligten daran pleite gehen. Das System der hohen Subventionen und der langen Wege ist nur möglich, weil die Energiepreise so niedrig sind und weil die tatsächlichen Kosten mit allen Folgen nie vom Verursacher direkt beglichen werden: Der Haziendaboß zahlt nichts für die Zerstörung des Regenwaldes. Der Schiffsreeder nichts für das Kohlendioxid, das seine Kühlschiffe in die Atmosphäre blasen. Die Kosten für die Beseitigung des McDonald's-Mülls, der in öffentlichen Papierkörben der Fußgängerzone landet, übernimmt der Steuerzahler. Und der muß auch in die Tasche greifen, wenn im Kreis Oldenburg ein neuer Trinkwasserbrunnen gebaut werden muß.

Das Loch am Südpol

Als wäre mit diesem Hin und Her an Gütern nicht genug Energie sinnlos verschleudert, das Lebensmittelkarussell wirft neben den Haupt-Treibhausgasen Kohlendioxid und Methan auch noch die berüchtigten Fluorchlorkohlenwasserstoffe ab. Sie entweichen aus Verpackungen, Kühlanlagen und Kühlschiffen oder Kunststoffschäumen für Isolierungen und tragen damit zusätzlich zum Treibhauseffekt – und obendrein zu dem Ozonloch bei. Dieses »Loch«, in Wirklichkeit eine massive, alljährlich wiederkehrende Ausdünnung der Ozonschicht über der Antarktis, ist eine der aufregendsten wissenschaftlichen Entdeckungen der vergangenen Jahrzehnte.

Seit 1957 hatte Joseph Farman, ein Forscher des British Antarctic Survey in Cambridge, eine Arbeitsgruppe geleitet, die von dem Stützpunkt Halley Bay aus die Konzentration von Spurengasen in der Atmosphäre registrierte. Halley Bay war damals eine lausige Forschungsstation im Eis, auf der sich verwegene junge Männer für über zwei Jahre freiwillig vom Rest der Welt isolieren ließen.

Zu dem Meßprogramm in der Antarktis gehörte auch das Ozon. Dessen Gesamtmenge in der Luftsäule über Halley Bay bestimmten die Polarforscher mit einem alten sogenannten Dobson-Spektralphotometer, einem Instrument, das bekannt für seine Anfälligkeit war. So beunruhigte es Joseph Farman wenig, als das

Gerät im Oktober 1982 ungewöhnlich niedrige Ozonwerte signalisierte. Der Wissenschaftler beantragte lediglich neue Meßinstrumente für Halley Bay. Doch als Farman sich die Daten der Vorjahre genauer anschaute, bemerkte er, daß die Ozonkonzentration bereits seit 1977 zunächst langsam und dann immer schneller abgenommen hatte.

Dennoch blieb der Brite »ultravorsichtig, gewissenhaft, er zierte sich regelrecht«, wie einer seiner Mitarbeiter es beschreibt. Erst als 1983 erneut ein Ozonschwund sichtbar wurde und 1984 während eines ganzen Monats 40 Prozent des Ozons über dem Südpol fehlten, gab sich Farman einen Ruck: »Wir müssen uns zu Wort melden«, sagte er im Oktober 1984 zu Kollegen, »offensichtlich geschieht hier etwas Seltsames.«

Farman schrieb seine Beobachtungen nieder, schickte sie an das britische Fachblatt *Nature*, und die Redaktion reichte das Papier umgehend zur Begutachtung an das Nationale Zentrum für Atmosphärenforschung in Boulder weiter. Dort landete die Arbeit auf dem Schreibtisch von Susan Solomon, einer jungen Atmosphärenchemikerin, die kurz zuvor bei Paul Crutzen ihre Doktorarbeit fertiggestellt hatte. Die Amerikanerin fand die Untersuchung ihres britischen Kollegen hochinteressant und empfahl die Veröffentlichung.

Doch die Fachwelt blieb skeptisch. Unter anderen, weil weder Farman noch seine Mitarbeiter bisher international in Erscheinung getreten waren. Auch Sherwood Rowland und Mario Molina, jene kalifornischen Wissenschaftler, die Jahre zuvor über eine Ozonzerstörung theoretisiert hatten, kannten Farman nicht.

Vor allem hatten weder andere Antarktisstationen noch der Nasa-Satellit »Nimbus-7« etwas von dem Ozonloch gemeldet. Nimbus-7, der regelmäßig alle 90 Minuten in Polnähe kommt, hatte ein ideales Instrument für die Ozonmessungen an Bord. Aber die Computer, die den Datenschwall des Satelliten kanalisierten, waren so programmiert, daß sie als unwahrscheinlich geltende Ergebnisse von vornherein aussortierten. Und die damals gemessenen Ozonwerte über dem Südpol waren undenkbar.

Erst als die Atmosphärenphysiker des Goddard-Raumfahrtzentrums der Nasa die alten Satellitendaten neu analysierten, konnten sie Farmans Beobachtungen bestätigen: Über der Antarktis

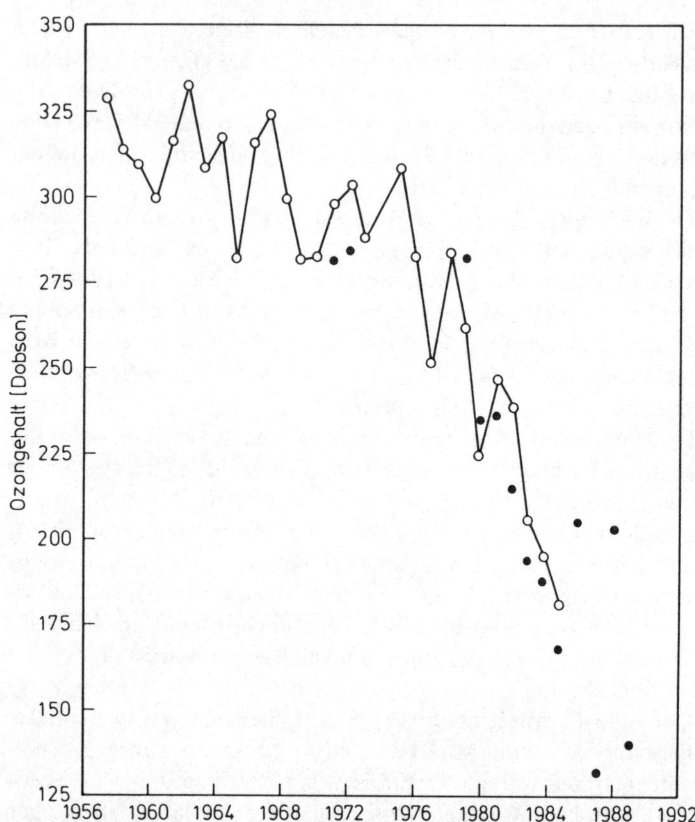

Abb. 8.4: **Das Loch am Südpol.** Im Jahr 1985 veröffentlichten britische Antarktisforscher eine schockierende Beobachtung: In der Atmosphäre über dem Südkontinent hatte jeweils im Frühjahr die Ozonkonzentration deutlich abgenommen. Dieser Trend hat sich bis heute fortgesetzt. Der Ozongehalt wird in Dobson-Einheiten angegeben. Ein Dobson entspricht einer Schichtdicke von 0,01 Millimeter Gas unter Normalbedingungen. In der Abbildung beruhen die geschlossenen Kreise auf Satellitendaten; die offenen Kreise auf Messungen von der britischen Antarktis-Station Halley Bay (modifiziert nach Stolarski, 1988).

klaffte ein Ozonloch von der Größe der Vereinigten Staaten, das Jahr für Jahr größer wurde. Kein einziger Wissenschaftler hatte eine Ozonerosion an diesem Ort und von dieser Größenordnung vorhergesagt.

Normalerweise sinkt der Ozongehalt über dem Südpol regelmäßig ab, sobald nach der langen, dunklen Polarnacht im späten August die Sonne wieder zu scheinen beginnt. Bis November füllt sich diese Ausdünnung dann wieder auf. Dieser Schwund hatte sich in den siebziger Jahren verstärkt. Die Schuld daran trugen, so vermuteten bald nach Farmans Beobachtungen verschiedene Atmosphärenchemiker, die FCKW.

Im Frühjahr 1986 veröffentlichten Susan Solomon und Sherwood Rowland und unabhängig davon Michael McElroy und Steven Wofsy von der Harvard-Universität in Boston eine im wesentlichen noch heute gültige Theorie für den Ozonabbau über der Antarktis, der an die spezifischen Wetterbedingungen an diesem kältesten Ort der Erde geknüpft ist. Voraussetzung ist ein abgeschlossenes, über Monate stabiles Tiefdruckgebiet in der Stratosphäre, wie es im Winter bei den typischen, rund um den Südpol rotierenden Westwinden zustande kommt. In der Stratosphäre kühlt die Luft auf minus 80 bis minus 95 Grad Celsius ab. Das ist gerade kalt genug, damit sich aus Stickstoffoxid und Wasserdampf dünne Wolken aus Salpetersäurekristallen bilden können. Die Oberfläche dieser Kristalle bindet alle möglichen in dieser Höhe herumschwebenden Moleküle, darunter die Bruchstücke der vom ultravioletten Licht über die Jahre gespaltenen FCKW, beispielsweise Salzsäure (chem. Kürzel: HCl) oder das Chlornitrat ($ClONO_2$).

Die Verbindungen sind in dieser Form harmlos. Sie werden jedoch, wenn nach Ende der Polarnacht das erste Frühlingslicht auf die Wolken trifft, an der Oberfläche der Wolkenkristalle von der ultravioletten Strahlung zu den aggressiven Chlormonoxid- (ClO) und Chlor-Radikalen (Cl) abgebaut, die ihrerseits je Molekül 10000 bis 100000 Moleküle Ozon zerstören. Dieses Modell der »heterogenen Katalyse« hatten 1986 die bundesdeutschen Max-Planck-Wissenschaftler Frank Arnold und Paul Crutzen entwickelt. Da dieser rasche Ozonabbau an das Vorhandensein von Kristallen aus Eis und Salpetersäure gebunden ist, schwindet das Ozon nur, solange es diese Wolken gibt. Wenn die Temperaturen zwischen Oktober und Dezember steigen und die Wolken sich auflösen, füllt sich das Loch wieder. Soweit die Theorie.

Sie sollte im antarktischen Frühjahr, im August und September 1987, im Rahmen des internationalen »luftgestützten antarktischen Ozon-Experimentes« bestätigt werden. Rund 150 Wissenschaftler ließen von dem südlichsten Kontinent aus Wetterballons in den Himmel steigen, werteten Satellitendaten aus, schickten einen zum Labor umgebauten DC-8-Passagierjet in die Luft und den amerikanischen Höhenaufklärer ER-2 mehrfach zu Messungen bis in das Ozonloch.

Für die ER-2-Piloten war das Unternehmen das reinste Himmelfahrtskommando. Nie zuvor war ein Flugzeug bis in dieses Gebiet der Stratosphäre vorgedrungen, in dem mehr als Windstärke 12 und Temperaturen von minus 80 Grad Celsius Normalbedingungen sind. Die kleine ER-2 verfügte nur über ein einziges Triebwerk, und wenn es ausgefallen wäre, hätte der Pilot in der eisigen Einöde kaum einen geeigneten Ort zur Notlandung gefunden. Das hätte ihm ohnehin wenig genutzt, denn in der Maschine gab es keinen Platz für eine Antarktis-Überlebensausrüstung. Sie war bis an die Grenze der Belastbarkeit mit Treibstoff und Meßgeräten vollgepackt.

Chefpilot Ronald Williams von der Nasa, der die ER-2 seit 20 Jahren steuerte, hatte noch nie in seinem Leben Wolken oberhalb von 18 Kilometern gesehen. Doch als er am 17. August 1987 als erster Mensch Richtung Ozonloch flog, kam er selbst in einer Höhe von 21 Kilometern nicht aus dem Dunst heraus. Dies war der erste Beweis für die Eiswolken-Theorie der Atmosphären-Chemiker.

Auch die anderen Ergebnisse des Mammutprogramms waren so offensichtlich, daß die Wissenschaftler auf einer Pressekonferenz im südchilenischen Punta Arenas direkt nach der Meßkampagne alles Wesentliche mitteilen konnten:

– 1987 war das Ozonloch so groß wie nie zuvor.

– Erstmals ließ sich die Ursache empirisch festhalten. Überall, wo die Meteorologen eine Ozonverringerung ermittelten, lag umgekehrt die Konzentration an Chlormonoxid-Radikalen hoch. Das Chlormonoxid war der »rauchende Colt«, nach dem die Forscher gefahndet hatten. Nachschub für das Chlor lieferten die FCKW, und es gab keinen Zweifel mehr, daß sie an der Entstehung des Ozonloches beteiligt waren.

– Dieses Loch blieb räumlich und zeitlich über der Antarktis begrenzt.

– Da dort die Temperaturen in einem etwa zweijährigen Zyklus um einige Grad schwanken, ändert sich entsprechend regelmäßig die Tiefe des Loches: 1988 war es kleiner und flacher als im

Rekordjahr zuvor. 1989 war, wie 1987, zeitweilig die Hälfte des gesamten Ozons über der Antarktis verschwunden.
– Entsprechend stieg unter dem Ozonloch die Belastung mit hautkrebsfördernden UV-B-Strahlen. Dieser Effekt ist bis in die südlichen Bereiche von Australien und Südamerika meßbar.
Nach der Antarktis-Meßkampagne ließ sich auch erklären, warum es am anderen Ende des Globus über dem Nordpol nur ein schwach ausgeprägtes Ozonloch gibt. Dort sinken die Temperaturen nur selten bis unter minus 80 Grad Celsius, und das hat zwei Ozon-stabilisierende Effekte: Erstens entstehen dann keine stratosphärischen Salpetersäure-Wolken. Weil dadurch das Stickstoffdioxid ungebunden in der Gasphase verbleibt, kann es zweitens mit den aggressiven Chlormonoxid-Radikalen reagieren und sie in unschädlicher Form als Chlornitrat im sogenannten Chlor-Reservoir binden.
Eine potentiell gefährdete Region scheint indes die Stratosphäre über dem Äquator zu sein, denn dort herrschen neben den Polen erstaunlicherweise die tiefsten Temperaturen in der gesamten Atmosphäre: In den Tropen steigen die dicken Kumuluswolken ungewöhnlich hoch – bis zu 17 Kilometer – in der Atmosphäre empor. Da sich aufsteigende Luft unter diesen Bedingungen um 10 Grad je Kilometer abkühlt, werden die Wolken an ihrer höchsten Position bis zu minus 80 Grad kalt, und das ist fast die Temperatur, bei der die Salpetersäure-Wolken entstehen.
Das eröffnet beängstigende – wenn auch bisher unbewiesene – Perspektiven: Über dem Äquator gibt es, wie überall in der Stratosphäre, chlorhaltige Bruchstücke der FCKW. Dort strahlt zudem weltweit das meiste, für den Ozonabbau notwendige ultraviolette Licht ein. Wenn sich die tropischen Ozeane im Rahmen einer Klimaveränderung erwärmen, mehr Wasser verdunsten und die Wolken noch höher emporquellen lassen, dann könnte es in diesem Teil der Stratosphäre noch kälter werden, und es entstünden die Bedingungen für die Bildung der Salpetersäure-Wolken.
Wenn dann auch noch hochfliegende Überschalljets zusätzlichen Wasserdampf und Stickoxide (also die Bausteine für die Salpetersäure-Wolken) in diese Schicht blasen, dann wäre dies ein neuer Ort für ein neues Ozonloch. Diese Flugzeuge, gerühmt als zukunftsweisende Technologieträger, sind damit nur ein weiterer Schritt auf der Stufenleiter des Wahnsinns Wachstum.

Kapitel 9
Am Anfang der Heißzeit

Was sagen uns die Klimamodelle?

Vier Dinge will die Welt von den Klimaforschern wissen:
- Wird es wärmer?
- Wann wird es wärmer?
- Um wieviel Grad wärmer wird es?
- Wo wird es am wärmsten?

Eine wissenschaftlich eindeutige Antwort können die Klimatologen nur auf Frage eins geben. Sie lautet »ja«, denn es ist eine physikalische Notwendigkeit, daß mehr Treibhausgase in der Atmosphäre mehr Wärme auf der Erde gefangenhalten.

Alle anderen Antworten beruhen auf Szenarien, die eine globale Klimaveränderung als Funktion des menschlichen Verhaltens beschreiben. Das heißt: Das Bevölkerungswachstum, der Umgang mit den Rohstoffen, die Art der Landwirtschaft oder die zukünftige Energiepolitik beeinflussen die Zunahme der Treibhausgase und diese das Klima der nächsten Jahrzehnte. Weil die genaue Entwicklung dieser einzelnen Parameter unbekannt ist, haben die Wissenschaftler verschiedene Varianten für eine mögliche Klimaveränderung ausgearbeitet. Die Forscher haben sich in Hinblick auf die zweite Weltklimakonferenz im November 1990 in Genf auf vier Modelle geeinigt.

Sie gehen davon aus, daß sich die Temperaturen weltweit um 1,5 bis 4,5* Grad erhöhen, wenn sich die Kohlendioxid-Konzentration verdoppelt, wobei der Zeitpunkt dieser Verdoppelung variabel ist. In der Kalkulation werden die anderen Treibhausgase in Kohlendioxid-Äquivalente umgerechnet. Dabei haben Methan

* Die relativ hohe Schwankungsbreite von plusminus 1,5 Grad kommt zustande, weil die verschiedenen Klimamodelle den Einfluß der Wolken unterschiedlich einschätzen. Ältere Berechnungen, wie die des Britischen Meteorologischen Dienstes, die zum Teil einen Temperaturanstieg von bis zu 5,2 Grad voraussagten, gelten als überzogen.

je Molekül etwa die 30-fache, Lachgas die 150-fache und die wichtigsten FCKW die 14000-fache Treibhauswirkung eines CO_2-Moleküls.
Ausgangspunkt für die Berechnungen ist die »ungestörte Atmosphäre« (mit 280 ppm CO_2) zur Zeit vor der Industrialisierung. Heute sind 352 ppm CO_2 erreicht, und die Gesamtwirkung aller anthropogenen Treibhausgase entspricht 420 ppm Kohlendioxid. Damit ist gewissermaßen »Halbzeit« auf dem Weg zur CO_2-Verdoppelung.

Bleifuß oder Vollbremsung?

Das *erste* Szenario heißt *Business as usual* oder »Weitermachen wie bisher«. Es geht von folgenden Voraussetzungen aus:
– Der Energieverbrauch nimmt weltweit zu, und zwar in den Entwicklungsländern stärker als in den Industrienationen. Er vervierfacht sich bis zum Jahr 2100.
– Zu dieser Zeit werden auf der Erde nach den Prognosen der Weltbank 10,4 Milliarden Menschen leben.
– Die fossilen Brennstoffe machen immer noch rund 90 Prozent der Energieversorgung aus. Nur wenige Prozent des Energiebedarfs werden über die Kernenergie gedeckt. Auch der Anteil aus regenerativen Quellen wie Wasser-, Sonnen- oder Windkraft bleibt gering.
– Das Abholzen der tropischen Regenwälder geht unvermindert weiter – zumindest solange noch etwas davon vorhanden ist.
– Die Emissionsrate von Methan verdoppelt sich bis zum Jahr 2100, denn mehr Menschen bedeuten mehr Landwirtschaft, mehr Rinder und Reisfelder. Außerdem entweicht zusätzliches Methan beim Abbau und Transport von Kohle, Öl und Erdgas.
– Die Lachgasproduktion wird um 35 Prozent zunehmen. Dieser Zuwachs kommt nicht nur aus der Landwirtschaft, sondern auch aus zusätzlichen Kraftwerken und Auspufftöpfen der Autos.
– Der Ausstoß der FCKW und Halone steigt – wenn das Montrealer Protokoll nicht verschärft wird – um 130 Prozent. Die von dem Abkommen betroffenen Substanzen F-11 und F-12 nehmen zwar nicht mehr weiter zu, dafür aber der Ersatzstoff F-22, der bisher keinen Beschränkungen unterliegt.
Unter diesen, durchaus realistischen, Bedingungen verdoppelt

sich der *reine* Kohlendioxid-Gehalt in der Atmosphäre bis zum Jahr 2060 (vorausgesetzt, die Ozeane nehmen aus bisher unbekannten Gründen nicht mehr oder weniger CO_2 auf). Alle Treibhausgase zusammengenommen erreichen den gleichen Treibhauseffekt schon im Jahr 2030.
Danach nehmen die Emissionen weiter zu. Die Gesamtmenge an Treibhausgasen kommt noch vor dem Jahr 2100 auf einen Wert, der dem vierfachen des CO_2-Gehalts der Vorindustriezeit entspricht. In diesem Fall klettern die Temperaturen nach den Modellrechnungen weltweit um drei bis neun Grad. Letztere Rechnungen gelten jedoch nur als grobe Schätzung. Viele mögliche positive und negative Rückkoppelungen sind dabei nicht berücksichtigt.

Das *zweite* Szenario, das der *mäßigen Eingriffe*, geht von folgender Entwicklung aus:
– Der Kohlendioxidgehalt in der Atmosphäre verdoppelt sich bis zum Jahr 2100. Das liegt vor allem daran, daß statt Kohle verstärkt Erdgas verheizt wird, wobei, auf den Energiewert bezogen, weniger CO_2 entsteht.
– Die Lachgas-Emissionen wachsen um zehn Prozent.
– Der Methanausstoß steigt um nur 45 Prozent, weil Förderung und Transport von Erdgas besser kontrolliert werden und dabei weniger Methan in die Atmosphäre entweicht.
– Die FCKW- und Halonproduktion verdoppelt sich. Das Montrealer Protokoll wird verschärft, aber F-22 darf weiter unvermindert hergestellt werden.
– Der Raubbau am Regenwald verlangsamt sich geringfügig.
Selbst unter diesen Bedingungen reichern sich Lachgas und die FCKW aufgrund ihrer besonders langen Lebenszeit stark in der Atmosphäre an. Die gesamte Treibhauswirkung, die einer CO_2-Verdopplung entspricht, ist im Jahr 2060 erreicht. Anschließend ist noch mit einem weiteren Anstieg der Kohlendioxid- und FCKW-Emissionen zu rechnen.

Bei Szenario Numero *drei*, das ein politisches *Crash-Programm* erfordert, ließe sich eine CO_2-Verdopplung bis in das Jahr 2090 hinauszögern.
Es beruht auf folgenden Annahmen:
– Der Kohlendioxid-Ausstoß steigt um weitere 30 Prozent bis

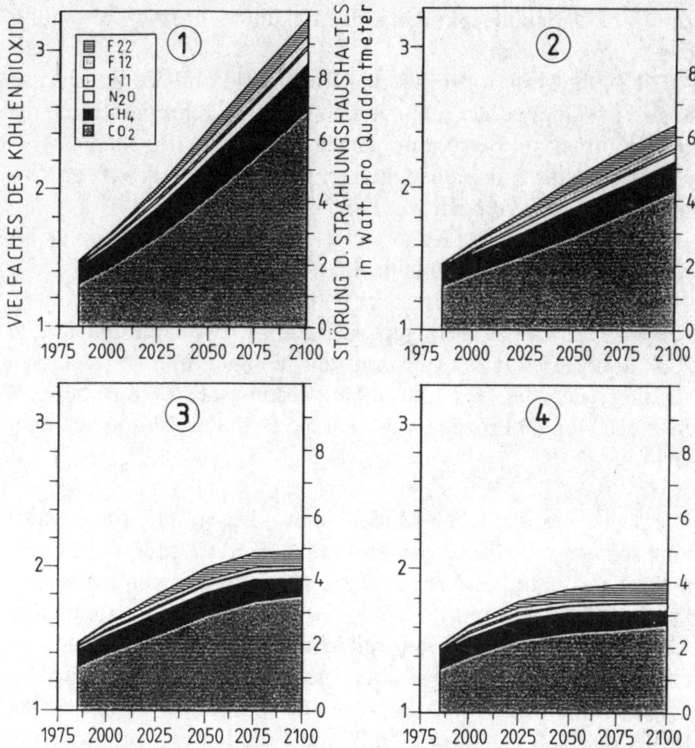

Abb. 9.1: **Blick in die Zukunft.** Die Klimaforscher haben vier verschiedene Szenarien aufgestellt, die einen möglichen, zukünftigen Verlauf der Treibhausgas-Emissionen beschreiben. Alle Spurengase sind in CO_2-Äquivalente umgerechnet. Das wichtigste zusätzliche Treibhausgas bleibt in jedem Fall das Kohlendioxid.

Szenario 1 = »Weitermachen wie bisher«
Szenario 2 = »Mäßige Eingriffe«
Szenario 3 = »Crash-Programm«
Szenario 4 = »Vollbremsung«

Nach bisheriger Tendenz ist Szenario 1 am wahrscheinlichsten. Bei einer sofortigen weltweiten umweltpolitischen Reaktion wäre auch Szenario 2 denkbar (modifiziert nach IPCC, 1990).

zum Jahr 2050 und sinkt dann bis 2100 um 40 Prozent, also unter das heutige Niveau.
– Die Abholzrate im tropischen Regenwald und die Zerstörung anderer Wälder gehen schon in den nächsten zehn Jahren um die Hälfte zurück und erreichen danach ein konstantes Maß.
– Die Lachgas-Emissionen steigen nur wenig, weil weniger fossile Brennstoffe verheizt werden.
– Aus dem gleichen Grund steigt der Methan-Ausstoß nur bis zum Jahr 2050. Anschließend sinkt er sogar geringfügig.
– Die FCKW werden drastisch eingeschränkt. Die Herstellung von F-11 und F-12 verringert sich danach zwischen den Jahren 2000 und 2025 auf zehn Prozent der heutigen Menge. Dennoch verstärkt sich die Gesamttreibhauswirkung der FCKW bis zum Jahr 2100 um 40 Prozent, weil sich die F-22-Produktion verzehnfacht.

Die *vierte* Variante der Modellbauer, die *Vollbremsung*, setzt eine sofort und auf der ganzen Linie geläuterte Menschheit voraus. Der Ausstoß an Treibhausgasen müßte *von morgen an* sinken (tatsächlich steigt er). Die Preise für fossile Brennstoffe müßten sich verdoppeln bis verdreifachen (in Wirklichkeit fallen sie eher). Der Pro-Kopf-Einsatz an Energie müßte weltweit und stetig sinken (derzeit ist das Gegenteil der Fall). Wir müßten umgehend Abschied von *allen* FCKW und Halonen nehmen (momentan entwickelt die Industrie neue, aber immer noch treibhauswirksame »Ersatzstoffe«).
Bei dieser unrealistischen Entwicklung käme die Menschheit mit einem blauen Auge davon. Zwar wird in diesem Szenario die Gesamtmenge der Treibhausgase in der Atmosphäre noch bis zum Jahr 2030 steigen und damit 170 Prozent des vorindustriellen Wertes erreichen, danach aber nicht mehr. Verschmutzung und natürlicher Abbau erreichen dann ein Gleichgewicht. Unter diesen Bedingungen wird sich die Erde, verglichen mit den Temperaturen gegen Ende des 19. Jahrhunderts, um lediglich etwa zwei Grad erwärmen. Selbst bei der utopischen Vorstellung, der Mensch verschwände umgehend von der Erde und es käme zu einem totalen Stopp aller anthropogenen Emissionen, würde zwar der Kohlendioxid-Gehalt der Luft langsam sinken, die Temperaturen aber wegen der langen Anlaufzeit des anthropogenen Treibhauseffektes über Jahre weiter steigen.

Gesucht: Soforthilfe

Die vier besprochenen Szenarien unterscheiden sich vor allem in den Energiemengen, die der Mensch bei all seinem Tun umsetzt. Der Energieumsatz ist weltweit von 72 Exajoule* im Jahr 1950 auf 250 Exajoule im Jahr 1970 gestiegen, hat im Jahr 1990 immerhin 320 Exajoule erreicht und er wird weiter wachsen:** in Modell eins bis zum Jahr 2100 auf 1200 Exajoule. In Modell zwei auf 600 Exajoule. In Modell drei steigt er bis zum Jahr 2050 auf 400 Exajoule und fällt anschließend bis zum Jahr 2100 auf unter 300 Exajoule. In Modell vier stagniert der Energieumsatz bereits im Jahr 2030 bei etwa 350 Exajoule und sinkt dann.

In jedem Fall bedeutet dies ein Wachstum des Kohlendioxid-Ausstoßes aus fossilen Brennstoffen. Er beträgt heute 22 Gigatonnen im Jahr. Bis zum Jahr 2100 wird er, je nach Szenario, auf fast 90, 45 und 30 Gigatonnen angestiegen, beziehungsweise in Szenario vier leicht gefallen sein. Selbst in diesem besten Fall wird die Belastung der Atmosphäre zunächst weiter zunehmen und erst vom Jahr 2030 an sinken.

Das ist kein Grund zur Resignation. Im Gegenteil: Die verschiedenen Szenarien zeigen, wie sinnvoll eine möglichst rasche Reaktion auf die drohende Treibhausgefahr ist. Und welch unumkehrbare Folgen ein Abwarten hätte. »Wer 30 Jahre wartet«, schreibt das World Resources Institute aus Washington, »um wissenschaftliche Unsicherheiten zu beseitigen, Entscheidungen zu suchen, einen internationalen Konsens zu finden und sich auf eine entsprechende Politik zu einigen, der riskiert, daß die Erde um 0,25 bis 0,8 Grad wärmer wird. Dieser Anstieg, auch wenn er nur ein Bruchteil eines Grades beträgt, entspricht in seiner Wirkung fast der Hälfte aller Treibhausgase, die der Mensch seit der industriellen Revolution in der Atmosphäre abgeladen hat.«

Wie wichtig rechtzeitige Eingriffe sind, zeigt eine Hochrechnung zu den FCKW. Hätten Sherwood Rowland und Mario Molina

* Ein Exajoule oder eine Trillion Joule entsprechen der Energiemenge von 34 Millionen Tonnen Steinkohle beziehungsweise 278 Milliarden Kilowattstunden.

** Diese Zahlen berücksichtigen nicht die Energie aus Brennholz, Dung oder anderer Biomasse. Diese vor allem in der Dritten Welt genutzten regenerativen Energiequellen machen derzeit rund 14 Prozent des Primärenenergieumsatzes der Welt aus.

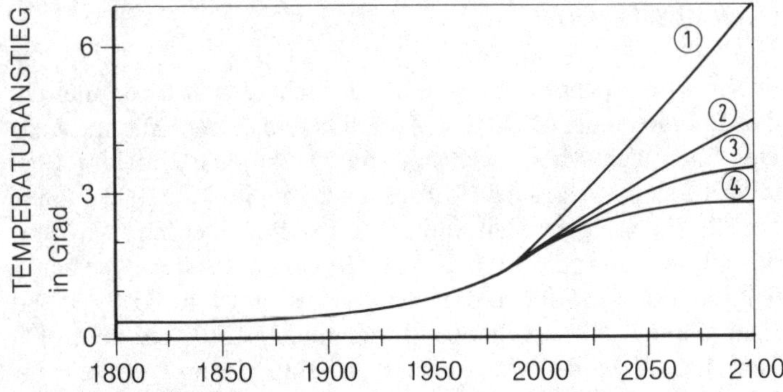

Abb. 9.2: **Der Anfang der Heißzeit.** Nach den in *Abb. 9.1* beschriebenen Szenarien wird die mittlere, globale Temperatur weiter steigen. In Beispiel 1 (dem zur Zeit wahrscheinlichsten Fall) bis zum Jahr 2100 um sechs Grad gegenüber dem vorindustriellen Wert. Im für die Menschheit günstigsten Fall – bei einer energiepolitischen Vollbremsung – würde die Temperatur durch die heute bereits ausgestoßenen Spurengase und einen kurzfristigen, geringen Anstieg der Emissionen um insgesamt 2,5 Grad steigen. Die Ozeane werden diese Erwärmung verzögern, nicht aber verhindern (modifiziert nach IPCC, 1990).

1974 nicht vor einer (damals unbewiesenen) Ozonzerstörung durch die FCKW gewarnt und damit erste Diskussionen und Reaktionen bewirkt, dann sähen die FCKW-Konzentrationen in der Atmosphäre heute anders aus: Anfang der siebziger Jahre lagen die Zuwachsraten der F-11- und F-12-Produktion, der wichtigsten FCKW, bei 8,5 beziehungsweise elf Prozent im Jahr, und es war kein Ende des Booms abzusehen. Hätte die Industrie damals ungehemmt weiterproduziert, dann würden die FCKW mittlerweile mehr zusätzlichen Treibhauseffekt bewirken als das gesamte Kohlendioxid. So aber steigen die Konzentrationen in der Atmosphäre bei annähernd konstanter Produktion »nur« um vier bis fünf Prozent, und die FCKW machen heute »nur« ein Viertel des anthropogenen Treibhauseffektes aus.

Was indes geschehen könnte, wenn wir den Warnungen der Klimatologen keinerlei Glauben schenken, zeigt ein weiteres Szenario, das *Volldampf-Modell* – das auf einem haltlosen Industriewachstum bis zum Hitzekollaps beruht. Es käme auf uns zu,

– wenn die Energiepreise weiter so niedrig blieben wie heute;

– wenn keine regenerativen Energiequellen entwickelt würden und der Raubbau am Regenwald sich noch verstärkte;
– wenn Riesenländer wie China, Indien oder die Sowjetunion ein Wirtschaftswunder erleben würden und die Dritte Welt einen Teil ihres Entwicklungs-Rückstandes zu den Industrie-Nationen unter Einsatz fossiler Brennstoffe aufholen würde.

Da China und die Sowjetunion, die größten dieser potentiellen Wachstumskandidaten, über gewaltige Reserven an Kohle verfügen und große Anstrengungen unternehmen, den Lebensstandard ihrer Bürger zu verbessern, ist diese Entwicklung noch nicht einmal auszuschließen. Die Folge wäre ein Temperaturanstieg von etwa fünf Grad bis zum Jahr 2050.

Noch irrwitziger ist nur die Vorstellung, zehn Milliarden Menschen wollten im Jahr 2050 so leben wie heutzutage ein durchschnittlicher Mitteleuropäer. Wir würden der Atmosphäre dann mit 150 Gigatonnen Kohlendioxid im Jahr einheizen, und das wäre genug, um sie vollends aus dem Gleichgewicht zu bringen.

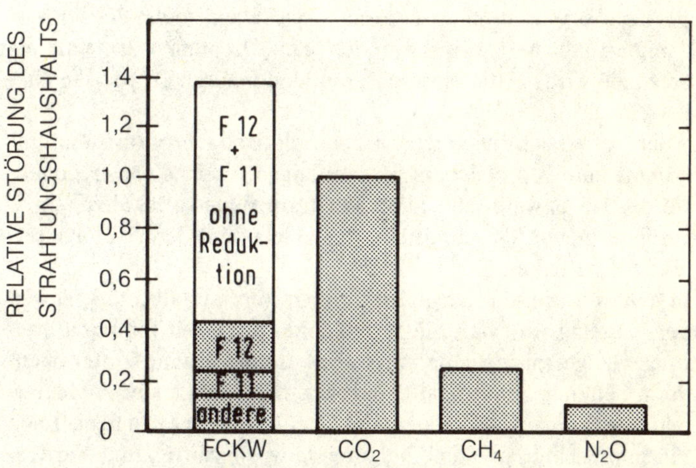

Abb. 9.3: **Erfolg des Protestes.** Das Bild zeigt den heutigen Anteil der anthropogenen Spurengase am zusätzlichen Treibhauseffekt. Alle Treibhausgase sind in CO_2-Äquivalente umgerechnet. Hätten die Wissenschaftler nicht frühzeitig vor den Gefahren der FCKW gewarnt und die Öffentlichkeit nicht massiv gegen deren Verwendung protestiert, dann trügen die FCKW bereits heute genauso viel zur globalen Erwärmung bei wie alle anderen Treibhausgase zusammen (nach Hansen, 1989).

Was sind schon ein paar Grad?

Wir wollen uns hier jedoch nicht mit Horrorbildern aufhalten, sondern, in Hoffnung auf ein baldiges Umdenken, Szenario Nummer zwei betrachten. Was bedeutet für die Menschheit ein Temperaturanstieg von 1,5 bis 4,5 Grad in den nächsten 100 Jahren?

Um es vorwegzunehmen: Präzise Vorhersagen nach dem Motto, »bereits im Jahr 2010 werden die norddeutschen Trinkwasserbrunnen wegen des ansteigenden Meeresspiegels versalzen . . .« sind wissenschaftlich nicht haltbar. Kein Klimamodell wird je in der Lage sein, solch kleinflächige Prognosen zu geben. Sicher hingegen ist: Wenn die Temperaturen global steigen, verändert sich das Klima an fast allen Orten der Welt. Sicher ist auch, daß wir auf eine Erwärmung zusteuern, die drei- bis siebenmal stärker ist als jene, die sich während der letzten 100 Jahre ereignet hat.

Nach allen Klimamodellen erwärmt sich die Luft in den hohen Breitengraden stärker als in den Tropen. Das liegt daran, daß die zusätzliche Wärme in Äquatornähe vor allem mehr Wasser verdampfen läßt und so insbesondere den Ozeanen Wärmeenergie entzogen wird. Dadurch wachsen in den inneren Tropen die Niederschläge.

Aller Voraussicht nach nimmt dann die Bodenerosion zu und es kommt häufiger zu Überschwemmungen – vor allem in Zonen, wo der Regenwald schwindet. Letzteres führt zu lokalen Klimaveränderungen, die unmittelbar gar nichts mit dem Treibhauseffekt zu tun haben.

In höheren Breiten steigen die Temperaturen relativ stärker, weil der Ausgangswert tiefer liegt und daher pro Grad Temperaturanstieg weniger zusätzliches Wasser verdampft. Da im Winter obendrein seltener Schnee fällt und sich nicht mehr soviel Meereis bildet, erwärmen sich Boden und Ozean auf schnee- und eisfreien Flächen leichter. Deshalb bekommen wir in Mittel- und Nordeuropa den Treibhauseffekt im Winter stärker zu spüren als im Sommer. Die Klimatologen rechnen bei Kohlendioxid-Verdoppelung zwischen dem 40. und dem 60. Breitengrad, also etwa von Sizilien bis Mittelschweden oder von New York bis zur Südspitze von Grönland, mit einer Erwärmung von zwei Grad im Sommer und fünf Grad im Winter. Die Bewohner der Tropen müssen

»nur« mit einem Temperaturanstieg von zwei Grad rechnen*. Da dort aber die Hitze oft heute schon unerträglich ist, bedeutet auch eine mäßige Erwärmung erschwerte Lebensbedingungen.
Generell sinkt der Temperaturkontrast zwischen den Tropen und den höheren Breiten. Dadurch verschieben sich zusätzlich die Klimazonen, denn dieser Kontrast ist der Motor für die großen Windsysteme. Ein Beispiel: Die feuchte, heiße Luft, die im äquatorialen Afrika emporquillt und gen Norden drängt, kühlt bei ihrem Aufstieg in der Atmosphäre ab, und es bilden sich Wolken, die in den Tropen abregnen. Die jetzt relativ trockene Luft strömt nordwärts und sinkt im Winter (bei hohem Temperaturunterschied zwischen den Tropen und nördlichen Regionen) über der Sahara ab, erwärmt sich dabei, weht als sehr trockener Wind zurück Richtung Äquator und nimmt auf diesem Weg wieder Feuchtigkeit aus dem Ozean auf. Im Sommer hingegen (bei geringem Temperaturkontrast) reicht die nördliche Grenze dieser Zirkulation bis weit in das Mittelmeergebiet und sorgt dort für die typische trockene und heiße Jahreszeit. Wenn nun der Temperaturunterschied in Zukunft abnimmt, dann dehnen sich die sommerlichen Trockenzonen noch weiter nach Norden aus. Das bedeutet mehr Hitze und noch weniger Niederschläge für den Mittelmeerraum.
Insgesamt hingegen wird es auf einer wärmeren Erde mehr regnen als bisher. Weil die absolute Luftfeuchtigkeit je Grad Erwärmung um etwa zehn Prozent steigt, müssen die Niederschläge zunehmen. Deshalb sagen alle Klimamodelle zwei bis drei Prozent mehr Regen voraus, für den Fall, daß sich die Erde um ein Grad erwärmt. Der Regen wird vor allem in den inneren Tropen und in den Zonen mit wandernden Tiefdruckgebieten, also zwischen den 35. und den 70. Breitengraden fallen.
Ganz allgemein bedeutet jede Klimaveränderung eine neue Extremwertstatistik. Das heißt, außergewöhnliche Wetterlagen werden häufiger. Also: *Mehr* gefährliche Trockenperioden und Hitzewellen in Regionen, die trockener werden. *Mehr* Hochwasser und Überschwemmungen in Gebieten, die feuchter werden.

* Diese Zahlen sind mit einem Unsicherheitsfaktor von plusminus 50 Prozent behaftet. Es könnte im Winter auch nur um 2,5 Grad oder aber um 7,5 Grad wärmer werden.

Vermehrte und *intensivere* Wirbelstürme in den erwärmten Tropen, die *weitere* Regionen bedrohen.
Lange bevor die Klimatologen den anthropogenen Treibhauseffekt anhand langjähriger Temperaturreihen statistisch werden beweisen können, bekommt die Menschheit diese Häufung der extremen Wetterlagen empfindlich zu spüren.
Eine letzte, offensichtliche Folge einer globalen Erwärmung ist der Anstieg der Meeresspiegel und die Überflutung ungeschützter Küstenregionen. Das liegt zum einen daran, daß sich Wasser bei Erwärmung ausdehnt. Zum anderen schmelzen die Gebirgsgletscher ab, und das Eis in gefrorenen Böden taut auf.
Je Grad Temperaturanstieg im Meerwasser müßten sich theoretisch die Ozeane so stark ausdehnen, daß die Pegel weltweit um etwa 60 Zentimeter stiegen. Von der Erwärmung ist allerdings nur die oberste Deckschicht der Meere betroffen, und deshalb werden die Ozeane je Grad Erwärmung dieser Schicht nur um rund fünf Zentimeter anschwellen. Gemeinsam mit dem Beitrag aus den abschmelzenden Gletschern ergibt sich daher bei Kohlendioxid-Verdopplung zunächst nur ein Meeresspiegelanstieg von einigen Dezimetern. Beginnen die Inlandeisgebiete allerdings erst einmal zu tauen, so wirkt dieser Trend jahrhundertelang weiter. Dennoch steigen die Ozeane insgesamt weniger, als die Wissenschaftler noch vor einigen Jahren befürchtet haben. Aber das ist immer noch eine ganze Menge: Es bedeutet »Land unter« für Teile des Ganges- oder des Nildeltas, wo einige -zig Millionen Menschen ohne jeden Küstenschutz leben.
Ungewiß ist, wie und wann die wichtigsten großen Eisreservoire der Erde, die Eispanzer von Grönland und der Antarktis, auf eine weltweite Klimaveränderung reagieren. Grönland, dessen Eismasse gut für einen Pegelanstieg von sieben Metern wäre, ist der erste Auftaukandidat. Die Antarktis hingegen ist so kalt, daß ihr auch eine Erwärmung um einige Grad nichts anhaben kann. Wo heute minus 40 Grad herrschen, bleibt das Eis bestehen, auch wenn es um 20 Grad wärmer wird. Beide Gebiete könnten in ihrer Mächtigkeit sogar anwachsen anstatt abzuschmelzen, wenn die erhöhte Luftfeuchtigkeit mehr Schnee auf die Gletscher fallen läßt und damit den Meeresspiegelanstieg vorübergehend bremst oder kompensiert.
Das schwimmende Eis des Nordpolarmeeres hat indes keinen direkten Einfluß auf den Meeresspiegel. Genausowenig wie ein

volles Whiskyglas überläuft, wenn darin die über den Rand ragenden Eiswürfel auftauen, wird schmelzendes Meereis die Ozeane steigen lassen. Ein Verlust dieses Eises bewirkt lediglich eine wesentlich dunklere Ozeanoberfläche. Dadurch absorbiert die Erde mehr Sonnenstrahlung, und das verstärkt indirekt den Treibhauseffekt.

Ein paar Grad bedeuten also sehr wohl eine fühlbare Veränderung der Lebensbedingungen auf der Erde. Trotz der vagen Prognosen einer mittleren Erwärmung von 1,5 bis 4,5 Grad lassen sich relativ konkrete Vorhersagen für die kommenden Jahrzehnte geben. Im nächsten Kapitel beschreiben wir, welche Folgen diese wenigen Grad für die Umwelt haben können.

Kapitel 10
Vom Ende der Eisbären

Was bringt uns das Treibhausjahrhundert?

Im November 1989 rief Präsident Maumoon Abdul Gayoom von den Malediven zu einer Konferenz in seine Hauptstadt Male. Es kamen die Vertreter von Tuvalu, Kiribati und Tonga, von Barbados und den Fidschi-Inseln, von Vanuatu, Barbuda, Antigua. Eine bunte Versammlung von Zwergstaaten in der Karibik, im Indischen Ozean oder in der Südsee. Sie alle haben ein gemeinsames Problem: Ihnen steht das Wasser förmlich bis zum Halse.

Die Staaten sind nichts als bewohnte Korallenriffe oder winzige Sand- oder Felseilande. Und wenn die Gletscher von den Alpen bis zu den Anden weiter abschmelzen wie bisher und das erwärmte Ozeanwasser sich ausdehnt und die Pegel um zehn bis 30 Zentimeter steigen, dann bleibt den meisten Insulanern nur die Flucht. Binnen vierzig Jahren, das ist nach den Klimamodellen zu befürchten, wird es soweit sein.

»Weder wir auf den Malediven noch irgendwer auf einem anderen Inselreich möchten ertrinken«, klagte Präsident Gayoom auf dem Treffen der Kleinst-Meeresanrainer, »wir wollen auch nicht, daß unser Land davongespült wird und unsere Wirtschaft kaputtgeht. Genausowenig wollen wir zu Ökoflüchtlingen werden. Wir werden uns erheben und kämpfen. Wir fordern die wohlhabenden Nationen und die internationale Gemeinschaft auf, uns in diesem Kampf beizustehen.«

Gayooms Republik im Indischen Ozean, fast schon am Äquator gelegen, besteht aus 1300 traumhaften Inseln, 200 davon ständig bewohnt, mit weißen Stränden und Palmen, die sich sanft im Winde wiegen. Der Haken am Paradies: Der höchste »Berg« der Malediven ragt gerade dreieinhalb Meter aus dem Meer. Die Startbahn des internationalen Flughafens von Hulule steht schon im Wasser, wenn die Tide einmal ungewöhnlich hoch ausfällt.

Schlechte Aussichten für die 200 000 Malediver, die immer häufiger von Sturmfluten heimgesucht werden. 1987 war es so schlimm, daß sie in den Straßen die Fische harpunieren konnten. Die Küsten aus Sand erodieren, und selbst Male, für teures Geld künstlich befestigt, ist ständig bedroht. Der Küstenschutz sei so aufwendig, schreibt das britische Fachblatt *New Scientist*, daß »ein laufender Meter natürliches Korallenriff umgerechnet 15 000 Mark wert ist«.

Jahrhunderte haben die Menschen hier mit dem Meer gelebt, und plötzlich wird das Meer zum Feind: Es versalzt das Trinkwasser, läßt Mangobäume und Bananenstauden verkümmern, treibt die Landwirtschaft und die Tourismusindustrie in den Ruin. Auf der Pazifikinsel Tuvalu, der kleinsten Nation der Welt, deren 8000 Einwohner vorsichtshalber in Stelzenhäusern wohnen, macht sich Premier- und Außenminister Tomasi Puapua ernste Sorgen: »Wir können überhaupt nichts dagegen tun. Vielleicht müssen wir alle nach Australien auswandern.« Tuvalu steht mit vier anderen Inselreichen auf der Roten Liste der Vereinten Nationen: Sie könnten allesamt in den nächsten 50 Jahren von der Landkarte verschwinden, wenn die Meere so steigen, wie es die Klimatologen befürchten.

Eine Woche vor dem Treffen in Male fand im holländischen Noordwijk eine andere Konferenz statt. Auf der »Minister-Tagung über Atmosphärenverschmutzung und Klimaveränderung« ging es um die Möglichkeiten, den anthropogenen Treibhauseffekt einzudämmen. Am Ende der Tagung waren sich die Großen dieser Welt einig: Mit den Stimmen von Japan, der Sowjetunion, China und den Vereinigten Staaten, jenen Ländern, die weltweit für 58 Prozent der Treibhausgase verantwortlich sind, beschlossen sie, erst einmal nichts zu unternehmen, die Produktionsraten nicht zu drosseln und statt dessen abzuwarten. Es blieb, wie meist bei derlei Anläßen, bei besorgten Mienen und einem Bekenntnis der Betroffenheit. Der Untergang der fünf bedrohten Paradiese scheint damit gesichert.

Ein erhöhter Meeresspiegel kann freilich selbst für die Reichen teuer werden. So plant Japan, rund eine halbe Milliarde Mark für die Befestigung der Pazifik-Insel Okinotorishima zu investieren. Nicht weil dort viele Japaner um ihr Leben bangten (der Flecken im Meer ist nur ein paar Quadratmeter groß und unbewohnt), sondern weil die Insel wichtige Fischerei- und Erzabbaurechte sichert.

Der Verlust von Okinotorishima wäre schmerzlich, aber dennoch zu verkraften. Schwieriger wird es schon mit den großen Metropolen, den dicht besiedelten Gebieten an Flußdeltas und den einzigartigen Kulturstätten, die direkt an Küsten liegen: New York, Rio de Janeiro, London, Venedig, Boston, Amsterdam, Alexandria, New Orleans, Sydney oder Bangkok. Die wichtigsten Städte der Welt sind am Meer erbaut. Insgesamt leben eine Milliarde Menschen, ein Fünftel der Weltbevölkerung, in überschwemmungsgefährdeten Zonen. Die Wohlhabenden unter ihnen werden sich schützen können. Andere werden sich eine neue Bleibe suchen müssen. Und Dritte werden mit dem Leben bezahlen.

Holland nicht in Not

Einigermaßen sicher und über Jahrhunderte geschult im Umgang mit den Sturmfluten sind die Holländer. Annähernd 30 Milliarden Mark haben sie in den vergangenen drei Jahrzehnten für den Küstenschutz ausgegeben. »Einen Meter Meeresspiegelanstieg verkraften wir ohne zusätzliche Deicherhöhung«, sagt der holländische Ökologe Gerrit Hekstra vom Umweltministerium in Leid-

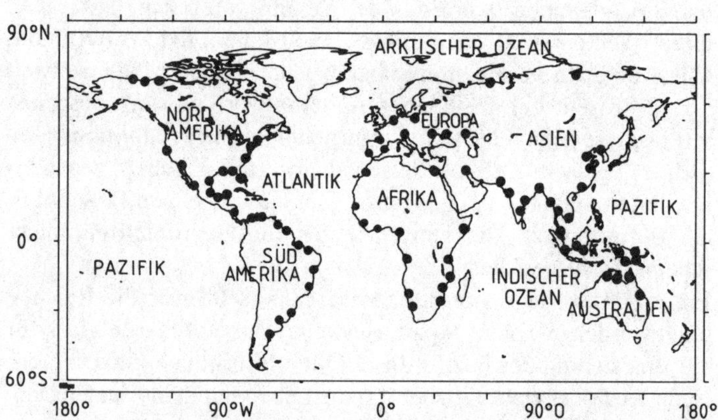

Abb. 10.1: **Land unter.** Die wichtigsten Metropolen der Welt liegen an den Küsten. Steigen die Meere, dann sind riesige Landstriche vom Hochwasser bedroht. Ein Fünftel der Menschheit lebt in überschwemmungsgefährdeten Gebieten – insbesondere in den punktmarkierten Zonen.

schendam. Er meint, für hochentwickelte Länder sei der Umgang mit dem erhöhten Meeresspiegel allein eine Frage des Geldes: »Wir kommen damit klar. Indonesien, Bangladesch oder Vietnam allerdings nicht«.
Hekstra weiß als Gutachter für seine Regierung recht genau, was es für ein kleines, reiches Land bedeutet, sich gegen das Meer zu wehren. Die Küste der Niederlande ist zur einen Hälfte durch Deiche, zur anderen durch Dünen geschützt. Steigt der Meeresspiegel, erodieren die Sandstrände und die Dünen, es gehen also natürliche Puffer für das Hinterland verloren und damit wichtige Erholungs- und Tourismusgebiete. Vor allem sind dann die dahinter gelegenen Städte und Industrieanlagen bedroht.
Mit dem Meer steigt auch der Grundwasserspiegel hinter den schützenden Deichen. Also müssen mehr Pumpwerke her, um das Wasser aus den Kanälen zu schöpfen, sonst würde das Salzwasser unterirdisch bis an die Wurzeln der Kulturpflanzen hochsteigen und die Felder unfruchtbar machen. Mit dem Pumpsystem haben die Holländer heute schon ihre liebe Not. Im Winter, wenn bei hohen Niederschlägen relativ viel sauberes Wasser vorhanden ist, muß das kostbare Gut für teures Geld ins Meer gefördert werden. In den warmen Sommermonaten pumpen die Landwirte dann verschmutztes und relativ salziges Grund- und Flußwasser auf ihre Felder. Das Ganze wird natürlich noch schwieriger, wenn die Sommer wärmer, die Winter feuchter werden und das Meer steigt.
Müllkippen, mit Vorliebe in Meeresnähe angelegt und zum Teil mit hochgiftigen Abfällen befrachtet, würden durch einen erhöhten Grundwasserspiegel ausgelaugt. Vorsorglich müssen inzwischen alle neuen holländischen Deponien gegen den Untergrund abgeschottet werden. Immerhin liegen die Niederlande zum Teil heute schon *unter* dem Meeresspiegel – man merkt nur nichts davon, weil immer ein Deich oder eine Düne die Aussicht versperrt.
Für eingedeichte Küsten ist ein mäßiger Meeresspiegel-Anstieg von ein paar Dezimetern kein größeres Problem. Aus Sicherheitsgründen sind in Holland die Schutzwälle auf 15 bis 20 Meter über Normalnull angelegt. Das ist theoretisch genug, um nicht nur der Tide, den hohen Wellen, den Winterstürmen oder einem halben Meter Pegelanstieg zu widerstehen, sondern gar einer sogenannten Jahrzehntausend-Sturmflut.

Nicht ganz so sicher haben die Bundesdeutschen ihre Deiche gebaut. An der Nordseeküste Schleswig-Holsteins und Niedersachsens liegen die Schutzwälle acht Meter über Normalnull (was dort als ausreichend gilt). Doch ausgerechnet in Hamburg, wo sich in der Elbe bei Nordweststürmen das Wasser wie in einem Trichter sammelt, sind die Schutzanlagen meist nur 7,20 Meter hoch. Die dichtbesiedelte Hansestadt mit ihren tiefliegenden Stadtteilen Wilhelmsburg und Finkenwerder, mit den Vier- und Marschlanden, wo bei der schweren Flut im Jahr 1962 über 300 Menschen ertranken*, ist somit schlechter geschützt als die Rinderweiden in der Wilstermarsch. Hamburg ist absurderweise der Überlauf für eine schwere Sturmflut an der deutschen Nordseeküste. Diese Fehlplanung hat einen einfachen Hintergrund: Am Kaiser-Wilhelm-Koog nahe der Flußmündung ist es weit billiger, einen breiten Erdwall zur Sicherung aufzuschieben, als 100 Kilometer landeinwärts, in einer Millionenstadt aufwendige Stahl- und Betonsperren zu errichten.

Schon heute wendet Hamburg jährlich 23 Millionen Mark für den Hochwasserschutz auf. Bis zum Jahr 1996 sind 180 Millionen fest eingeplant. Diese Summe könnte sich bald schon vervielfachen: Offensichtlich in Erwartung künftiger Sturmfluten hat eine unabhängige Kommission 1989 dem Hamburger Senat eine Studie vorgelegt, nach der entweder die bestehenden Anlagen verbessert werden sollen oder aber vor Hamburg beziehungsweise in der Nähe von Brokdorf ein Elbsperrwerk errichtet werden soll. »Ein Bauwerk, wie es bisher niemand in der ganzen Welt geschaffen hat«, erklärt der Baudirektor Rudolf Schwab vom Strom- und Hafenbauamt der Hansestadt und erwähnt exorbitante Kosten: »So etwas würde in die Milliarden gehen.« Ähnliche Überlegungen haben auch die Verwaltungen von London, Leningrad oder Rotter-

* 1962 waren die Hochwasserschutz-Anlagen entlang der Elbe und in Hamburg weit weniger gut ausgebaut als heute. Fatalerweise fehlen dadurch jetzt die Flutungsgebiete, die einem Hochwasser die Spitze nehmen könnten. Das Wasser ist bei einer Sturmflut also auf engerem Raum zusammengedrängt – und steigt deshalb noch höher. Obendrein ist die Fahrrinne der Elbe mittlerweile bis in eine Tiefe von 13,5 Metern ausgebaggert, und dadurch strömen Ebbe und Flut ungehindert und schneller aus und ein. Aus diesen Gründen ist seit 1930 der Tidenhub, die Höhendifferenz zwischen Ebbe und Flut, am Hamburger Pegel St. Pauli von 2,38 Metern auf mittlerweile fast dreieinhalb Meter gestiegen. Damit erlebt Hamburg, obwohl rund 100 Kilometer stromaufwärts gelegen, die Gezeiten so stark wie ein Küstenort.

dam angestellt. Aber überall scheuen die Behörden bislang den hohen Aufwand angesichts eines zwar wahrscheinlichen, aber noch nicht spürbaren Meeresspiegelanstiegs.
Vor den Deichen der Nordsee und deshalb völlig schutzlos liegen Reste der fruchtbaren Marschniederungen oder – einzig auf der ganzen Erde – das Wattenmeer: jenes Relikt einer der Küste vorgelagerten Schlickzone, die einst von Holland bis weit nach Dänemark reichte. Steigt erst einmal der Nordseepegel, dann beschleunigen sich mit hoher Wahrscheinlichkeit die Gezeitenströmungen in der Deutschen Bucht, vor allem in den Prielen des Wattenmeeres. Der erst 1985 geschaffene Nationalpark Wattenmeer würde laufend schrumpfen und womöglich restlos davongespült. Ein Drama für Naturschutz und Tourismus – und für die Fischerei, ist doch das Watt die Kinderstube für viele Fischarten der Nordsee.
Flache, sumpfige und ökologisch wichtige Küstengebiete sind ohnehin durch den Menschen bedroht. Vom Wattenmeer über die Mangrovenwälder Südamerikas und Asiens, bis zu den Everglades in Florida, werden sie trockengelegt, eingedeicht oder durch die Flüsse vergiftet. Im Ganges- und Kongodelta erstickt teilweise das ursprüngliche Leben, weil die Ströme aufgrund der Abholzung im Landesinneren viel Sediment mit sich führen. Diese Feuchtgebiete sind die Brut- und Futterplätze für Garnelen, Vögel und die meisten Fischarten der Erde. 70 Prozent der gesamten kommerziellen Küstenfischerei, schätzt das Worldwatch-Institute, hängen direkt von diesen ökologischen Nischen ab. Ihre Überlebenschance wird sich nicht verbessern, wenn mit dem klimabedingten Hochwasser ein zusätzlicher Streßfaktor auf sie zukommt. Das Wattenmeer beispielsweise *muß* zweimal am Tag trockenfallen, sonst ist es kein Watt mehr.
Genausowenig kann eine Sandküste bestehen, wenn die Erosion erst an ihr nagt. Ein Meeresspiegel-Anstieg von 30 Zentimetern, so verdeutlicht ein Dossier der amerikanischen Umweltbehörde, könnte die Strände entlang der Atlantik- und Golfküste zwischen Boston und Key West auf einer Breite von 30 Metern wegreißen. Und dort ist nicht nur billiger Sand bedroht: Vor allem in Florida ist ein Großteil der Küste mit mehrstöckigen Rentnerappartements zugebaut, die unmittelbar am Wasser stehen.
Schwierig ist der Küstenschutz in Regionen, wo es keine Deiche gibt und wo aus technischen, meist jedoch finanziellen, Gründen

auch keine gebaut werden können: Beispielsweise in Indonesien, einem versprengten Inselstaat, der 15 Prozent der Küsten dieser Welt und zigtausend Kilometer Marschküsten besitzt. Die indonesischen Inseln Java und Bali sind so überbevölkert, daß die Regierung des Landes Millionen von Menschen in einem ökologisch und sozial fragwürdigen Umsiedlungsprogramm auf die entlegenen Urwaldinseln Sumatra und Kalimatan den indonesischen Teil von Borneo, verfrachtet. Dort lassen sich die Siedler vor allem an Küsten nieder, die von Überschwemmungen oder Versalzung bedroht sind. Im Prinzip können sich diese Menschen gleich auf den nächsten Umzug vorbereiten.

Land unter in Bengalen

Bangladesch ist vermutlich jener Staat, in dem sich eine globale Klimaveränderung am verheerendsten auswirken wird. Über 110 Millionen Menschen leben heute in dem feuchten Land am Golf von Bengalen, das (inklusive der unbewohnten Wasserflächen) nur 144 000 Quadratkilometer groß ist, aber im Jahr 2005 wahrscheinlich schon 165 Millionen Einwohnern ein Zuhause bieten muß. Von einem Bruttosozialprodukt eines Bangladeschis zu sprechen, ist fast schon unanständig. Es beträgt gerade ein Hundertstel dessen eines Bundesbürgers. Bangladesch gehört zu den ärmsten Ländern der Erde.

Nur drei Dinge sind sicher im Leben eines Bengalen: die mörderische Hitze und die Wirbelstürme im Frühjahr und Herbst sowie der Monsun von Juni bis August. *Normal* ist es, wenn gegen Ende der Monsunregen die Flüsse Ganges, Brahmaputra und Meghna über die Ufer treten und ein Fünftel von Bangladesch unter Wasser steht.

Noahsche Fluten sind also nichts Neues in diesem Land, das zu einem großen Teil keine zwei Meter über dem Meeresspiegel liegt. In manchen Jahren drückt zunächst der Wirbelsturm von Süden her das Meer ins Land, und wenig später kommt das Hochwasser vom Norden aus den Bergen Indiens und Tibets. Im Jahr 1970 ertranken nach einem Zyklon mindestens 300 000 Menschen im Mündungsgebiet des Ganges. Die katastrophalen Überschwemmungen wiederholten sich 1971, 1974, 1978, 1980 und

1984. Im Jahr 1985 starben Zehntausende. 1987 brachte ein Rekordmonsun im Nordwesten von Bangladesch die tödlichen Fluten. 1988 regneten im nordöstlich angrenzenden Meghalaga-Plateau die schwersten Niederschläge der letzten 70 Jahre ab, und mindestens 2000 Menschen starben. Zwei Drittel des Landes und 80 Prozent der Hauptstadt Dakka waren damals überflutet. Tagelang blieb der Flughafen geschlossen, so daß nicht einmal die Flugzeuge mit den internationalen Hilfslieferungen landen konnten.

Der britische Klimatologe Mick Kelly von der Universität von East Anglia sieht wie viele seiner Kollegen einen direkten Zusammenhang zwischen zukünftigen, noch schlimmeren Monsunfällen und dem anthropogenen Treibhauseffekt: Wenn sich im Sommer der asiatische Kontinent aufheizt, steigt dort die heiße Luft empor und saugt feuchte Luft vom Indischen Ozean über das Land. Bei höheren Temperaturen könnte der Regen heftiger werden und weiter südlich als bisher niedergehen. Also: noch größere Fluten für Bangladesch.

Doch an den über die Ufer tretenden Flüssen trägt die Klimaveränderung höchstens eine Teilschuld. Der Monsun ist etwas Normales, er wirkt sich nur schlimmer aus als früher, unter anderem, weil im Quellgebiet der großen bengalischen Ströme, im Himalaya, von Kaschmir im Westen bis nach Assam im Osten, der Wald weit schneller schwindet, als er nachwächst. Allein die Inder haben in den vergangenen 30 Jahren 40 Prozent, die Nepalesen über die Hälfte des Waldes abgeholzt. Dadurch wird der Regen nicht mehr abgebremst, das Wasser versickert nicht im Boden, und die zum Teil begradigten Flüsse müssen es binnen weniger Tage und Wochen in einem Schwall gen Meer transportieren. Auch wenn sich die Auswirkungen des Treibhauseffektes noch nicht beweisen lassen, so ist seit Mitte der siebziger Jahre ein seltsames Phänomen zu beobachten: Entweder bringt der Monsun Rekordfluten oder die früher regelmäßigen Überschwemmungen bleiben fast völlig aus.

Mit jedem weiteren Baum, der im Himalaya fällt, mit jedem zusätzlichen Zentimeter, um den der Meeresspiegel ansteigt, wird sich die Lage in Bangladesch verschärfen. »Wir werden wahre Völkerwanderungen von ökologischen Flüchtlingen erleben«, prophezeit der Holländer Gerrit Hekstra. »Die Armen werden nach Indien ziehen, und dort wird sie keiner froh erwar-

ten. Die anderen, die es sich leisten können, werden sich ein Flugticket nach Amsterdam oder Ost-Berlin kaufen. Sie werden von überall aus den Tropen und Subtropen zu uns kommen.«
Wer bleibt, der muß oft mit Seuchen wie Cholera oder Typhus rechnen, die typischerweise direkt nach einer Überschwemmung ausbrechen, denn in den Fluten vermischen sich Trinkwasser und Fäkalien. Im Monsunsommer 1988 kam auch noch eine Schlangenplage hinzu. Die giftigen Reptilien hatten sich, gemeinsam mit den hilfesuchenden Menschen, auf die verbliebenen trockenen Flecken geflüchtet.

Jedes Jahr Jahrhundertstürme?

Auch die unberechenbaren Zyklone werden sich aller Voraussicht nach verstärken. Hurrikane, Zyklone oder Taifune (alle sind ein und dasselbe – nämlich tropische Wirbelstürme) entstehen wie jedes andere Tiefdruckgebiet, wenn verschieden warme Luftmassen nahe nebeneinander auftreten. Die stärksten Stürme bilden sich über den wärmsten tropischen Gewässern, bei Mindest-Wassertemperaturen von 27 Grad Celsius, allerdings nur jenseits einer Zone, die mindestens sieben Breitengrade vom Äquator entfernt beginnt.* Sie wandern dann von ihrem Geburtsort, sich ständig verstärkend, Richtung Philippinen oder Golf von Bengalen, Richtung Nordaustralien, Karibik oder durch die Südsee. Bis heute können die Meteorologen die Entstehung von Wirbelstürmen gar nicht, ihre Richtung, Ausbreitungs- und Windgeschwindigkeit nur schlecht vorhersagen.
Steigt die Ozeantemperatur, dann erhöht sich die Wahrscheinlichkeit, daß aus einem normalen tropischen Tiefdruckgebiet ein Hurrikan entsteht. Zusätzlich dehnt sich der Bereich des über 27 Grad warmen Wassers aus, der im Spätsommer und Frühherbst normalerweise bis zum 25. Breitengrad reicht. Wenn die Temperaturen steigen, werden also die Wirbelstürme von einem größeren Entstehungsgebiet aus und weiter nach Süden und Norden

* In Äquatornähe können keine Wirbelstürme entstehen, weil sich dort die Corioliskraft nicht auswirkt und strömende Luft nicht seitwärts abgelenkt wird.

vordringen. Und weil ihre Gewalt etwa vom Quadrat der Windgeschwindigkeit abhängt, diese von der Verdunstungsrate und letztere von der Temperatur des Ozeans, könnte eine Erwärmung des Meerwassers um nur wenige Grad die Intensität eines Sturmes um bis zu 40 Prozent erhöhen.

Was das bedeutet, werden auch die Vereinigten Staaten von Amerika erfahren: Bei den Kapverdischen Inseln, vor der Westküste Afrikas, bildet sich etwa alle drei bis vier Tage als normale tropische Störung ein kleines Tiefdruckgebiet. Unter geeigneten Bedingungen, fünf- bis zehnmal im Jahr, wird daraus ein Hurrikan. Er wandert entlang der wärmer werdenden Wassermassen gen Westen und erreicht nach einigen Tagen die Karibik, fegt von Insel zu Insel und wird erst über dem Festland von Mexiko, Texas oder Florida abgebremst. Gelegentlich dreht er vorher nach Norden ab und löst sich in den Subtropen auf. Nur selten verstärkt er sich in den mittleren Breiten wieder und bringt schwere Stürme bis an die Küsten Irlands und Frankreichs.

1988, in jenem Jahr, da der amerikanische Mittelwesten unter einer ungewöhnlichen Dürreperiode litt, die Sommertemperaturen von New York bis Chicago zum Teil unerträgliche Hitzegrade erreichten und die Öffentlichkeit zum ersten Mal erfuhr, was ein zusätzlicher Treibhauseffekt bedeuten *kann*, in jenem Jahr schlug auch »Gilbert« zu, der Jahrhundert-Hurrikan. Er raste Anfang September über den Atlantik, ließ Puerto Rico, die Dominikanische Republik und Haiti rechts liegen und erreichte als eine strudelnde Wolkenmasse von 800 Kilometern Durchmesser, die auf Satellitenbildern wie ein bedrohliches Auge aussah, die Karibikinsel Jamaika. Gilbert rotierte mit Windgeschwindigkeiten von bis zu 270 Kilometern pro Stunde über Jamaika und brachte mindestens 200 Menschen den Tod. Straßen wurden zu Flüssen, der extreme Sturm zerstörte die Armensiedlungen von Kingston und vernichtete einen großen Teil der Kaffee-, Bananen- und, nicht unbedeutend für die Wirtschaft Jamaikas, der Marihuanapflanzungen.

»Gilbert fegte Mike (Gorbatschow) und George (Bush) von den Titelseiten«, schrieb damals das amerikanische Nachrichtenmagazin *Time*, als der Hurrikan die mexikanische Küste in Trümmer legte, die ihm folgende Sturmflut Teile von Texas, Louisiana und Mississippi überschwemmte und 100000 Menschen vorübergehend in die Flucht schlug. Glück für die Amerikaner: Gilbert benahm sich genau so, wie es die Meteorologen vorhergesagt hatten. Der Wetterdienst konnte die Bewohner der entsprechenden Landstriche rechtzeitig vor dem Unwetter warnen, das obendrein seine größte Gewalt eingebüßt hatte, bevor es die US-Küste erreichte.

Wie schnell können Bäume laufen?

Wir alle kennen aus den Atlanten der Schulzeit jene Weltkarten, auf denen keine Straßen und Staatsgrenzen eingezeichnet sind, sondern, in bunten Farben, die sogenannten Vegetationszonen der Erde. Dunkelgrün ist meist der Regenwald in den Tropen, braun die Savanne, hellgrün der Wald gemäßigter Breiten, grau die Taiga und weiß das ewige Eis. So etwas merkt man sich bis an das Lebensende. Meist vergessen haben wir indes die klimatischen Bedingungen, die Voraussetzung für die jeweilige Vegetation sind. Denn ob irgendwo der Wald oder die Savanne wächst, bestimmen einzig die Temperatur und der Niederschlag.

Bei Jahresdurchschnitts-Temperaturen von über 24 Grad Celsius und Niederschlägen von mehr als 2000 Millimetern pro Jahr wächst der tropische Regenwald. Unter ähnlichen Temperaturbedingungen, aber nur bei 300 Millimetern Regen reicht es nur für die Dornensavanne, bei 150 Millimetern gerade für eine Halbwüste mit vereinzelten Büschen. Darunter wächst so gut wie gar nichts mehr. Bei einer Jahres-Durchschnittstemperatur von null Grad hingegen genügen 300 Millimeter noch für einen Nadelwald wie die Taiga. Selbst bei unter null Grad wächst noch die Tundra, und dazu braucht es im Extremfall ganze 100 Millimeter Niederschlag im Jahr.

Es gibt ungemein angepaßte Pflanzen. Ein Olivenbaum überlebt monatelang ohne Niederschläge, Mangroven gedeihen im Meerwasser, und die Nadelbäume der nördlichen Breiten halten Wintertemperaturen von unter minus 50 Grad aus. Doch so widerstandsfähig diese Bäume sind, so fest sind sie an ihre Ökonische gebunden. Die Olive erfriert bei mäßigem Frost, die Mangrove stirbt an Land und die nordischen Fichten vertrocknen in warmen Regionen.

Wie eng eine solche Nische sein kann, zeigt folgendes Beispiel:

Im Innern von Sibirien, bei nur 250 Millimetern Niederschlag pro Jahr und einer Mitteltemperatur, die knapp unter Null Grad liegt, verdunstet so wenig Wasser, daß der geringe Regen genügt, um einen unansehnlichen Wald wachsen zu lassen. In der Bundesrepublik wächst indes schon bei weniger als 500 Millimetern Regen und zehn Grad Mitteltemperatur kein Baum mehr – so im Gonsenheimer Sand bei Mainz, der einzigen natürlichen Steppe in Deutschland. Wichtiger als die absolute Niederschlagsmenge ist also die Differenz aus Regen und Verdunstung. Und gerade dieser Parameter droht sich stark zu verändern.

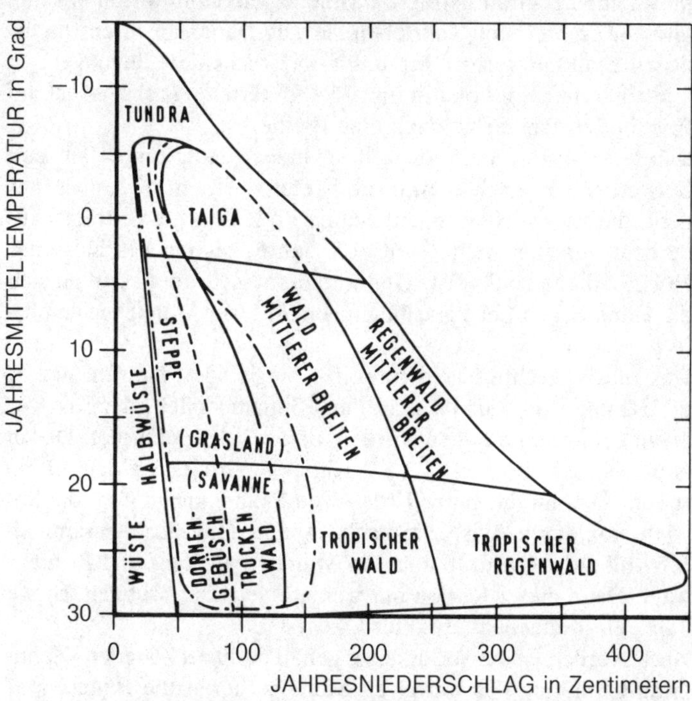

Abb. 10.2: **Wie Temperatur und Regen walten.** Die typischen Vegetationszonen der Erde hängen einzig von der mittleren Jahrestemperatur und vom durchschnittlichen Jahresniederschlag ab. Das Bild zeigt, daß schon eine geringe Veränderung der klimatischen Bedingungen beispielsweise aus einem Feuchtwald eine Steppe macht. Nur im strichpunktierten Bereich spielen auch die Bodenverhältnisse eine wesentliche Rolle für den Bewuchs (modifiziert nach Whittacker, 1975).

In der Bundesrepublik beispielsweise gibt es für ein Industrieland recht viel Wald. Auf 30 Prozent der Fläche stehen Baum an Baum, teils krank, teils kränkelnd, aber dennoch wachsen sie nicht schlecht. Hauptbaumart ist die Fichte, sehr zum Ärger mancher Förster, denn das Land der Germanen war ursprünglich ein Land der Buchen. Die Fichte kommt bei uns natürlicherweise nur in mittleren und hohen Gebirgslagen vor, steht aber heute als Nutzholzart oft auf ungeeigneten Standorten.

Die Fichte ist ziemlich empfindlich gegen Temperaturschwankungen. Die meisten Fichtenarten wachsen nur dann besser als andere Bäume, wenn die Temperaturen im wärmsten Monat 13 plusminus 2,5 Grad beträgt. Das heißt, einen im Mittel um drei Grad wärmeren Juli überleben sie auf Dauer an ihrem natürlichen Standort nicht. Nur unter künstlichen Bedingungen, in kontrollierten Monokulturen, in Vorgärten, Parks oder auf Friedhöfen, fänden sie dann eine Bleibe.

Würde die Fichte im Wald verschwinden, dann könnte auf den freiwerdenden Flächen zwar die Kiefer wachsen, die es wärmer liebt, die aber wiederum keine hohe Bodenfeuchte verträgt. Außerdem vergehen mindestens 100 Jahre, bis ein geschlossener Hochwald entstanden ist. Und in diesem Zeitraum könnten sich die klimatischen Lebensbedingungen für einen Wald gleich mehrfach ändern.

Das sind schlechte Nachrichten für langlebige Pflanzen, wie es die Bäume sind. Glaubt man den Klimamodellen, dann ist vor allem der Wald im hohen Norden, in der Taiga gefährdet. Der in Nord-Süd-Richtung etwa 1000 Kilometer breite Waldgürtel erstreckt sich um die ganze Erde – von Skandinavien über die Sowjetunion durch Alaska bis nach Kanada. Das macht zusammen 6,7 Millionen Quadratkilometer Weiden-, Birken- und Fichtenwald. Da in dieser Region nur wenige Menschen wohnen, ist die Taiga ein weitgehend intaktes Ökosystem.

Nach Norden ist die Waldgrenze genau definiert – an der »Zehn-Grad-Isotherme des wärmsten Monats« hören die Bäume auf. Will sagen: Solange die Durchschnittstemperatur im Juli über zehn Grad liegt, gedeiht der typische Doktor-Schiwago-Wald. Ist es kälter, wachsen höchsten noch Büsche. Da für die nördlichen Breiten die höchsten Temperatur-Erhöhungen – im Bereich von fünf bis zehn Grad bei CO_2-Verdoppelung – vorausgesagt sind, werden den Taigen schlichtweg die Lebensbedingungen entzo-

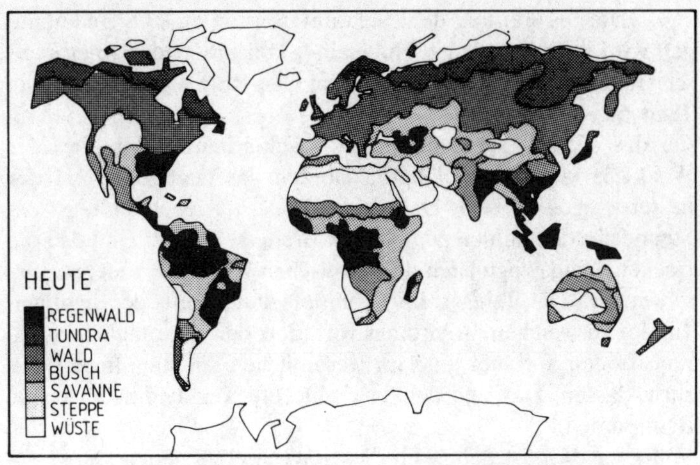

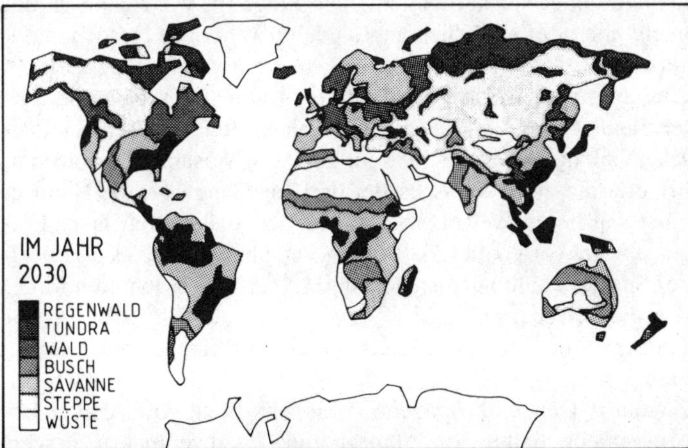

Abb. 10.3: **Die Welt in 50 Jahren.** Schon im Jahr 2030 könnte die Erde ihr Aussehen stark verändert haben. Die Klimatologen rechnen bis zu diesem Zeitpunkt mit einer mittleren Erwärmung um etwa drei Grad. Dabei steigen die Temperaturen im polaren Bereich weit stärker als in Äquatornähe, und insgesamt werden die Niederschläge zunehmen. Den vermutlich größten Klimasprung werden die hohen Breiten, mit Skandinavien, Sibirien und Nordkanada, erleben.

gen. »Die Verbreitung der Taiga unter erhöhten CO_2-Bedingungen wird praktisch gleich Null sein«, konstatiert der amerikanische Ökologe William Emanuel vom Oak-Ridge-Nationallabor in Tennessee.

Ob das stimmt, sei dahingestellt. Wahrscheinlich ist, daß der Wald aus kühlen, gemäßigten Breiten das heutige Gebiet der nassen Taigen erobert. Daß in der Zone der feuchten Taiga die Steppe aus den kühlen gemäßigten Breiten einzieht. Und daß die trockene Taiga zugunsten der nordischen Wüste oder Steppe verschwindet. Die Taiga selbst könnte auf Gebiete der heutigen Tundra ausweichen. Allerdings wird dort der ursprünglich gefrorene Boden auftauen und im wesentlichen ein sumpfiges Land zurücklassen. Das sind denkbar schlechte Keimbedingungen für Baumsamen.

Völlig ungewiß ist dabei, ob dieser Wechsel zu neuen Ökosystemen geordnet vonstatten geht. Die Frage ist, wie rasch sich der heute noch weiter südlich angesiedelte Wald nach Norden verlagern kann. Anders gefragt: Wie schnell können Bäume laufen?

Auf einer vom World Wide Fund for Nature (WWF) gesponserten Tagung über die Folgen des Treibhauseffektes auf die biologische Vielfalt, die Ende 1988 im Zoo von Washington stattfand, diskutierten die Wissenschaftler drei Tage lang über die Natur in einer wärmeren Welt. Dabei wurde klar, daß es weit mehr Fragen als Antworten gibt, daß Prognosen über das Schicksal einzelner Spezies kaum aufzustellen sind. Aber in drei Punkten waren sich die Forscher einig:

Erstens: Jede Spezies reagiert anders auf eine globale Erwärmung.

Zweitens: Der anthropogene Treibhauseffekt wird ganze Lebensgemeinschaften von Pflanzen und Tieren verändern, sie verschieben oder ausrotten.

Drittens: Pflanzen werden es schwerer haben als Tiere, denn sie stehen festverwurzelt im Boden und können wenig gegen veränderte Temperaturen und Niederschläge unternehmen.

Aber Pflanzen können – über Generationen jedenfalls – sehr wohl den Ort wechseln. Die Ökologinnen Margret Davis und Catherine Zabinski von der Universität von Minnesota in Minneapolis legten dazu auf der WWF-Tagung eine ausführliche Studie vor. Sie hatten vier in den Vereinigten Staaten weitverbreitete Baumarten – Gelbbirke, Buche, Schierlings- oder Hemlocktanne und Zuckerahorn – anhand ihrer Wachstumsbedingungen kartiert. Diese Bäume »verpflanzten« sie dann unter verdoppeltem Kohlendioxidgehalt in zwei der gängigsten Klimamodelle. Vorsichtshalber rechneten die Wissenschaftlerinnen erst für das Jahr 2090 mit einer CO_2-Verdoppelung.

Das Modell der Nationalen Ozeanographie- und Atmosphärenbehörde (Noaa) sagt für den Norden der Vereinigten Staaten eine Temperaturerhöhung von 6,5 Grad voraus. Das Konkurrenzmodell des Goddard-Institutes für Raumfahrtwissenschaft der Nasa rechnet mit einer Erwärmung von 4,5 Grad. Trotz dieser Unterschiede bei den Temperaturen blieb die Auswirkung auf die Vegetation unabhängig vom Modell gleich: Alle vier Baumarten müssen demnach bis zum Jahr 2090 um 500 bis 1000 Kilometer nach Norden wandern, um geeignete Lebensbedingungen zu finden.

Kein Baum der Erde ist auch nur annähernd in der Lage, diese Strecke in hundert Jahren zurückzulegen. Die Buche wäre von einer Klimaveränderung am stärksten betroffen. Gegen Ende des Pleistozäns, vor 10 000 bis 12 000 Jahren, als die Temperaturen in den mittleren Breiten binnen 1000 Jahren um drei bis fünf Grad stiegen, das wissen die Paläobiologen aus Pollenuntersuchungen, kamen die Buchen gerade mal auf eine Wanderungs-Geschwindigkeit von 20 Kilometern je Jahrhundert. Auf ihren heutigen amerikanischen Standorten würden sie deshalb wahrscheinlich – und Margret Davis betont das *wahrscheinlich* – über einen 1500 Kilometer weiten Bereich aussterben und bestenfalls einen schmalen Lebensgürtel in Kanada erobern.

Voraussetzung für eine erfolgreiche Eingliederung im kanadischen Neuland ist allerdings, daß sich dort mittlerweile nicht irgendeine angepaßte Allerweltsspezies niedergelassen hat. Obendrein ist unsicher, ob sich die Buche – trotz vergleichbarer klimatischer Bedingungen – an den neuen Standort, mit anderen Böden, anderen Jahreszeiten und Tageslängen gewöhnt. Kein Mensch kann voraussagen, ob die heutige Buche aus Georgia im Süden der Vereinigten Staaten im nächsten Jahrhundert in Maine an der kanadischen Grenze zurechtkommt. Es kann sogar geschehen, daß die Bäume auf ihrer Reise an natürlichen Barrieren scheitern, wie einer Gebirgskette, die sie nicht überwinden können. In solchen Fällen müßte der Mensch nachhelfen und geeignete Baumsamen nach Norden transportieren, sie dort aufziehen und auspflanzen. Bei den Waldflächen Nordamerikas und Kanadas ist das eine schier unlösbare Aufgabe. Fichten und Tannen breiten sich zwar rascher aus als die Buche, aber auch für sie wird eine Klimaveränderung viel zu schnell kommen. Die Douglas-Fichte, das Rückgrat der amerikanischen Forstwirtschaft, könnte massiv zurückgedrängt werden.

Dennoch verschwinden die bedrohten Baumarten nicht von heute auf morgen. Vermutlich wird ein Wald noch jahrelang stehenbleiben, dann irgendwann unfruchtbar werden und am Ende einer Insektenplage, einer Krankheit oder einem Waldbrand zum Opfer fallen. Zwischenzeitlich macht sich irgendeine andere Art von Vegetation in den aufgerissenen Lücken breit, so daß es zu keiner totalen Verödung kommt. Selbst im Erzgebirge, wo der ursprüngliche Wald wegen des Sauren Regens quadratkilometerweise abgestorben ist, hat sich eine – optisch sogar attraktive – Heidelandschaft mit Krüppelbirken und Vogelbeeren etabliert.

Hier, wie im Falle einer globalen Erwärmung, gilt: Nichts bleibt, wie es ist. Und das bedeutet, daß nicht nur viele Bäume sterben werden, sondern ganze Lebensgemeinschaften. Ein Wald besteht schließlich aus einem komplizierten Netzwerk von Bäumen, Büschen, Kräutern, Gräsern, Pilzen, Vögeln, Säugetieren, Würmern, Insekten und Kleinstlebewesen. Unter dem Streß einer raschen Erwärmung wird die Zahl der Spezies auf jeden Fall abnehmen. Und das in einer Welt, in der das Artensterben ohnehin dramatische Ausmaße angenommen hat. Zunehmen werden dann bestenfalls die Genbanken, die zoologischen und botanischen Gärten, in denen die einstige Natur unter künstlichen Bedingungen ausgestellt und bewahrt werden kann.

Einigermaßen intakte Refugien, wie die gegenwärtigen Naturschutzgebiete, sind stark bedroht. Diese oft als Nationalparks ausgewiesenen Landschaften zeichnen sich im allgemeinen durch besonders harte Lebensbedingungen – sprich: enge Ökonischen – aus. In der Bundesrepublik sind dies die drei einzigen Nationalparks bei Berchtesgaden im bayerischen Alpengebiet und im Bayerischen Wald sowie im Wattenmeer vor der Nordseeküste. Sie vertragen naturgemäß nur sehr geringe Temperaturschwankungen.

Der Naturschutz steht hier vor der schwierigen Frage: Zuschauen oder eingreifen? Internationales Konzept der Parks ist es, die Natur sich selbst zu überlassen und Katastrophen bewußt in Kauf

zu nehmen. Abgestorbene Bäume sollen beispielsweise liegenbleiben, weil sie etwas Normales sind und Nahrung und Lebensraum für andere Tiere und Pflanzen bieten. Lawinen- und steinschlagbedrohte Hänge werden nicht technisch verbaut; überschwemmungsgefährdete Gebiete nicht künstlich geschützt.
Doch wenn der Meeresspiegel steigt, verschwindet, solange die Deiche gehalten werden, ein Großteil des Watts. Wenn die Temperaturen sich erhöhen, muß der Wald in Berchtesgaden sich verändern. Sollen die Naturschützer dann versuchen, das Ursprüngliche zu bewahren, oder sollen sie etwas ganz anderes schützen als einst geplant? Sollen sie die existierenden Parks aufgeben und statt dessen andere, neu entstandene wertvolle Biotope in Überschwemmungsgebieten oder auf abgestorbenen Waldflächen unter Schutz stellen?

Der verheerende Mensch

Nationalparks sind nicht – wie vielfach praktiziert – Erholungsgebiet für den Menschen, begehbare Zoos gewissermaßen, sondern Enklaven der Artenvielfalt. Je weniger Menschen dort auftauchen, desto besser. Seit sich die Menschheit auf der Erde ausgebreitet hat, schreibt der Biologe Edward Wilson von der Harvard-Universität in Boston, »rottet sie Tiere und Pflanzen in einem Maße aus, daß bald ein Tiefstand erreicht sein wird wie nie zuvor in den 65 Millionen Jahren, seit das Erdmittelalter, das Mesozoikum, mit einem katastrophalen Artensterben zu Ende ging«. Dies ist ein Verlust, der niemals wieder rückgängig gemacht werden kann. Wilsons Fazit: »Für den Artenreichtum ist der Mensch mit all seinen Aktivitäten etwas Verheerendes.«
Mindestens vier Millionen Arten leben derzeit auf unserem Planeten. Weit über die Hälfte davon ist noch nicht einmal beschrieben und katalogisiert, und die meisten von ihnen werden womöglich von der Erde verschwinden, ehe ihnen ein Forscher einen lateinischen Namen geben konnte. Spezies sterben auch natürlicherweise aus, und dafür gibt es zwei Gründe: Einmal können äußere Einflüsse, wie gigantische Meteoriteneinschläge oder Klimaveränderungen, die Lebensumstände auf der Erde radikal verändern. Das führt gewöhnlich zu einem Massenaussterben.

Das bekannteste fand vor rund 65 Millionen Jahren statt, als die Ära der Dinosaurier zu Ende ging.
Demgegenüber verschwinden die Arten – im Rahmen des sogenannten Hintergrundsterbens – auch kontinuierlich: dann, wenn sie in eine evolutionäre Sackgasse geraten sind und nicht mehr zum Überleben taugen. Das ist normalerweise nicht dramatisch, denn im gleichen Maß schafft die Evolution ständig neue Arten. Doch derzeit, so schätzen Entwicklungsbiologen, hat der Mensch das Gleichgewicht zwischen Kommen und Gehen mindestens zehntausendfach zugunsten der Aussterberate beschleunigt. Wenn sich jetzt auch noch das Klima binnen weniger Jahrzehnte verändert, kommt es neben dem gesteigerten Hintergrundsterben auch noch zu einem katastrophenhaften Artenschwund, wobei viele Tiere und Pflanzen schlichtweg überrollt werden.
Es ist schwer vorauszusagen, wann es wo welche Art erwischt. Sicher sind auf jeden Fall jene Spezies, die sich gut an die verschiedensten Situationen anpassen können, in jede freiwerdende Nische drängen, aber ökologisch eher eine Last sind: all das, was wir gerne als »Unkräuter« bezeichnen, aber auch Möwen, Spatzen, Ratten, Kaninchen, und nicht zuletzt jenes Säugetier, das noch unter Extrembedingungen ein Auskommen findet – der ubiquitäre Mensch.
Den Spezialisten im Tier- und Pflanzenreich bleibt indes kaum eine Chance. Ein ungestörter Platz, wo *nur* solche Arten leben, ist der Norden von Ellesmere Island, neben Nordgrönland der nördlichste Flecken der Erde, gerade 800 Kilometer vom geographischen Nordpol entfernt. Hier, wo die Welt ein Ende zu haben scheint, trifft man noch nicht einmal die verwegensten Eskimos auf ihren Jagdzügen. Fünf Monate im Jahr liegt diese Urlandschaft mit ihrem stets gefrorenen Boden, auf dem im Sommer nur Heidekraut, Flechten und ein paar Gräser wachsen, fast völlig im Dunkeln. Noch im Mai bedeckt der Schnee das Land.
Doch so unwirtlich uns Ellesmere Island erscheint, selbst im Norden der Insel leben ständig acht Arten von Landsäugetieren: Polarwölfe, Polarfüchse, Moschusochsen, Karibous, Schneehasen, Hermeline, Lemminge und Eisbären. Wie diese Tiere die viermonatige Polarnacht und die tiefen Temperaturen überleben, ist den Wildbiologen ein Rätsel. Immerhin taut der Boden selbst im Sommer nur ein paar Zentimeter an der Oberfläche auf, so daß

die Füchse und Wölfe nicht einmal Höhlen graben können und ihren Nachwuchs in Felslöchern zur Welt bringen.
Auf der Suche nach Nahrung legen die Tiere teilweise weite Distanzen zurück, vor allem die Eisbären, die zu Land und zu See jagen. Eisbären sind zwar hervorragende Schwimmer, dennoch benötigen sie zeitweise geschlossene Eisdecken, damit sie größere Entfernungen in Nord-Süd-Richtung überbrücken können. Diese Wege sind bei einer globalen Erwärmung bedroht. Als etwa in dem ungewöhnlich warmen Winter 1988 ein paar Gruppen von Polarbären in ihre südlichen Winterquartiere vordringen wollten, fand ihre Reise an der James Bay ein vorübergehendes Ende. Dieser riesige, wassergefüllte Meteoritenkrater im Norden Kanadas war ungewöhnlicherweise nicht zugefroren. Erst sechs Wochen später als normal war die Passage bärentauglich.
Sollten James Bay oder andere Gewässer der Arktis zukünftig noch später oder gar nicht mehr zufrieren, blieben die Tiere im Norden gefangen und müßten wahrscheinlich verhungern. Diese Eisbären sind deshalb wohl unter den ersten, die in dem kommenden Treibhausjahrhundert aussterben. Das gleiche gilt für Walrosse oder Elefantenrobben, die auf Eisschollen ihre Jungen aufziehen, um sie vor zudringlichen Feinden zu schützen.
Die Arktis mit ihrer einzigartigen Natur ist damit gleichzeitig *in* Gefahr wie auch *eine* Gefahr: Schwindet das Treibeis, fehlt der Platz für die Walrosse. Es sinkt aber auch die Albedo der Erde, und die globale Erwärmung verstärkt sich. Taut der Permafrostboden, dann kann das Gebiet versumpfen. Gleichzeitig erwacht das Mikrobenleben in der oft viele Meter dicken Torfschicht und das setzt große Mengen an Kohlendioxid und Methan frei. »Vorteil« der Erwärmung in Polnähe: Der arktische Ozean wird eisfrei und das verbessert den Zugang für die Schiffe. Damit lassen sich die dort reichen Bodenschätze, vor allem die Gas- und Ölvorkommen, besser ausbeuten.
Das Artensterben wird sich nicht auf den hohen Norden beschränken. Auf der anderen Seite des Globus ist dann vielleicht das Rote Riesenkänguruh bedroht. Dieses Beuteltier ist hervorragend an das trockene Klima Australiens angepaßt: Wenn beispielsweise eine ungewöhnliche Dürreperiode herrscht, dann nistet sich in der Gebärmutter eines Känguruhs ein Embryo gar nicht erst ein. Sollte Australien – was durchaus denkbar ist – öfter und längere Trockenperioden erfahren, dann wird die Vermeh-

rungsrate des Roten Riesenkänguruhs soweit sinken, bis der Bestand der Art gefährdet ist.
Auch die Vermehrung vieler Reptilien ist temperaturabhängig. So schlüpfen aus Alligatoreneiern, die bei hohen Temperaturen bebrütet werden, vorwiegend männliche Nachkommen. Ist es kälter, kommen praktisch nur Weibchen zur Welt. Bei Meeresschildkröten, die ihre Eier im Sand tropischer Strände vergraben, funktioniert diese über Jahrmillionen entstandene Adaption umgekehrt: je wärmer, desto mehr weibliche Jungtiere. Eine globale Erwärmung könnte bei diesen Spezies jeweils ein Geschlecht nahezu auslöschen und damit den Bestand der Art bedrohen.

Landwirtschaft im Treibhaus

Für die Landwirtschaft bedeutet das globale Treibhaus auf den ersten Blick bessere Produktionsbedingungen. Viele Nutzpflanzen lieben die Wärme, das zusätzliche Kohlendioxid hat vielfach einen düngenden Effekt und kann das Wachstum verbessern. Tomaten, Zuckerrüben und Radieschen jedenfalls, das haben Gewächshausversuche ergeben, gedeihen in einer CO_2-reichen Welt besser. Andere Feldfrüchte, wie Mais oder Zuckerrohr, deren Photosynthese nach etwas unterschiedlichem Mechanismus verläuft, profitieren kaum von dem Mehr an Spurengas.
Auf jeden Fall würden sich die Landwirte rasch anpassen und andere Sorten auf ihren Feldern anbauen, selbst wenn die Klimazonen sich binnen weniger Jahre verschieben sollten: Sommerweizen statt Winterweizen für Mitteleuropa; Mais bis nach Skandinavien; Kiwis in Bayern. Finnland bekäme vielleicht das Klima der Bundesrepublik, Leningrad das der westlichen Ukraine und Island das von Irland. Manche Klimatologen wagen gar detaillierte Prognosen: *Wenn* in Island die Temperaturen um 3,7 Grad steigen würden und die Niederschläge um 21 Prozent zunähmen, dann verlängerte sich die Wachstumsperiode im Süden der Insel um 48 Tage. Das hieße, 66 Prozent mehr Heu, 253 Prozent mehr Weidefläche und ein um zwölf Prozent höheres Schlachtgewicht bei den Lämmern. Aber auch hier gilt: Was genau geschehen wird, ist ungewiß, denn regionale Vorhersagen sind sehr unsicher.

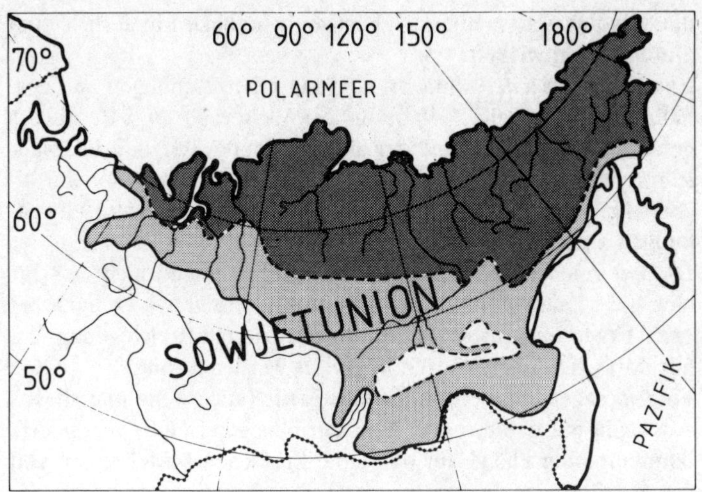

Abb. 10.4: **Wenn der Boden taut.** Bei einer globalen Erwärmung von zwei Grad wird die Permafrostgrenze in der Sowjetunion um einige hundert Kilometer nach Norden wandern. Das entspricht einer Situation, wie sie während der letzten großen Warmzeit vor 130 000 Jahren geherrscht hat (dunkelgrau). Für die jahrzehntelange Auftauzeit ist Straßen- und Häuserbau in dieser Region (hellgrau) fast unmöglich, weil sich das Gelände unterschiedlich absenkt. Bestehende Bauwerke und Verkehrswege sind stark gefährdet (modifiziert nach Winnikow, 1990).

Ginge der Wechsel in die warme Welt *langsam* vonstatten, wäre das in der Tat von großem Nutzen für die Landwirtschaft. Auf solchen Überlegungen basiert etwa die Hoffnung des sowjetischen Klimatologen Michael Budyko von einem Treibhaus-Paradies. Er hat die Vegetationszonen der letzten Warmperioden vor 6000 und 130 000 Jahren untersucht und dabei herausgefunden, daß damals die Pflanzenwelt in Osteuropa und der Sowjetunion fast überall besser wuchs als heute. Budyko glaubt, dieser Zustand lasse sich allein durch den steigenden Kohlendioxidgehalt in der Luft schon im nächsten Jahrhundert wieder erreichen. Das heißt, der sowjetische Wissenschaftler erwartet das Paradies quasi per Knopfdruck und vergißt dabei, daß ein über Jahrtausende gewachsenes stabiles System nicht mit einem im Fluß befindlichen vergleichbar ist. Der Weg in den Garten Eden wird allem Anschein nach dürre Jahre mit sich bringen:
Erstens ist es statistisch unwahrscheinlich, daß sich das Klima für

die Landwirtschaft überall gleichzeitig und kontinuierlich zum Guten hin entwickelt.
Zweitens birgt *jede* Klimaveränderung Überraschungen und deshalb eine potentielle Gefahr für die Welternährung. Besonders gefährlich ist dabei, daß der überwiegende Teil der Weltnahrungsmittel aus den mittleren und höheren Breiten der nördlichen Halbkugel stammt, wo die höchsten Temperaturschwankungen zu erwarten sind.
Drittens reichen Wärme und Niederschlag alleine nicht aus für eine gute Landwirtschaft. Die Böden der Taiga wären auch bei einer Erwärmung nicht tiefgründig und nährstoffreich genug, damit dort erfolgreich Weizen kultiviert werden könnte.
Viertens sagen die meisten Klimamodelle (auch wenn man diesen Aussagen mit gebührender Vorsicht begegnen muß) verringerte Sommerniederschläge für den amerikanischen Mittelwesten und für die Steppengebiete des eurasischen Kontinents voraus, die Kornkammern der Vereinigten Staaten und der Sowjetunion.
Im amerikanischen Getreidegürtel genügt schon eine Temperaturerhöhung von vier Grad, um die Bodenfeuchte im Sommer auf die Hälfte zu verringern. Einen Vorgeschmack auf solche Verhältnisse bot die Hitzewelle von 1988, als die Getreideerträge um 40 Prozent unter den Durchschnittswert sanken und die Amerikaner zum ersten Mal seit Jahrzehnten weniger produzierten, als sie verbrauchten. Dieser Verlust und die damit verbundenen Unterstützungen für die Landwirte kosteten den amerikanischen Steuerzahler immerhin vier Milliarden Dollar.
Selbst wenn diese Situation zur Norm würde, wäre das prinzipiell kein unlösbares Problem. Denn genausogut könnten die Farmer der Welt wesentliche Teile der Ernte in Kanada oder Skandinavien einfahren und das Korn dann in die Vereinigten Staaten verkaufen. *Politisch* hingegen bliebe diese Verschiebung nicht ohne Folgen: In normalen Jahren liefern die US-Farmer 300 Millionen Tonnen Getreide. Ein Drittel dieser Menge geht in den Export. Im Rekordjahr 1985 machten die Bauern gar einen Ausfuhrüberschuß von 144 Millionen Tonnen. Das ist mehr als doppelt soviel, wie alle Landwirte Afrikas zusammen ernten. Nordamerika ist damit der Brotkorb der Welt, vor allem für die Entwicklungsländer und die notorisch unterversorgte Sowjetunion. Zwei bis drei Mißernten in Folge würden somit schwerste Hungersnöte in den verschiedensten Teilen der Welt hervorrufen.

Denn insgesamt hat die Erde Getreidereserven in ihren Lagerhäusern, die seit der 88er Dürre nur noch für etwas mehr als 50 Tage ausreichen.
Ein globaler Nahrungsmittelengpaß würde am schlimmsten die Dritte Welt treffen, und dort jene Länder, die ohnehin am meisten unter den Folgen einer Klimaveränderung zu leiden haben. Die tropische Landwirtschaft hat nicht einmal etwas von den erhöhten Niederschlägen, denn mehr Regen bedeutet dort meist auch mehr Bodenerosion. Zwar sollen sich nach den Klimamodellen die Niederschlagsgürtel in den inneren Tropen vom Äquator aus nach Norden und Süden ausdehnen und damit Feuchtigkeit bis in den südlichen Sahel bringen. Aber nur unter ungestörten Bedingungen würden dort auch Gras und Büsche wachsen, würde eine natürliche Humusschicht entstehen und die Erosion aufgehalten. Nach Jahrzehnten hätte der Sahel dann einen brauchbaren Boden. Doch in Staaten wie Mauretanien, Mali und Burkina Faso, wo es an allem fehlt, nur nicht an Menschen und Ziegenherden, wird das Land seine nötige Ruhepause nicht bekommen. Ein Teil des Sahel würde selbst unter heutigen Bedingungen ergrünen, könnte man den Menschen samt seinen Herden von dort vertreiben und statt dessen eine intelligente, ökologische Landwirtschaft betreiben.
Genauso mangelt es in Michael Budykos Sowjetunion weniger an einem paradiesischen Treibhausklima als an Organisation und Tatkraft. Es nützen der beste Boden und der beste Weizen nichts, wenn die Mähdrescher erst im Herbst auf den Kolchosen eintreffen, wenn schon der erste Schnee auf das Getreide gefallen ist.

Abstieg für die Dritte Welt

In jedem Ökosystem gibt es Gewinner, wenn sich die Lebensbedingungen verändern: Es sind jene primitiven Organismen, wie Insekten, Bakterien, Pilze oder Viren, die sich schnell vermehren und damit rasch genetisch an eine neue Umwelt anpassen können. Tropische Insekten finden in einem feuchten und warmen Klima ideale Voraussetzungen, ihre Lebensräume auszudehnen. Darunter die Tse-Tse-Fliege, die Überträgerin der Schlafkrankheit, Hakenwürmer oder die Anopheles-Mücke, die das Sumpffieber Malaria überträgt. Bedroht ist nicht nur die Gesundheit des Menschen. Auch in der tropischen Landwirtschaft werden sich die Schädlinge ausbreiten: von den Schimmelpilzen auf den Feldern und in den Lagerhäusern bis zu den Heuschrecken, die in fetten Jahren oft in biblischen Scharen über das Land herfallen.

Da in der Dritten Welt meist das Geld fehlt, gegen die Parasiten vorzugehen, verschärft ein verändertes Klima den Kreislauf der Not in den armen Ländern, der auf lange Sicht jeden Fortschritt und Wohlstand verhindert. Schon die kleinste klimatische Unregelmäßigkeit, und sei es nur der Regen im falschen Monat oder am falschen Ort, kann sich in den Entwicklungsländern zu einer Katastrophe aufschaukeln.

Wo die Menschen zwölf Monate im Jahr hart an der Grenze der Existenz leben, gibt es in jedem Jahr eine typische Nahrungsmittelkrise: Sie kommt kurz vor der Erntezeit, wenn die Feldfrüchte fast reif, die Reserven des Vorjahres aber schon aufgebraucht sind. In diesem Moment, da die Landbevölkerung die meiste Kraft für die Arbeit auf den Feldern bräuchte, gibt es am wenigsten zu essen.

Dabei spielt nicht nur die Menge, sondern vor allem die Qualität der Nahrung eine Rolle. Tropischen Böden fehlt es oft an Stickstoff, der wichtig für den Aufbau der Eiweiße ist. Ohne Dünger lassen sich nur stärkereiche Früchte anbauen, wie Kartoffeln, Maniokwurzeln oder Yamsknollen. Eiweißreiche Fleisch- und Milchprodukte gibt es kaum, weil sie zu teuer sind und bei den hohen Temperaturen schnell verderben.

Schlecht ernährte Bauern erwirtschaften daher auf schlechten Äckern schlechte Ernten. Sie können kein gutes Saatgut kaufen, keine Maschinen, von Düngemitteln ganz zu schweigen. Sie müssen sich am Ende verschulden, mit wenig Hoffnung, die Schuld jemals abtragen zu können. In diesem System bleibt nicht der geringste Spielraum. Wenn sich die Regenzeit dann auch nur um ein paar Wochen verzögert, müßten die Bauern ein zweites Mal aussäen, doch dazu fehlt das Geld. Wenn ein Wirbelsturm die Ernte flachlegt, bleiben die Scheuern monatelang leer. Wenn ein Zyklon das Meerwasser in die Reisfelder treibt, dann hängt womöglich ein ganzes Land am Tropf der Hungerhilfe. Damit überlebt es zwar eine Weile, doch an eine Entwicklung, an den Aufbau eines funktionierenden Schul- und Sozialsystems, an Vorratswirtschaft, kurzum, an ein Ende des Kreislaufes der Not ist nicht zu denken.

Ellsworth Huntington, ein Politikwissenschaftler, der zu Beginn des Jahrhunderts an der Yale-Universität in New Haven, Connecticut, lehrte, hat einmal eine Theorie aufgestellt, nach der sich die Tropen wegen ihres heißen und feuchten Klimas generell nicht entwickeln können. Technische und wissenschaftliche Leistungen sowie eine hohe Produktivität, so meinte der Amerikaner, seien nur in gemäßigten Breiten möglich. Der Gang der Jahreszeiten und das milde Klima seien gewissermaßen der Motor des Fortschrittes.

Huntingtons Lehre kam rasch in Verruf. Zu gut paßte sie zu jenem kolonialen Chauvinismus, nach dem die farbigen Bewohner der Tropen unzivilisiert und träge und deshalb der weißen Rasse untergeordnet wären. Doch die Überlegungen Huntingtons beruhten auf harten Fakten: Erstens gibt es fast rund um die Welt einen direkten Zusammenhang zwischen hohen Durchschnittstemperaturen und einem niedrigen Bruttosozialprodukt. Und zweitens tritt *jeder* Mensch, ob weiß, schwarz oder gelb, kürzer, wenn er in den Tropen lebt. Die dortigen Temperaturen liegen an der Grenze des physisch Erträglichen.

Der menschliche Körper *muß* auf einer Temperatur von etwa 37 Grad gehalten werden und überschüssige Wärme nach außen abgeben können. Das ist um so schwieriger, je wärmer es ist. Wer körperlich arbeitet, verliert deshalb mit jedem Grad Temperaturanstieg zwei bis vier Prozent seiner Leistungsfähigkeit. Jeder spürt das, wenn er etwa in Bangkok bei 33 Grad im Schatten und 80 Prozent relativer Luftfeuchtigkeit auch nur ein paar Schritte tut. Die Siesta ist keine Erfindung der Faulen, sondern eine biologische Adaption an hohe Temperaturen. Überdurchschnittlich produktive Gesellschaften gibt es deshalb in den Tropen und Subtropen nur dort, wo Klimaanlagen für Kühle sorgen: im Süden der Vereinigten Staaten, in den modernen Städten Asiens, Mittel- und Südamerikas und in künstlichen Enklaven wie Singapur oder dem europäischen Weltraumbahnhof Kourou in Französisch-Guyana.

Eine zusätzliche Erwärmung in den Tropen, und sei es nur um ein bis zwei Grad, wird manche Gebiete noch unproduktiver machen, als sie es heute schon sind. Wo Ökologie und Ökonomie zusammenbrechen, drohen politische Konflikte und Flüchtlingsströme. Dabei ist es letzten Endes egal, ob die Menschen für ihre Flucht politische oder wirtschaftliche Gründe haben. Auf jeden Fall verschärft sich ein Problem der Industrienationen: die Asylantenflut.

Die bundesdeutschen Behörden haben im Jahr 1989 insgesamt 121 318 Anträge von Asylanten bearbeitet. Davon wurden genau fünf Prozent anerkannt. Doch der größte Teil der abgewiesenen Fremden blieb anschließend illegal in der Bundesrepublik. Das führt zwangsläufig zu sozialen Spannungen. Die Schweiz, eines der reichsten Länder der Welt, nahm im Jahr 1989 ganze 821 Asylanten auf. Trotz dieser geringen Zahl beklagen viele Schweizer eine »Überfremdung« ihres Landes, Extremisten zünden gar Asylantenheime an und gründen rechtsradikale Aktionsgruppen gegen Ausländer. Selbst ein traditionelles Einwandererland wie die Vereinigten Staaten von Amerika kann die Flut von Wirtschafts- und Ökoflüchtlingen aus Mittel- und Südamerika weder kontrollieren noch bremsen. Die Regierung erläßt deshalb alle paar Jahre eine Generalamnestie für illegale Einwanderer, um das Problem wenigsten *pro forma* aus der Welt zu schaffen.

Keiner weiß, was auf Dauer mit den hilfesuchenden Menschen aus Ghana und Bangladesch, aus Pakistan oder dem Sudan geschehen soll. Keine Regierung erkennt Ökoflüchtlinge als Asylanten an. Dennoch gibt es weltweit über zehn Millionen davon. Allein während der letzten Saheldürre im Jahr 1985 gingen zwei Millionen Menschen aus Burkina Faso, Mali, Mauretanien und dem Tschad auf die Flucht. Aus Südostasien könnten es bald schon mehr werden. Nehmen dort die klimabedingten Katastrophen zu, kommt es sicher zu gewaltsamen Auseinandersetzungen um Land und Nahrung innerhalb der Bevölkerung und zwischen den asiatischen Staaten.

Angenommen, nur ein Prozent der zwei Milliarden Asiaten wollte ihre Heimat verlassen und Richtung Europa fliehen. Dann müßte die EG mit 20 Millionen Asylanträgen rechnen, denn kaum ein Bangladeschi, dem zu Hause Hab und Gut davongeschwommen sind, wird nach Rumänien oder Polen einwandern wollen. Da die Bundesrepublik über etwa ein Viertel der Wirtschaftskraft innerhalb der EG verfügt, stünden bei uns dann vermutlich fünf Millionen Asylanten vor der Tür. Und diese werden sich kaum mit einem formellen Ablehnungsantrag abspeisen lassen.

Schnee von gestern

Manchem mag dieses Völkerwanderungs-Szenario zu weit hergeholt erscheinen. Deshalb sei zum Ende dieses Kapitels noch einmal ein Blick vor die eigene Haustür geworfen: Seit drei Jahren schon müssen sich die Skifahrer in vielen Orten der Alpen und der Mittelgebirge mit Kunstschnee oder gar grünen Hängen abfinden. Der Schneemangel mag heute noch auf einer vorübergehenden Laune der Natur beruhen, er bietet aber für die Wintersportorte einen Vorgeschmack auf das, was in wenigen Jahrzehnten wahrscheinlich die Norm ist.
Die Klimamodelle sagen bei CO_2-Verdoppelung für die Breiten, in denen die Alpen liegen, im Winter eine Temperaturerhöhung von mindestens vier bis fünf Grad voraus. Mit jedem halben Grad Erwärmung verlagert sich die durchschnittliche Schneefallgrenze um bis zu 100 Meter nach oben. Bei nur drei Grad sind das schon bis zu 600, bei fünf Grad 700 bis 1000 Meter!
Diese Verschiebung könnte so gut wie alle Skigebiete in den inneren Alpen treffen, die heute zwischen 1000 und 1800 Metern ihre Talstationen haben. Für die Liftbesitzer am Alpenrand, etwa im Allgäu, aber auch im Schwarzwald, im Harz oder im Bayerischen Wald bedeutet eine derartige Klimaveränderung das sichere Aus. Schlechte Zeiten für die gesamte Wintersportbranche – vom Skifabrikanten bis zur Skilehrerin.
Der Schnee wird – wie in den vergangenen Jahren – vor allem im Frühwinter fehlen: in der Jahreszeit, da normalerweise der erste Schnee in den Bergen fällt, der die stabile Unterlage für die ganze Saison bietet. Ist es im November und Dezember zu warm und im Januar relativ trocken und klar, dann taut der wenige Schnee bis Anfang Februar schon wieder weg. Fällt dann endlich im Februar oder März Schnee in größeren Mengen, kommt kaum noch eine günstige Auflage zustande, denn in dieser Zeit steht die Sonne bereits so hoch am Himmel, daß die frisch gefallene Pracht rasch wieder schwindet. Wintersport im Treibhausjahrhundert wäre dann nur noch in Lagen über 1800 Meter bis in die typische Frühjahrssaison hinein möglich. Von diesen Skigebieten gibt es in den Alpen allerdings nicht allzu viele.

Kapitel 11
Der Indizienprozeß

Wenn graue Theorie Wirklichkeit wird

Hundert Grad Fahrenheit gelten als Schmerzgrenze. Nichts geht mehr, wenn sich über Houston, Chicago oder New York eine Hitzeglocke von umgerechnet 38 Grad Celsius legt. Diese Temperatur lähmt die Menschen. Klimaanlagen wirbeln auf vollen Touren, machen Büroräume zu Kältekammern und Straßenschluchten zu Brutöfen. Im Sommer 1988, als weite Teile der Vereinigten Staaten wochenlang unter einer ungewöhnlichen Hitzewelle litten, wurden hundert Grad Fahrenheit zur Norm.
In Manhattan brach das Stromnetz zusammen, weil die Kühlanlagen mehr Elektrizität verlangten, als die Leitungen hergaben. Am Mississippi lagen Tausende von Schiffen am Ufer fest, weil der gewaltige Strom, den Mark Twain immer als ausladend und überflutet beschrieben hat, allerorts Sandbänke offenbarte. Der mittlere Westen, die ertragreichste Kornkammer der Welt, verdorrte förmlich unter der sengenden Sonne. In Dakota, Wyoming, Kansas oder Montana brachten die Felder nur noch verkümmerte Pflanzen hervor, und die Bauern pflügten sie in einer Wolke von Staub unter. Der Wind blies die Krume meilenweit gen Osten, und die Erosion ruinierte eine Million Hektar Land. Viele Farmer konnten ihre gesamte Ernte abschreiben, einige gaben nach dem mörderischen Sommer gleich ihren ganzen Hof auf.
Am 23. Juni 1988, als in 45 Städten zwischen Boston und San Diego die Schmerzschwelle von 100 Grad Fahrenheit überschritten ward, stieg der Physiker James Hansen am Capitol Hill in Washington zum Rednerpult und schleuderte einer Kommission des amerikanischen Senats eine schockierende Nachricht entgegen: »Was dort draußen geschieht«, sprach der Leiter des Goddard-Instituts für Weltraumwissenschaften der Nasa, »das ist mit 99prozentiger Sicherheit genau das, was wir vorausgesagt haben. *Das ist der Treibhauseffekt.*« Hansens Kollegen, die mit

ihm zu dem Hearing geladen waren, hielten die Luft an, als der Wissenschaftler fortfuhr: »Wenn unsere Berechnungen einigermaßen stimmen, wird es in Zukunft mehr dieser heißen Sommer geben – und die heißesten unter ihnen werden heißer sein als dieser.«

Kein renommierter Wissenschaftler hatte bis dato gewagt, so etwas in der Öffentlichkeit zu sagen. Schließlich sind ein paar heiße Wochen und eine Mißernte im Mittelwesten noch kein Beweis für eine Klimaänderung. Die Dürre von 1988 war nicht schlimmer als ähnliche Naturereignisse in den dreißiger und fünfziger Jahren, die aus dem Getreidegürtel die legendäre *Dust Bowl*, eine »Staubschüssel«, machten. Faktisch konnte kein Wissenschaftler sagen, ob der heiße Sommer 1988 nur ein Teil des natürlichen »Rauschens« im Klimageschehen war oder bereits ein Signal des anthropogenen Treibhauseffektes.

Doch Hansens Vortrag wirkte wie ein Beben, und seine Schockwellen gingen um die ganze Welt. Zumindest in Amerika wurde der Treibhauseffekt zu *dem* Medienereignis des Jahres. Hansens »99 Prozent« wurden zu einem der am meisten zitierten Statements in der Wissenschaftsgeschichte. Hitze, Dürre, die Hurrikane Gilbert und Joan sowie die verheerenden Waldbrände im Yellowstone National Park lieferten das Unterfutter für die Sensationsstories der Journalisten.

Es war nicht verwunderlich, daß Hansen schwere Schelte für seine 99-Prozent-Aussage einstecken mußte. Zwar stimmen praktisch alle seiner Kollegen mit ihm darin überein, daß die beobachtete Erwärmung der Erdatmosphäre etwas mit dem anthropogenen Treibhauseffekt zu tun hat. Aber kaum einer hätte sich auf eine derart konkrete – und wissenschaftlich kaum haltbare – Bemerkung eingelassen.

Genauso vorsichtig muß sein, wer das mitteleuropäische Wettergeschehen der letzten Jahre interpretiert: die unmäßig warmen Winter oder den notorischen Schneemangel. Alles fügt sich hervorragend in die Prognosen der Klimatologen. Dennoch dürfen wir die Welt nicht aus unserem mitteleuropäischen Blickwinkel betrachten: So erfroren im Dezember 1989 bei einer Kältewelle in Florida Millionen von Zitrusbäumen, während hierzulande die Durchschnittstemperaturen um ein bis vier Grad über dem langjährigen Mittel lagen.

Wichtig für das globale Klima sind globale Signale. Deshalb ist es

weit besorgniserregender, wenn gerade diese einen schleichenden, aber eindeutigen Trend zeigen:
- Die mittlere Lufttemperatur in Bodennähe und die Temperatur der Ozeandeckschicht haben in den vergangenen 130 Jahren um 0,7 Grad zugenommen.
- Der Temperaturanstieg verschärfte sich in den achtziger Jahren stark.
- Der Meeresspiegel ist seit 1860 um rund 15 Zentimeter gestiegen.
- Die Niederschlagsverteilung auf der nördlichen Erdhälfte hat sich verändert.

Wenn es wärmer wird

Halten wir der Reihe nach die einzelnen Fakten fest:
Was wir in den letzten Jahren hierzulande als warme Winter spüren, ist keine regionale und kurzfristige Erscheinung. Seit es einigermaßen verläßliche Temperaturaufzeichnungen gibt, war es auf der Erde nie so warm wie in der gerade zu Ende gegangenen Dekade. In dieser Zeitspanne konnten die Statistiker die sechs wärmsten Jahre seit 1860 ermitteln, und zwar in folgender Reihung: 1988 (dieses Jahr brach alle Rekorde), 1983, 1981, 1980, 1987 und 1989.
James Hansen und sein Kollege Sergej Lebedeff haben alle verfügbaren Temperaturdaten der Erde seit dem Jahr 1860 in einem Schaubild zusammengefaßt: Die Kurve zeigt ein wirres Auf und Ab von warmen und kühlen Jahren, einen schwer zu deutenden Temperaturabfall in den fünfziger und sechziger Jahren, der die Wissenschaftler damals über eine mögliche neue Eiszeit rätseln ließ. Aber insgesamt einen unverkennbaren Anstieg von 0,8 Grad.
Ähnliche Untersuchungen haben Phil Jones, Tom Wigley und Peter Wright an der Universität von East Anglia im englischen Norwich in jahrelanger Arbeit angestellt. Sie haben 400 Millionen Daten gesichtet, viele der unzuverlässigen Tagesmessungen auf See verworfen und statt dessen die Nachttemperaturen für die Kalkulationen verwendet. Jones, Wigley und Wright kamen praktisch zu den gleichen Ergebnissen wie Hansen und Lebedeff: 0,6 Grad Erwärmung seit dem Jahr 1860.

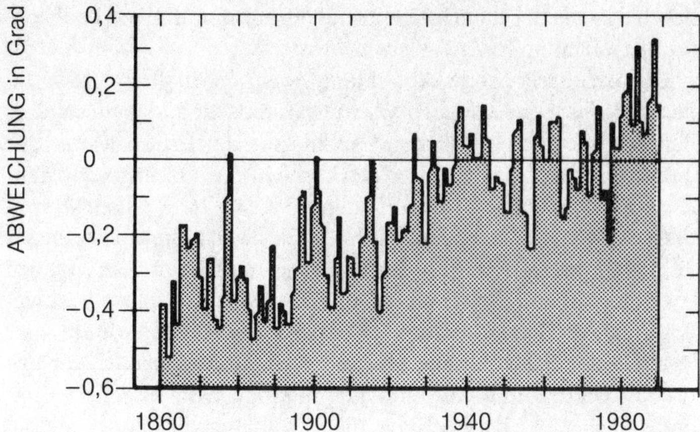

Abb. 11.1: **Die Fieberkurve.** Seit dem Jahr 1860 liegen zuverlässige Daten der Lufttemperatur in zwei Meter Höhe über dem Erdboden vor. Trotz kurzzeitigem Auf und Ab steigt seither die mittlere globale Temperatur eindeutig an. Die sieben wärmsten Jahre der Meßreihe erlebte die Erde im vergangenen Jahrzehnt (ergänzt nach Hansen und Lebedeff, 1988).

Hansen und Lebedeff haben daraufhin den Wärmeinsel-Effekt der Städte* berücksichtigt und abgezogen und jene Werte korrigiert, die aufgrund ungeeigneter Meßinstrumente als unsicher gelten. Anschließend haben sich beide Arbeitsgruppen auf einen globalen Temperaturanstieg von 0,5 Grad während der vergangenen 100 Jahre bis einschließlich 1988 geeinigt.

Das allein ist noch kein Beweis für einen anthropogenen Treibhauseffekt, denn diese Erhöhung könnte gerade noch im Bereich natürlicher Schwankungen liegen. Die weltweit ermittelten Temperaturdaten erlauben aber einen Einblick in die regionale und zeitliche Entwicklung der Klimaveränderung. Und diese weist

* Den Effekt der »urbanen Wärmeinseln« hat Tom Karl vom amerikanischen Nationalen-Klima-Daten-Zentrum in Asheville, North Carolina, berechnet. Demnach »verfälschen« die Städte mit ihren zahllosen Wärmequellen den globalen Temperaturanstieg um etwa 0,05 Grad. Manche Klimatologen halten es allerdings für falsch, diesen Effekt von der generellen Erwärmung abzuziehen. Zwar hat er direkt nichts mit dem Treibhauseffekt zu tun. Aber er beruht dennoch auf einer *De-facto*-Erwärmung der Atmosphäre, vor allem, weil Städte die Oberfläche der Erde verändern und so das Licht der Sonne anders absorbieren und weil dort viele Brennstoffe verfeuert werden.

deutlicher als der langfristige Trend darauf hin, daß die beobachtete Erwärmung *menschengemacht* ist:

– Die vorübergehende Abkühlung zwischen 1940 und 1970 innerhalb des generellen Erwärmungstrends ließ sich besonders deutlich über den nördlichen Landmassen der Erde und weniger auf der Südhälfte und in der Deckschicht des Ozeans verfolgen. Zu diesem seltsamen Phänomen gibt es eine interessante Hypothese: Genau in dieser Zeit, während des weltweiten Wirtschaftsaufschwungs, verfeuerten die Industrie- und Kraftwerksanlagen soviel Kohle und Öl wie nie zuvor. Das dabei entwichene Schwefeldioxid, die Hauptursache für den Sauren Regen, könnte über Sulfat- oder Schwefelsäureteilchen Kondensationskeime für optisch dichtere und damit kühlende niedrige Wolken geliefert haben. Nach der Theorie hatte diese Kühlung ein Ende, als die Regierungen der Industriestaaten die ersten Umweltschutzauflagen erließen und die Kraftwerke Filter und Rauchgasentschwefelungs-Anlagen einbauen mußten.

– Der Temperaturanstieg seit 1860 war mit einem Grad in den hohen Breitengraden stärker als in den Tropen. Dort begann die Erwärmung überhaupt erst in der jüngsten Vergangenheit. Fühlbar wärmer wurde es in Alaska, Nordwest-Kanada, in der Grönländischen See, in Sibirien, Südwest-Europa und an den Südspitzen von Afrika, Australien und Südamerika. Während des milden Winters 1989/90 war es in der Bundesrepublik in einigen Monaten bis zu fünf Grad zu warm. Dabei gab es allerdings regional große Unterschiede: So lag der Norden des Landes im Januar 1990 vier bis fünf Grad über dem Mittel, einzelne Meßstationen in Süddeutschland (wie Mühldorf am Inn) meldeten hingegen eine Temperatur von 0,9 Grad unter Normal.

Sogar über Jahrzehnte hinweg wurden manche, meeresnahe Regionen kühler, wie Südwest-Grönland, Ostkanada und Skandinavien. Das kann eine vorübergehende natürliche Schwankung bedeuten. Oder aber ein Hinweis auf eine globale Erwärmung sein, bei der sich bereits die Ozeanströmungen verändert haben. Sollte der generelle Erwärmungstrend anhalten, dann könnten diese Gegenden schon in den neunziger Jahren einen kräftigen Temperaturschub nachholen. Dieser Effekt deutet sich sogar schon an: Im zurückliegenden Winter 1989/90 erlebte Südschweden den wärmsten Winter, seit im 18. Jahrhundert die Aufzeichnungen begannen. Erstmals seit 1934 mußte der weltberühmte Wasalauf, der normalerweise im März in Mittelschweden stattfindet, wegen Schneemangels abgesagt werden.

– Der massive globale Temperaturanstieg seit 1980 kam zustande, obwohl im Frühjahr 1982 der mexikanische Vulkan El Chichon bei dem schwersten Ausbruch des Jahrhunderts große Mengen von Staub und Spurengasen in die Stratosphäre schleuderte. Dies hat in den Jahren 1983 und 1984 die globale Erwärmung vermutlich sogar gemildert.

– Frühere Abschätzungen einer Klimaveränderung hatten oft nur Messungen über Land berücksichtigt. Da 71 Prozent des Globus mit Wasser bedeckt sind, ist es gut möglich, daß die damals ermittelten Trends falsch waren. Meßwerte über und in den Meeren sind aber oft unzuverlässig. Zum großen Teil werden sie am Tage ermittelt, was bei Sonnenschein große Fehler bei der Lufttemperatur ergeben kann. Aus dieser Fülle von korrekten und fehlerhaften Meeresdaten haben Jones, Wigley und Wright deshalb alle potentiellen Falschmeldungen eliminiert, beziehungsweise korrigiert, und den Temperaturtrend seit dem Jahr 1860 berechnet. Ergebnis: Die Ozeandeckschicht erwärmte sich wie die Luft um 0,6 Grad.

Wenn die dünne Luft kühler wird

Wenn an dem anthropogenen Treibhauseffekt etwas dran ist und die zusätzlichen Spurengase Wärme in den unteren Atmosphäreschichten gefangenhalten, dann müßten entsprechend die darüberliegenden Schichten langsam, aber sicher auskühlen. Seit den fünfziger Jahren messen die Atmosphärenphysiker mit Ballonsonden die Temperaturen bis in eine Höhe von 35 Kilometern. Dabei kam heraus, daß die dünne Stratosphärenluft in etwa 30 Kilometern Höhe in den zweiten 15 Jahren der Beobachtung kälter war als in den Jahren davor. Die kältesten Jahre registrierte die Sonde 1985, 1986, 1987 (spätere Daten sind noch nicht ausgewertet).

Dieser auf den ersten Blick eindeutige Befund ist schwer zu interpretieren. Entweder spiegelt er tatsächlich eine Treibhaus-Erwärmung der Troposphäre wider, oder der Ozonschwund in der Stratosphäre ist für die Abkühlung verantwortlich. Das Ozon absorbiert dort normalerweise die ultraviolette Strahlung der Sonne und erwärmt dabei die umliegenden Luftschichten. Wahrscheinlich ist, daß Ozonverlust *und* verstärkter Treibhauseffekt gemeinsam die Stratosphäre abkühlen.

Wenn die Meere steigen

Es ist kaum verwunderlich, daß in der wärmeren Welt seit Mitte des vergangenen Jahrhunderts auch die Meeresspiegel steigen. Und zwar in der Zeit von 1881 bis 1930 um durchschnittlich einen Millimeter pro Jahr und in den darauffolgenden 50 Jahren um zwei Millimeter pro Jahr. Insgesamt sind das in einem Jahrhundert nur 15 Zentimenter, nicht viel offensichtlich, aber schließlich hat sich die Erde in dieser Epoche ja erst um 0,5 Grad erwärmt.

Nur etwa ein Viertel des bisherigen Anstiegs geht auf das Konto der thermischen Ausdehnung. Der Rest muß von den Gletschern über die Flüsse in die Weltmeere geflossen sein. Diese Überlegung entspricht folgender Beobachtung: Die Eismassen auf den höchsten Bergen in den tropischen Ländern schmelzen seit Jahren deutlich sichtbar ab – am Kilimandscharo in Tansania, am Mount Kenia, am Ruwenzori an der Grenze zwischen Uganda und Zaire und in den südamerikanischen Anden.

Was im Himalaya geschieht, ist ungewiß, weil es von dort wenig gute Messungen gibt. In Kanada und Alaska wachsen manche Gletscher an, während andere kleiner werden. In den Alpen hingegen ist der Trend eindeutig. Obwohl fast alle untersuchten Alpengletscher zwischen 1965 und 1975 vorübergehend an Masse zulegten, schwinden sie seither so stark, daß es selbst unbedarften Wanderern auffällt. Der Vernagt-Gletscher am Ende des Venter Tales, einem Seitental des Ötztales in Tirol, der zu den größten Eisgebieten in den Ostalpen gehört und einer der am besten beobachteten Gletscher der Welt ist, hat in den vergangenen 100 Jahren die Hälfte seines Volumens verloren. Während die Gletscherzunge im vorigen Jahrhundert am heutigen Vernagtbach mit dem Guslarferner zusammenstieß, liegt sie heute zwei Kilometer talaufwärts auf etwa 2600 Meter Höhe. Kleinere Alpengletscher verschwinden derzeit ganz von der Landkarte oder existieren schon gar nicht mehr.

Bereits in den vergangenen Kapiteln haben wir erwähnt, wie unklar die Rolle der grönländischen und antarktischen Eisschilde beim Anstieg des Ozeanpegels ist. Schmelzen sie im Treibhaus Erde ab oder werden sie gar größer, weil aus der feuchteren Luft mehr Schnee herunterfällt? Insgesamt tauschen Grönland und die Antarktis jedes Jahr rund 3000 Kubikkilometer Wasser mit den Weltmeeren aus. Diese Menge schmilzt von beiden Eisgebieten ab und schneit im Mittel wieder oben drauf. Eine Zu- oder Abnahme solch großer Eisklötze ist ungemein schwer zu messen. So sagt die Ausdehnung der Gletscherzungen am Rand wenig über das Gesamtvolumen oder über den Zutrag im Inneren aus. Selbst wenn dort das Eis merklich antaut, kann das Schmelzwasser in die Gletscherspalten einfließen und dort wieder zu Eis erstarren, bevor es ins Meer gelangt. Was die Wissenschaftler deshalb benötigen, sind jahrzehntelange flächendeckende und zentimetergenaue Höhendaten aus dem Innern von Grönland und der Antarktis.

Am besten eignen sich für derartige Untersuchungen Radarmessungen vom Satelliten aus. Solche »Altimeter« kreisen allerdings erst seit Mitte der siebziger Jahre um die Erde. Immerhin: Der Nasa-Satellit Geos-3 war von 1975 bis 1978 und ein Nachfolger namens Seasat im Jahr 1978 für drei Monate im Einsatz. Seit März 1985 schickt zudem der militärische Höhenspion Geosat Meßdaten zur Erde.

Der Nasa-Forscher Jay Zwally und seine Kollegen haben anhand dieser Daten die Mächtigkeit des Eispanzers im Süden von Grönland zwischen den Sommern 1978 und 1986 miteinander verglichen. In diesem Zeitraum *wuchs* das Eispaket um durchschnittlich 23 Zentimeter im Jahr an, also um etwa zwei Meter während acht Jahren – mit steigender Tendenz. Gesetzt den Fall, auch der trockenere Norden von Grönland (der 60 Prozent der Fläche ausmacht) hat gleichviel zusätzlichen Schnee erhalten, dann entspricht dieser Zutrag einer globalen Meeresspiegel*senkung* von 0,35 bis 0,7 Millimeter im Jahr.

Da im gleichen Zeitraum die Ozeane gestiegen sind, ist das eher ein Beweis für den anthropogenen Treibhauseffekt als dagegen. Er wird damit deutlicher, als es der reine Pegelanstieg vermuten läßt. Außerdem schaffen es die großen Eisgebiete der Erde (bisher jedenfalls) nicht, den Anstieg in den Ozeanen zu kompensieren. »Der Zuwachs bei der Eisdecke«, schreibt denn auch Jay

Zwally mit aller wissenschaftlichen Vorsicht über seine Arbeiten in Grönland, »läßt vermuten, daß die Niederschläge höher sind als im langfristigen Mittel. Sie können ein Zeichen für ein wärmeres Klima in den polaren Regionen sein.«
Ob mittlerweile auch die Antarktis, die 90 Prozent des Eises dieses Erde birgt, aus dem Gleichgewicht kommt, ist ungeklärt. Die Luft über dem Südkontinent ist so kalt und trocken, daß es dort zehnmal weniger schneit als in Grönland. Ein Wachsen oder Schrumpfen des antarktischen Eises ist deshalb bis heute selbst mit Radarsatelliten nicht zu messen.
Als im Herbst 1986 vom Filchner-Eisschelf ein Tafeleisberg, so groß wie Schleswig-Holstein, abbrach, glaubte manch ein Amateur-Klimatologe, das sei der Anfang vom Ende der Antarktis. Doch der Abbruch sagt nicht das Geringste über den Eishaushalt am Südpol aus. Selbst wenn der Antarktis jedes Jahr ein riesiger Tafeleisberg verlorenginge, hieße das nur, daß der Eispanzer am Rande Masse verliert. Gleichzeitig wächst er aber im Inneren an, auch wenn dort nur wenig Schnee fällt.
Zumindest für den ostantarktischen Eisschild, das Kühlfach der Erde, gilt ein Antauen in den nächsten Jahrhunderten als ausgeschlossen. Wenn überhaupt, dann ist das Eis der Westantarktis in Gefahr. Es ist bis zu drei Kilometer dick, ruht auf einem untermeerischen Gebirge und schiebt sich von dort als Schelfeis teilweise einige hundert Kilometer auf das Meer hinaus. Es würde kaum wegen ein paar Grad Erwärmung schmelzen, es könnte aber bei steigendem Meeresspiegel irgendwann zerbrechen und den Meeresspiegel um sechs Meter ansteigen lassen.

Wenn der Regen fehlt

Die Niederschlagszonen werden sich verschieben, sagen die Klimamodelle. Doch Niederschläge sind weitaus schwieriger zu messen als Temperaturen. Genaue und flächendeckende Werte über lange Zeiträume liegen oft nicht vor. Ein gewaltiger Platzregen geht womöglich gerade ein paar Kilometer neben dem Regenfänger der Meteorologen nieder. Schnee, vor allem wenn es stürmt, landet so gut wie nie in den dafür vorgesehenen, trichterförmigen Meßgeräten.

Die erste Untersuchung zur Niederschlagsumverteilung auf der Nordhalbkugel stammt von einem britisch-amerikanischen Wissenschaftlerteam. Sie gibt lediglich einen Trend (mehr oder weniger Niederschläge) in den verschiedenen Breiten wieder. Demnach blieb von 1860 bis Mitte dieses Jahrhunderts alles beim alten. Dann aber verschoben sich die Verhältnisse – in der Art und Weise, wie es die Klimamodelle voraussagen: Zwischen dem 5. und 35. nördlichen Breitengrad, also von 550 Kilometern diesseits des Äquators bis in eine Höhe von Los Angeles, Gibraltar, Beirut oder Schanghai, ist es trockener geworden. Betroffen da-

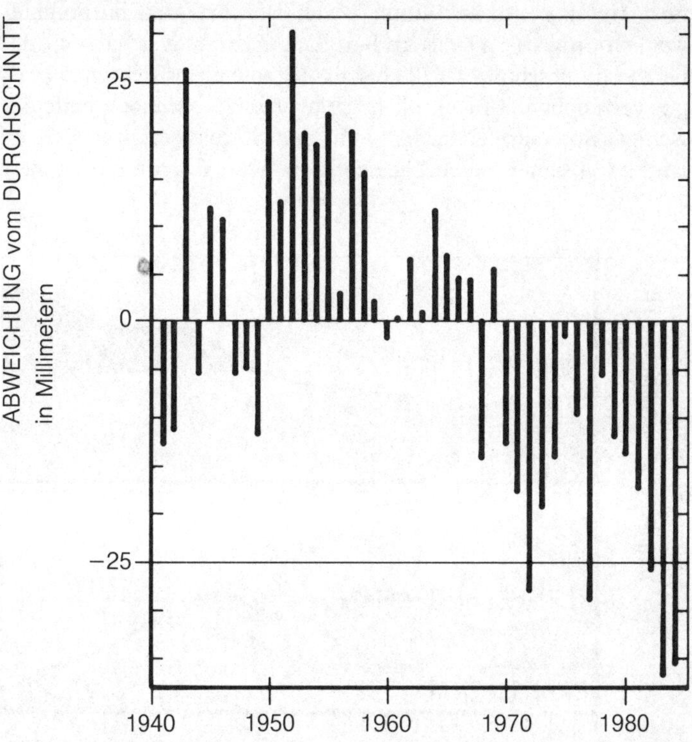

Abb. 11.2: **Regenmangel.** Einen Hinweis dafür, daß die Klimazonen der Erde sich verschieben, bietet die afrikanische Sahelzone. Seit den fünfziger Jahren nimmt dort der Niederschlag ab. Im Mittel liegt er bei 300 bis 500 Millimeter pro Jahr. Die Abnahme von rund 25 Millimetern erscheint gering. Sie genügte aber für katastrophale Dürren in den siebziger und achtziger Jahren (nach Pearce, 1989).

von sind vor allem der Sahel, Äthiopien, der Mittlere Osten mit Malaysia und Thailand und der Süden der Vereinigten Staaten. Höher im Norden, zwischen dem 35. Breitengrad und dem Polarkreis, ist es hingegen (vor allem im Winter) feuchter geworden. Das gilt inbesondere für die östliche Sowjetunion, den Norden der Vereinigten Staaten und für Kanada. Für Europa als ganzen Kontinent läßt sich bisher kein eindeutiger Trend in die eine oder andere Richtung ausmachen.

Allerdings haben sich die typischen Hoch- und Tiefdruckgebiete, die unser Wetter in Europa beeinflussen, in den letzten Jahrzehnten um einige 100 Kilometer verlagert. Islandtief und Azorenhoch treten heute im Winter weiter südwärts und im Sommer weiter nordwärts auf als früher. Das Azorenhoch hat sich dabei um durchschnittlich 300 bis 400 Kilometer in Richtung Nordpol verschoben. Ein nördlich verlagertes Azorenhoch bedeutet weniger Sommerniederschläge für den Mittelmeerraum. Das Islandtief in seiner neuen Lage sorgt in Westeuropa für verstärkte

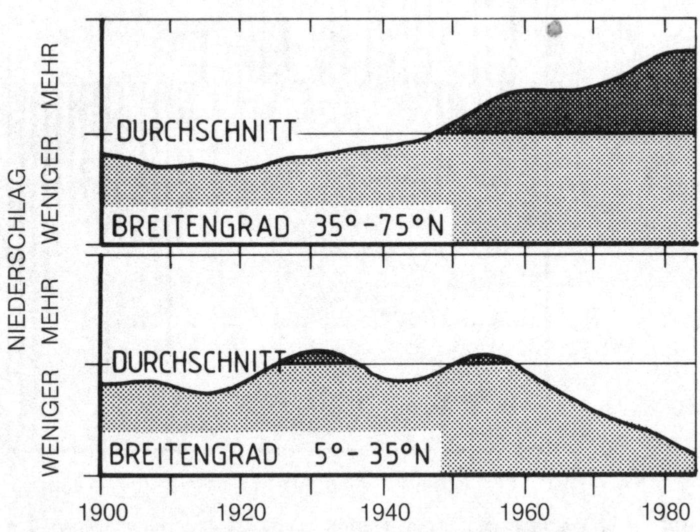

Abb. 11.3: **Die Neuverteilung.** Seit Mitte des 20. Jahrhunderts zeichnet sich ab, daß die Niederschlagszonen der Nordhalbkugel sich verlagern. In Übereinstimmung mit den Klimamodellen werden die nördlichen Tropen und die Subtropen trockener, während in mittleren bis hohen Breiten die Niederschläge zunehmen (modifiziert nach Bradley, 1988).

winterliche Südwestwinde – ähnlich wie sie im Winter 1989/90 auftraten.

Bei der Betrachtung der globalen Klimazonen fehlt noch der Bereich der inneren Tropen, jener Region, die nur wenige Breitengrade vom Äquator entfernt ist. Hermann Flohn vom Meteorologischen Institut der Universität Bonn hat schon vor langer Zeit vorausgesagt, daß im Rahmen einer Treibhauserwärmung insbesondere der Wasserdampfgehalt in der tropischen Troposphäre wachsen müsse. Als Flohn jüngst Radiosondenmessungen der vergangenen 30 bis 40 Jahre untersuchte, fand er heraus, daß die Luft in drei bis neun Kilometern Höhe über dem Äquator um ein Grad wärmer geworden ist. Die absolute Luftfeuchtigkeit nahm um 30 Prozent zu, und die tropischen Schauerwolken wurden häufiger. Je höher die Sonde in der Atmosphäre gemessen hatte, desto höher war auch der Zuwachs an Feuchtigkeit, den sie registrierte.

Der Grund für diese Veränderung ist folgender: Bei höherer Boden- und Ozeantemperatur hat sich die »tropische Konvektion« verstärkt. Das heißt, es steigt mehr feuchte Luft vom Äquator aus empor, aus der in der Höhe kräftigere Niederschläge herausregnen, wobei wiederum mehr Kondensationswärme frei wird, hohe Schichten sich demnach überdurchschnittlich erwärmen. Anschaulich gesagt – die feuchten Kumulus- und Gewitterwolken schießen heute leichter und weiter in die Höhe als früher.

Überraschend daran ist, daß diese Veränderung nicht langsam, sondern unerwartet rasch kam. Die tropische Konvektion nimmt nicht linear, sondern sprunghaft zu, wenn die Temperatur im Ozean über 27 Grad steigt. Und da sich die Wasserfläche, die wärmer als 27 Grad ist, seit 30 Jahren um über 30 Prozent vergrößert hat, hat damit die Feuchtigkeit über dem Äquatorbereich überdurchschnittlich zugenommen. Mit hoher Wahrscheinlichkeit (dazu liegen noch keine Messungen vor) gelangt auf diesem Wege mehr Wasserdampf bis an die »Wettergrenze«, die Tropopause, die in den Tropen bei 17 Kilometern Höhe liegt. Ob dadurch auch der Wasserdampfgehalt in der darüberliegenden Stratosphäre zunimmt, ist ungeklärt. Wäre dies der Fall, dann würde sich der Treibhauseffekt noch verstärken.

Daß der Wasserdampf in der tropischen Troposphäre zunimmt, widerlegt eine Hypothese von Richard Lindzen vom Massachusetts Institute of Technology im amerikanischen Boston. Er ist einer jener Wissenschaftler, die eine deutliche globale Erwärmung durch den anthropogenen Treibhauseffekt für unwahrscheinlich halten. Der Amerikaner meint, in einer Welt, in der mehr Wasser aus den Ozeanen verdampft, nähme der Wasserdampfgehalt nur in den unteren Atmosphäreschichten zu, in den höheren hingegen ab, was den Treibhauseffekt senken würde. Zumindest für die Tropen scheint diese Hoffnung auf eine Selbstregulierung des Klimas unbegründet zu sein.

Wenn Sturm und Flut sich häufen

Die Leiter der Münchner Rückversicherung sehen ein Problem auf sich zukommen: Das Unternehmen versichert weltweit Versicherungsgesellschaften, um besonders große Risiken auf verschiedene Firmen zu verteilen. In letzter Zeit zahlt die »Münchner Rück« häufiger, als es ihr recht sein kann, und zwar vor allem für Schäden in den Tropen – häufiger, als es die gestiegene Zahl und der höhere Wert der Versicherungsabschlüsse allein vermuten lassen. Der (mögliche) Grund für den Zuwachs: Die klimabedingten Schäden in den Tropen häufen sich. Denn weltweit haben in den letzten 20 Jahren die extremen Wetterereignisse zugenommen. Damit ist nicht die Zahl der Katastrophen* gemeint, sondern die der meteorologischen Extremwerte. Ein paar Beispiele:

– Der Jahrhundert-Hurrikan Gilbert im Jahr 1988.

– Die großen Saheldürren in den siebziger und achtziger Jahren.

– Die größte bekannte Unwetterkatastrophe im August 1987 in den Alpen mit Starkregen bis auf 4000 Meter Höhe.

– Die Rekordfluten in Bangladesch nach ungewöhnlichem Monsunregen in den Jahren 1987/1988.

– Der Jahrdreihundert-Orkan über Großbritannien im Oktober 1987 und die kaum minder heftigen Stürme 1988 und 1989.

* Katastrophen sind heute häufiger als früher und wirken sich schlimmer aus, weil der Bevölkerungsdruck zu viele Menschen in Regionen treibt, die für eine Besiedlung ungeeignet sind, in Flußdeltas, Erdbebenzonen, Dürregebiete etc.

– Das stärkste El-Nino-Ereignis* dieses Jahrhunderts von Anfang 1982 bis weit in das Jahr 1983, das eine Reihe von bisher unbeobachteten Extremereignissen mit sich brachte. Beispielsweise eine extreme Trockenheit in Australien und Südafrika; sintflutartige Überschwemmungen in Kalifornien; und eine acht- bis zehnmonatige Dürreperiode im tropischen Indonesien, wo es sonst mit die stärksten Regenfälle der Welt gibt. Im indonesischen Ostkalimantan gingen 35 000 Quadratkilometer Regenwald in Flammen auf.

Trotz dieser Extremwerte ist es schwierig, einen wissenschaftlichen Beweis über die Zunahme von Wetteranomalien zu führen. Denn mit seltenen Ereignissen läßt sich keine Statistik führen. Das gilt auch für die Sturmfluten an der Nordseeküste, die seit Jahren an Stärke und Häufigkeit zunehmen. Was davon klimabedingt ist, läßt sich nicht in Prozentzahlen angeben, weil die Fluten auch vom Tideverhalten, vom Ausbau der Schiffahrtswege und von der Anlage der Deiche abhängen. Dennoch macht das immer extremer werdende Auf und Ab der Gezeiten den Küstenschützern zunehmend Sorgen. Wenn der Tidenhub, die Höhendifferenz zwischen Ebbe und Flut, steigt (wie seit Jahrzehnten zu beobachten), bedeutet das: höhere Fluten, heftigere Wellen und eine stärkere Erosion. Ein Opfer dieser Entwicklung ist die Nordseeinsel Sylt, die schon mit jeder mittelschweren Flut ein Stück kleiner wird und langfristig nur unter enormen Kosten zu halten ist. Neben den Malediven, Tuvalu und Kiribati gehören somit auch die Halligen Langeneß, Hooge oder Oland zu den Untergangskandidaten des Treibhausjahrhunderts.

Blick zurück nach vorn

All das sind *Indizien* dafür, daß der anthropogene Treibhauseffekt womöglich erste Auswirkungen zeigt. Auch wenn sich die Indizien häufen und es auf der anderen Seite keine Hin-

* El Nino, benannt nach dem Christkind, ist eine warme Meeresströmung, die alljährlich zu Weihnachten vor der Küste Perus auftritt. Alle zwei bis sieben Jahre wirkt sich diese Erwärmung auf den ganzen äquatorialen Pazifik aus, mit wesentlichem Einfluß auf das Weltklima.

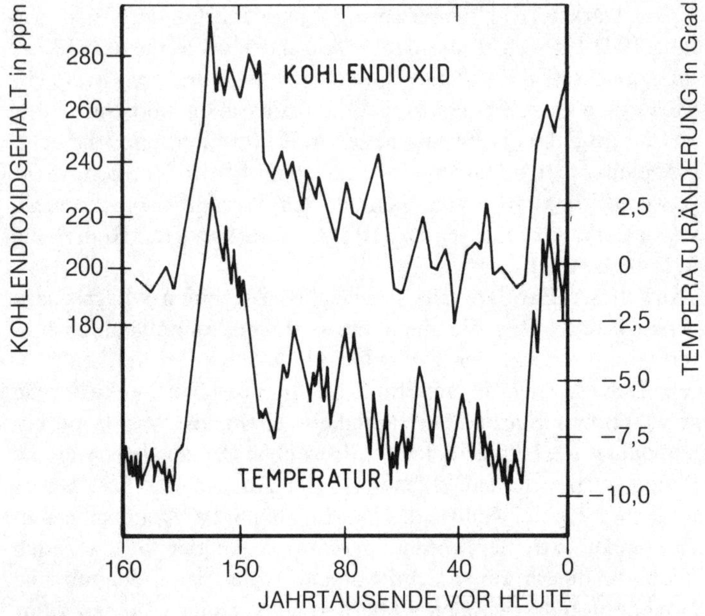

Abb. 11.4: **Im Gleichschritt.** Den stärksten Hinweis auf die zukünftige Klimaveränderung bietet ein Blick in die Vergangenheit. Soweit Messungen vorliegen, war es auf der Erde immer dann warm, wenn der Kohlendioxid-Gehalt in der Atmosphäre hoch lag. Derzeit steuern wir auf eine Erwärmung zu, wie sie während der Eem-Warmzeit vor 130000 Jahren herrschte. (Die Angaben beziehen sich auf Meßwerte aus antarktischen Eisbohrkernen.) (Nach Barnola u. a., 1988)

weise gegen eine globale Erwärmung gibt, sind es strenggenommen noch keine *Beweise*. Deshalb soll in den folgenden Absätzen ein letztes Argument für den Zusammenhang zwischen Treibhausgasen und einer wärmeren Welt angeführt werden. Wir werfen einen Blick auf die Geschichte der Erdatmosphäre.

Die Spurengase schwanken natürlicherweise stark, und das gleiche gilt *parallel* für die Temperaturen. Der Kohlendioxid-Gehalt lag zum Höhepunkt der letzten Eiszeit bei 190 ppm, vor der Industrialisierung bei 280 ppm und er liegt heute bei 352 ppm. Die Methankonzentration stieg im gleichen Zeitraum von 0,35 auf 0,7 und dann durch den Einfluß des Menschen auf 1,7 ppm. Kurz: Je wärmer die Erde in ihrer Geschichte war, um so dicker war die Luft – beziehungsweise umgekehrt.

Was hat diese Parallelentwicklung zu bedeuten? Treibt eine Erwärmung der Erde verstärkt die Spurengase in die Atmosphäre? Oder sorgen die Spurengase für einen Temperaturanstieg in der Luft? Was ist Ursache und was ist Wirkung?

Wir haben im Kapitel vier beschrieben, wie die Verschiebung der Erdbahnparameter, also eine veränderte Verteilung der Sonnenstrahlung auf der Erde, den Anstoß für langfristige Vereisungs- und Erwärmungsperioden gibt. Dieser außerirdische Einfluß allein genügt jedoch nicht, um den Globus immer wieder vereisen zu lassen. Die notwendige Dynamik bringen erst die Spurengase ins Spiel: Angenommen, die Vereisung beginnt im Norden des Globus, Kanada versinkt in Schnee und Eis, der Ozean nimmt weniger Kohlendioxid auf und bisherige Methanquellen versiegen, weil der Boden gefriert. Dann sinkt der Treibhauseffekt und es wird auch auf der Südhemisphäre kälter. Der gesamte Globus fällt in eine Eiszeit. Ähnlich funktioniert der Übergang in die Warmzeit. Die Erdbahnparameter verändern sich, die Spurengase gelangen wieder in die Atmosphäre, was über den wachsenden Treibhauseffekt die Erwärmung beschleunigt.

Gegen diese natürlichen Veränderungen ist der Mensch machtlos. Sie sind gewissermaßen die astronomischen Randbedingungen, mit denen wir zurechtkommen müssen. Im Moment allerdings betreiben wir einen geophysikalischen Großversuch, den es von Natur aus noch nie gegeben hat: Wir stoßen mit unseren Giga-Emissionen ein Ende einer Eiszeit an, obwohl wir uns längst in einer Warmzeit befinden – schließlich sind heute nur geringe Flächen des Planeten mit Eis bedeckt. Wir blasen Spurengase mit einer Geschwindigkeit in die Atmosphäre, wie es die Erde seit der Zeit ihrer Entstehung nicht mehr erlebt hat. Ein hochinteressanter Versuch, zweifelsohne. Allerdings ein Experiment mit mehr als fünf Milliarden Versuchskaninchen.

Der Blick in die Klimageschichte hat auch etwas Beruhigendes: Die Erde ist heute nicht so empfindlich gegenüber einer Veränderung im Spurengasgehalt wie am Ende einer Eiszeit. Denn nur wenn viel Eis auf der Nordhemisphäre liegt, beschleunigen die sich zurückziehenden hellen Flächen über eine positive Rückkoppelung die Erwärmung so massiv, daß der Meeresspiegel gleich um -zig Meter steigt. Das wesentliche Eis des Nordens ist jedoch bereits vor 18000 bis 10000 Jahren aufgetaut und ließ damals den Pegel um mindestens hundert Meter steigen. Der Rest ruht heute noch auf Grönland – gut für »lediglich« sieben Meter Meeresspiegelanstieg.

Grönland scheint obendrein relativ stabil zu sein. Die Insel blieb selbst in der Eem-Warmzeit vor 130000 Jahren noch größtenteils vereist, als in Mitteleuropa Nilpferde und in England Löwen lebten (deren versteinerte Skelette haben Arbeiter beim Ausschachten von Londoner U-Bahnhöfen gefunden). Damals war die Erde im Mittel um zwei Grad wärmer als vor der Industrialisierung, also noch wärmer als heute. Allerdings: Der Spurengasgehalt der Atmosphäre ist schon jetzt höher als im Eem. Eine entsprechende, aber verzögerte Erwärmung ist also bereits eingekauft. Und ein Ende der Emissionen ist nicht in Sicht. Ob das grönländische Eis auch dies auf Dauer verkraftet, ist Teil des Großversuches.

Teil III
Auswege aus dem globalen Treibhaus

Kapitel 12
Die Ingenieurslösung

Umweltschutz mit der Brechstange

Umweltpolitik ist keine Erfindung des späten 20. Jahrhunderts. Schon in der Vorzeit ließen die Bauern ihr Land alle paar Jahre brachliegen, damit es sich erhole. Bereits im Mittelalter gab es Bannwälder, zum Beispiel den Lawinenschutzwald im schweizerischen Andermatt, in dem jeder Holzeinschlag bei strenger Strafe verboten war. Und in der Forstwirtschaft setzte sich spätestens im 19. Jahrhundert das Prinzip der Nachhaltigkeit durch. Es besagt, daß man einem Wald nur soviel entnehmen darf, daß er der nächsten Generationen den gleichen Nutzen bringt.

Der Sinn dieser Politik ist offensichtlich. Der Rohstoff Natur soll bewahrt werden. Diese Erkenntnis wurde gewiß nicht aus kluger Weitsicht, sondern aus bitterer Erfahrung geboren. Denn die Aufgaben eines Schutzwaldes werden dann besonders deutlich, wenn er fehlt und die Lawinen Haus und Hof zerschlagen. Dennoch: In vielen Fällen ist der Mensch aus Erfahrung klug geworden und hat aus manchen Fehlern gelernt.

Doch seit der Mensch sich die Umwelt mit großtechnischen Mitteln untertan zu machen weiß, wiegt er sich in trügerischer Sicherheit. Es bleibt ihm die Technik, um einen angerichteten Schaden zumindest vordergründig zu reparieren. Dieser Weg der ökologischen Flickschusterei wird gern als »Ingenieurslösung« bezeichnet. Weniger um einen ganzen Berufsstand zu verunglimpfen, als aus der Tatsache heraus, daß die Politik in der Not meist nach Technikern und Ingenieuren ruft. Getreu dem Leitsatz: Nur wer den Schaden angerichtet hat, kann ihn auch wieder beseitigen.

Die Methoden dieser Politik, die keine Umweltpolitik ist, sind bekannt: hohe Schornsteine gegen die lokalen Probleme mit Industrieabgasen; das Kalken von Seen und Wäldern gegen den Sauren Regen; oder die vierte Spur auf der Autobahn gegen den

Stau. In jedem dieser Fälle wurde das Problem verlagert, aufgeschoben, aber nie gelöst.
Die Techniker dieser Welt sind nicht gerade verlegen, wenn es darum geht, der Erde eine High-Tech-Kur zu verpassen, um sie vor einer hausgemachten Klimaveränderung zu bewahren. Die Vorschläge klingen oft so, als seien sie einem Science-fiction-Roman entlehnt. Sie sind aber ernst gemeint. Sie entspringen einem streng linearen Denken, nach dem *eine* Ursache *eine* Wirkung hat – eine unerwünschte Wirkung also auch mit einem einzigen Eingriff behoben werden kann.
Leon Sadler, ein Chemieingenieur der Universität von Alabama, hat beispielsweise 1988 in der renommierten Fachzeitung *Chemical and Engineering News* vorgeschlagen, hochfliegende Transportflugzeuge mit Ozon zu beladen und in die Stratosphäre zu schicken, dorthin, wo das Ozon seit etwa zwei Jahrzehnten abgenommen hat.* Zwei Prozent der US-Frachtflotte rund um die Uhr im Einsatz, so Sadlers Kalkül, würden ausreichen, den natürlichen Ozonschirm wieder aufzufrischen. Andere Visionäre wollen Höhenballons mit Ozongeneratoren aufsteigen lassen. Oder – Schwerter zu Pflugscharen – die im Rahmen der Abrüstungsverhandlungen obsolet gewordenen Interkontinental-Raketen mit Ozon befrachten und in 35 Kilometern Höhe entladen.
Derartige Vorschläge zeugen von einer großen Unkenntnis über die Bedingungen in der Atmosphäre. So ist das Ozon ein von Natur aus instabiles Gas, das im Mittel weit weniger als ein Jahr überlebt. Man müßte es also am laufenden Band und gigatonnenweise in die Stratosphäre schießen, um den gewünschten Effekt zu erzielen. Technisch ein kaum zu bewältigendes Problem, zumal es dabei schon mal passieren kann, daß eine Ozonfuhre unterwegs explodiert und das treibhauswirksame Giftgas ausgerechnet in die Troposphäre schleudert, wo es weniger erwünscht ist.
Thomas Stix von der Princeton-Universität im amerikanischen Bundesstaat Virginia hat eine andere Idee. Er will den Himmel mit Laserkanonen sauberschießen. Bei dem sogenannten Atmosphären-Processing sollen Laserstrahlen die mißliebigen FCKW in der Troposphäre zerstören, also noch bevor sie in der Ozon-

* Anders als bei der regelmäßigen Ausdünnung der Ozonschicht über der Antarktis, hat der Ozongehalt in der globalen Stratosphäre regional sehr unterschiedlich um zwei bis zehn Prozent abgenommen.

schicht Schaden anrichten können. Fraglich ist dabei, was bei dem Star-War-Angriff auf die Atmosphäre mit den anderen Gasen der Lufthülle geschieht, vor allem mit den Hydroxyl-Radikalen, die als »Waschmittel« den Abbau aller möglichen Schadgase sicherstellen.

Eine Ingenieur-Möglichkeit, das Erdfieber zu senken, wäre, die Strahlungsbilanz des Planeten zu verändern – also entweder weniger Licht auf den Globus einstrahlen zu lassen oder mehr Licht in das Weltall zurückzuschicken. Raumfahrtenthusiasten wollen dazu von Satelliten einen dünnen Film, eine Art Sonnenschirm, in einer Erdumlaufbahn aufspannen lassen, damit er einen Teil der Erde beschatte. Würden nur zwei Prozent der Erdoberfläche verdunkelt, so die Berechnungen, könnte man ohne weiteres eine Kohlendioxid-Verdoppelung kompensieren.

Den gleichen Effekt hätte Schwefeldioxid, das, einem anderen Vorschlag zufolge, von Jumbo-Jets in der unteren Stratosphäre in zwölf bis 13 Kilometern Höhe ausgepustet werden soll. Das Schwefeldioxid würde sich nach wenigen Wochen in nur 0,6 Mikrometer kleine Schwefelsäure-Tröpfchen umwandeln, die ihrerseits einen Teil des Sonnenlichtes ins Weltall zurückstreuen. Auf diese Art beeinflussen viele Vulkane das Klima auf der Erde.

Schwefeldioxid läßt sich aus dem Rauchgas von Kohlekraftwerken ausfrieren. Das kostet zwar eine Menge Energie, aber weil die Schwefelsäure-Tröpfchen trotz ihrer Winzigkeit so wirksam sind, würden schon ein paar hundert Jumbos im Dauereinsatz genügen, um uns vor einer unerwünschten Erwärmung zu bewahren. »Das verursacht keine großen Kosten«, sagt der Chemiker Wallace Broecker von der Columbia-Universität in New York, »vergleicht man sie mit dem Aufwand, der nötig wäre, um von den fossilen Brennstoffen loszukommen«. Ein Haken an der Sache, räumt der Forscher kleinlaut ein, sei allerdings der Saure Regen, denn über kurz oder lang würde die Schwefelsäure aus der Atmosphäre auf den Erdboden herausregnen: »Aber in 100 Jahren könnte die Versuchung groß sein, so etwas dennoch zu tun.« Was solch ein massiver Eingriff in die Stratosphären-Chemie bedeuten würde, kann Broecker freilich nicht erklären.

Also sollte man vielleicht die Ozeane mit Styroporkugeln bedekken, alle Straßen und sämtliche Hausdächer weiß anstreichen, um die Albedo der Erde zu erhöhen. Das wäre kein schlechter Vorschlag, wenn man dabei außer acht läßt, daß die leichten weißen Styroporkugeln nach kurzer Zeit vom Öl der Meere verdreckt oder von Algen besiedelt wären und außerdem nach dem erstbesten Sturm an der französischen Atlantikküste oder sonstwo am Strand lägen.

Am Ende der Röhre

Als Nonplusultra im Umweltschutz gelten bis heute Filter, Rückhaltebecken oder Katalysatoren, die eine jeweils als schädlich anerkannte Substanz vor dem Austritt in die Umwelt festhalten. Auf diese Art und Weise haben die Industrienationen (zum Teil erfolgreich) versucht, die Emissionen an Staub, Schwefeldioxid, Schwermetallen und Stickoxiden zu verringern. Im Fachjargon »end-of-the-pipe-technology« genannt, ist dies eine Technik, die erst am Ende des allerletzten Schrittes eines industriellen Prozesses eingreift, also »am Ende der Röhre« den Dreck herausfiltert.
Es ist naheliegend zu fordern, das gleiche auch mit dem Kohlendioxid zu tun, es aus den Abgasen zu isolieren und auf irgendwelche Deponien zu packen. Theoretisch ist dies nicht einmal ein Problem. Praktisch indes bedeutete es ein Wahnsinnsunternehmen, geht es doch um 22 Gigatonnen Kohlendioxid im Jahr. Davon läßt sich bestenfalls jener Anteil bewältigen, der den Schloten der Kohle-, Öl- und Gaskraftwerke entweicht. Dort kommt je Schornstein so viel Abgas heraus, daß ein Kohlendioxid-Entzug lohnt. Bei allen anderen, kleineren, diffusen und nicht ortsfesten Quellen, wie Autos, Flugzeugen, Privatheizungen oder Holzfeuern, ist der Einbau eines »CO_2-Filters« praktisch unmöglich.
Würden alle Kraftwerke der Welt decarbonisiert, also entkohlt, dann verringerten sich die Kohlendioxid-Emissionen um 30 Prozent. Die Techniken für dieses Verfahren sind bekannt. Weil Kohlendioxidgas sich unter Druck und bei tiefen Temperaturen verflüssigt, läßt es sich aus dem Abgas ausfrieren. Oder die Kraftwerksbetreiber leiten das Gas durch ein organisches Lösungsmittel und extrahieren daraus dann das Kohlendioxid. In jedem Fall bleibt eine gewaltige Menge* an festem oder flüssigem Kohlen-

* Um einen beliebten Vergleich zu strapazieren: Das CO_2 aus allen Kraftwerken der Welt würde einen Güterzug füllen, der drei Mal von der Erde bis zum Mond reicht.

dioxid, das tiefgekühlt gelagert werden muß, damit es nicht gleich wieder in die Atmosphäre verdampft.
Der ganze Prozeß verschlingt etwa ein Drittel bis die Hälfte der gesamten Energie, die in den Kraftwerken umgesetzt wird. Umgekehrt ausgedrückt: Um bei gleicher Kraftwerksleistung das Kohlendioxid zu isolieren, braucht es den 1,7- bis zweifachen Einsatz an fossilen Energieträgern. Es fällt also auch die 1,7- bis zweifache CO_2-Menge an, die wiederum beseitigt werden muß, von den anderen Abfallstoffen ganz zu schweigen. Die Strompreise würden sich etwa verdoppeln.
Und damit wäre das Problem erst zur Hälfte gelöst. Denn wohin mit den Gigatonnen an Kohlendioxid? Am besten befördert man es dorthin, wo es am wenigsten Schaden anrichten kann – in den Ozean. Die CO_2-Entsorger des 21. Jahrhunderts müßten das ungeliebte Gas in fester oder flüssiger Form auf Schiffe laden, diese in Meeresgebiete mit geringer Tiefenzirkulation und einer stabilen, flachen Deckschicht steuern (also auf keinen Fall im Winter vor die schottische Westküste) und dort das Kohlendioxid versenken. Es muß dabei möglichst rasch in eine Tiefe von mindestens 500 Metern gelangen, denn nur dort ist der Druck hoch und die Temperatur niedrig genug, um es zu speichern. Anderenfalls blubbert es wie aus einer offenstehenden Mineralwasserflasche sofort wieder an die Oberfläche zurück.
Eine zweite Möglichkeit bestünde darin, verflüssigtes Kohlendioxid über Pipelines in die Tiefsee zu befördern. Ein geeigneter Ort zur Einleitung wäre der Mittelmeer-Eingang bei Gibraltar*, wo vom Osten her schweres, salzreiches Wasser in die Tiefen des Atlantiks sinkt. Diese Strömung treibt am Ozeanboden bis in die Karibik – und mit ihr das eingeleitete Kohlendioxid, das sich im Tiefenwasser rasch löst. Das stellt zwar keine Dauerlösung dar, denn irgendwann gelangt das Tiefenwasser wieder an die Oberfläche. Aber eine Zeitlang, für Jahrzehnte oder Jahrhunderte, würde der Ozean ohne weiteres als Zwischenlager taugen.

* Das Mittelmeer ist ein Randmeer, aus dem mehr Wasser verdunstet, als über die Zuflüsse hineingelangt. Es ist also salziger als der Atlantik. Zum Ausgleich des Defizits strömt von dort leichteres Wasser ein. Gleichzeitig fließt, nicht stetig, aber doch verläßlich, salzreicheres und daher schwereres Mittelmeerwasser in der bodennahen Schicht in die Tiefen des Atlantiks.

Dieses Verfahren ist energetisch gesehen der blanke Unsinn. Es entspricht aber immerhin einem natürlichen Weg, denn der Kohlenstoff-Kreislauf brächte das überschüssige Kohlendioxid ohnehin irgendwann einmal ins Meer. Noch »natürlicher« wäre es, die Hilfe der Natur für die Bindung des Kohlendioxids in Anspruch zu nehmen. Zum Beispiel, die Ozeane massiv mit Phosphat zu düngen. Der Mangel an diesem Pflanzennährstoff begrenzt in großen Teilen des Meeres das Wachstum der Algen. Wenn sie besser gedeihen und ihre Überreste in die Tiefsee absinken können, wird der Atmosphäre Kohlendioxid entzogen. Nachteil der Düngung: In flachen Meeren ist das Phosphat ein großes Problem. In der Nordsee etwa kippt das Meer im Sommer in manchen Regionen um, wenn die Algen sich explosionsartig vermehren und bei ihrer Verwesung am Meeresboden den gesamten Sauerstoff aufzehren.

Im Pazifik, etwa im Meeresgebiet um Hawaii, mangelt es an dem Spurenelement Eisen, was ebenfalls das Wachstum des Phytoplanktons bremst. Würde man dort auch nur geringe Mengen an zusätzlichem Eisen einbringen, könnte es zu einer Algenblüte kommen. Wahrscheinlich geschieht ähnliches während einer Eiszeit: Wenn bei einer globalen Abkühlung das Pflanzenwachstum an Land zurückgeht und die Winde viel Staub von dem kahlen Land auf das Meer hinaus blasen, gelangen eisenreiche Mineralien in die oberste Ozeanschicht. Das läßt die Algen besser wachsen und fördert die Bindung des Treibhausgases Kohlendioxid. Das wiederum verstärkt als positive Rückkopplung die Abkühlung. Die Eisendüngung in eisenarmen Ozeanen erscheint deshalb vergleichsweise sinnvoll. Allerdings: Die Folgen derartiger Eingriffe in das Ökosystem, beispielsweise auf den Sauerstoffgehalt in der Tiefsee, sind absolut unbekannt.

Wenn Milliarden Bäume wachsen

Wie im Ozean, so legt die Natur das Kohlendioxid auch an Land fest: beispielsweise als Zellulose im Holz. Das Pflanzen von Bäumen bremst also den Treibhauseffekt. Die Erde könnte aus den verschiedensten Gründen mehr Wald gebrauchen – als Wasserspeicher, Erosions- und Hochwasserschutz, Luftfilter oder Roh-

stofflieferant, und letztlich, um der Atmosphäre Kohlendioxid zu entziehen. Doch so verlockend dieser Ausweg klingt, die Bäume allein können uns nicht aus dem Treibhaus retten. Dazu sind die ausgestoßenen Kohlendioxid-Mengen einfach zu groß. In der (waldreichen) Bundesrepublik entweicht schon den Autos mehr Kohlendioxid, als alle dort wachsenden Bäume binden können.
Im globalen Maßstab müßte eine Fläche wie Australien zu einem neuen Wald werden (was 250 Milliarden Dollar kosten würde), um auch nur den jetzigen CO_2-*Zuwachs* in der Atmosphäre aufzunehmen. Dies wäre obendrein nur eine kurzfristige Lösung für etwa 50 Jahre. Dann sind die Bäume so groß, daß sie kaum noch weiteres Kohlendioxid festlegen. Ein ausgewachsener Wald ist ein guter Kohlenstoff-*Speicher*, aber ein schlechter Kohlenstoff-*Fänger*. Man müßte also alte Bäume einschlagen (mit der Handaxt, und ohne dabei fossile Energie einzusetzen!) und sie für lange Zeit konservieren, in der Erde vergraben oder zu zeitlosen Möbeln und Häusern verbauen, damit der gebundene Kohlenstoff nicht wieder als Kohlendioxid in die Atmosphäre entweicht. Verfeuern oder anderweitig nutzen dürfte man das Holz nur, wenn dabei in gleichem Maße fossile Energiequellen geschont würden. Man müßte also die Zeit, in der ein neuer Wald heranwächst, nutzen, um kluge Techniken zur Verwertung des Holzes zu entwickeln.
Diese Ingenieurslösung, die eher einer Biologenlösung gleichkommt, darf nicht von der Hand gewiesen werden. Denn der Aufwand ist vergleichsweise gering. Es würde lediglich 1,50 Mark kosten, mit Bäumen eine Tonne CO_2 aus der Luft zu ziehen. Aber: Eine vierköpfige Familie eines Industrielandes müßte ein Gebiet, so groß wie drei Fußballfelder, mit schnell wachsenden Bäumen bepflanzen, um ihren persönlichen Kohlendioxid-Anteil zu kompensieren.
Kurzlebige Pflanzen speichern den Kohlenstoff nur kurz, denn ihre Biomasse zerfällt schnell wieder. Genausowenig helfen die bisherigen Ansätze, »nachwachsende Rohstoffe« zu nutzen. Emsig gefördert von der Landwirtschaftslobby der EG, sollen die Bauern beispielsweise vermehrt Rapsöl produzieren, dieses als biologischen Treibstoff in ihren Traktoren verwenden oder als Dieselersatz den Tankstellen anbieten. Technisch ist auch das kein Problem. Aber energetisch ist es derzeit (und ökologisch erst recht) großer Unfug: Um das Öl in industriellen Mengen

herzustellen, braucht es Monokulturen, Düngemittel, Pestizide und einen hohen Energieeinsatz für Vertrieb und Maschinen. Am Ende ist der »Erntefaktor«, also das Verhältnis von herausgeholter und hineingesteckter Energie kleiner als Eins. Das heißt, die Biorohstoffe liefern mehr Treibhausgase, als sie verhindern!

Aus ökologischen Gründen ist auch das brasilianische »Proálcool-Programm« umstritten. 1975 startete das Land ein Projekt zur Alkoholproduktion, um von Erdölimporten unabhängig zu werden. Inzwischen fährt ein großer Teil der Fahrzeuge in Brasilien mit Biosprit, der aus Zuckerrohr gewonnen wird. Die Umwelt-Erfahrungen mit dem Benzinersatz waren durchweg schlecht: Bei der Herstellung fallen ungeheure Abfall- und Abwassermengen an, bei der Verbrennung des Alkohols entstehen viele der bekannten und einige neue Schadstoffe, und die riesigen Monokulturen sind nicht gerade umweltfreundlich.

Mehr Gas – weniger Treibhausgas?

Kohle, Öl und Erdgas, alle fossilen Energieformen, verbrennen mit dem Sauerstoff der Luft hauptsächlich zu Kohlendioxid und Wasserdampf. Aber nicht alle setzen dabei gleichviel Kohlendioxid frei. Das liegt an der chemischen Zusammensetzung dieser Energieträger. Hochwertige Steinkohle, das sogenannte Anthrazit, ist fast reiner Kohlenstoff. Mindere Qualitäten enthalten daneben Schwefel und unbrennbare Mineralstoffe. Bei der Braunkohle kann der Schwefelgehalt auf bis zu 15 Prozent steigen. Sie weist oft noch pflanzliche Struktur auf und ist mit 60 bis 70 Prozent Kohlenstoff eine Art Mischprodukt aus Torf und Kohle. Erdöl besteht im wesentlichen aus langen Kohlenwasserstoffketten und je nach Qualität einem verschieden großen Anteil an Schwefel.

Erdgas besteht mehr oder weniger aus reinem Methan, einem kleinen Molekül aus einem Atom Kohlenstoff und vier Atomen Wasserstoff. Erdgas besitzt damit das höchste Wasserstoff-Kohlenstoff-Verhältnis unter allen fossilen Brennstoffen. Beim Verheizen entsteht vergleichsweise wenig Kohlendioxid, aber viel Wasserdampf und kein Schwefeldioxid.

Die fossilen Energieträger unterscheiden sich somit stark in Energieinhalt und CO_2-Emission. Bezogen auf den effektiven Heizwert liefern das Öl 1,5mal, die Steinkohle 1,7mal und die Braunkohle 2,1mal mehr CO_2 als das Erdgas. Könnte man alle Öl- und Kohlekraftwerke der Welt auf Erdgas umstellen, so hätte man auf einen Schlag rund zehn Prozent der Kohlendioxid-Emissionen vermieden. Erdgas läßt sich leicht und kostengünstig in Pipelines transportieren, in den verschiedensten Bereichen nutzen, in Kraftwerken, Automotoren, Privatheizungen und der Industrie. Es verursacht beim Verheizen weder Schwefeldioxid noch Staub und Asche. Erdgas scheint auf den ersten Blick eine ideale Zwischenlösung zur Luftreinhaltung zu bieten.
Das Umsteigen auf Gas ist jedoch nicht so einfach, wie es klingt. Erstens ist es der knappste der fossilen Rohstoffe. Zweitens gelangt bei Förderung, Transport und Verbrauch von Erdgas soviel Methan in die Atmosphäre, daß der CO_2-Einspareffekt durch das stärkere Treibhausgas Methan zum Teil mehr als wettgemacht wird. Wenn bei der Gasnutzung nur zwei Prozent des Methans in die Umwelt entweichen, hat das den gleichen Treibhauseffekt, als würde man die billigere Kohle verbrennen.* Eine Studie des Battelle-Instituts in Frankfurt beziffert die Leckageverluste in der Bundesrepublik zwar auf lediglich 0,7 Prozent. Aber zum einen gilt diese Zahl nicht für weniger entwickelte Länder. Zum anderen stellen manche Energiefachleute die Untersuchung in Frage, die im Auftrag der Ruhrgas AG entstand, dem größten Gas-Anbieter der Bundesrepublik. Ob ein verstärkter Einsatz von Erdgas sinnvoll ist, bleibt also vorerst abzuwarten. Dazu bedürfe es, meint Bernd Schmidbauer, der Vorsitzende der Klima-Enquete-Kommission des Deutschen Bundestages, zunächst einmal »von der Industrie unabhängiger Studien«.
Eine andere Umsteigemöglichkeit bestünde darin, in Kohlekraftwerken Gas hinzuzufeuern. Das erhöht die Verbrennungstemperatur und damit den Wirkungsgrad der Anlage – liefert allerdings auch mehr der mißliebigen Stickoxide. Zur Entlastung der Umwelt kann schmutzige Kohle auch »entgast« oder »verflüssigt«

* Da auch bei der Steinkohleförderung Methan anfällt und meist ungenutzt über die Absauganlagen und die Wetter der Bergwerke entweicht, trägt auch der Kohleabbau zum Methananstieg in der Atmosphäre bei. Ein direkter Schadensvergleich zwischen Erdgas und Kohle ist daher schwer zu führen.

werden. Die Idee dazu ist nicht gerade neu. Vor ungefähr 200 Jahren isolierten die Chemiker aus Kohle erstmals das »Stadt-« oder »Leuchtgas«, eine Mischung aus den brennbaren Gasen Kohlenmonoxid, Methan und Wasserstoff, um damit die Gaslaternen in den Straßen zu versorgen. Die Nationalsozialisten stampften eine Großindustrie zur Kohleverflüssigung aus dem Boden, um rohstoffautark zu werden.

Diese Verfahren beruhen auf dem Trick, die Kohle nicht zu verbrennen, sondern unter kontrollierten Bedingungen zu erhitzen. Der Prozeß zerstört die Molekülstruktur der Kohle und setzt, je nach angewandter Technik, Methan, Kohlenmonoxid und Schwefeldioxid frei – und hinterläßt so Koks, eine Mischung aus Kohlenstoff und unbrennbaren Mineralstoffen. Weil sich dabei das Schwefeldioxid vergleichsweise einfach zurückhalten läßt, eignet sich dieses Verfahren besonders, um die maroden Braunkohlekraftwerke in der Tschechoslowakei und in der DDR zu sanieren. Der Prozeß mindert allerdings nicht den Kohlendioxidausstoß.

»Flüssig« wird die Kohle erst, wenn die Techniker dem Vergasungsprozeß Wasserstoff zuführen, also das Verhältnis von Wasserstoff zu Kohlenstoff im Energieträger verbessern. Bei dieser »Hydrierung« entstehen Methanol oder benzinähnliche Kohlenwasserstoffe. Das alleine reduziert noch nicht den Ausstoß von Treibhausgasen, weil die Herstellung von Wasserstoff viel Energie erfordert. Erst wenn eine saubere Quelle für Wasserstoff zur Verfügung stünde, wäre die Kohleverflüssigung, vor allem zu dem Automobiltreibstoff Methanol, sinnvoll.

Wasserstoff herzustellen lohnt indes nur dort, wo Billigstrom aus nichtfossilen Quellen zu haben ist: aus Wasser- oder Kernkraft und (in Zukunft?) aus Wind- und Sonnenkraft. Doch nur in entlegenen Regionen wie Kanada oder Norwegen gibt es derartige Wasserkraftwerke, aber dort stehen wiederum keine Kohleverflüssigungsanlagen. Die Kernenergie birgt ganz andere Probleme. Und Wind- und Sonnenenergie stehen noch nicht in industriellen Mengen bereit.

Kohle in wasserstoffreichere Substanzen umzuwandeln und diese anschließend zu verbrennen, erscheint denn auch eher als ingenieurtechnisches Sandkastenspiel. Es erweist sich als ein Verlagern und Verschieben des Energieproblems, anstatt von vorneherein den Verbrauch an fossilen Brennstoffen zu senken.

Kein Klima für die Kernkraft

In den frühen siebziger Jahren, als die industrialisierte Welt noch unbeschwert von Umweltproblemen in die Zukunft blickte, hatten die Energiewirtschaftler kühne Träume. Die Energie aus der Spaltung von Uran, Atom- oder Kernkraft genannt, schien der Motor des Fortschritts zu werden. Sie sollte die Welt der Zukunft mit billigem und sauberem Strom versorgen. Bis zur Jahrtausendwende, so die offiziellen damaligen Schätzungen, sollten rund um den Globus 4500 Atomkraftwerke mit einer Leistung von jeweils 1000 Megawatt stehen.

Seither mußten die Reaktorbauer ihre Hochrechnungen Jahr für Jahr nach unten korrigieren. Heute laufen auf der Erde rund 400 Kernkraftwerke mit einer Gesamtleistung von 350000 Megawatt. Keine hundert Blöcke sind derzeit im Bau, so wenig wie nie seit 15 Jahren. Nach dem Jahr 2000 wird ihre Gesamtzahl eher abnehmen, denn dann stehen viele Anlagen zum Abriß an – ein kostspieliges und riskantes Abenteuer. Das Einmotten der Kraftwerke kostet nach verschiedenen Angaben zwischen 300000 und 1,7 Millionen Mark je installiertem Megawatt, also 300 Millionen bis 1,7 Milliarden Mark für einen Atommeiler der Biblis- oder Brokdorf-Klasse.

Hohe Kosten beim Bau, technische Probleme, die ungeklärte Entsorgung, die Unfälle und Pannen von Three Mile Island bis Greifswald waren die Ursache für das schwindende Interesse am Strom vom Atom. Dabei, so geben die Kernkraftwerksbauer zu bedenken, ließe sich das Treibhausproblem am besten mit Atomreaktoren lösen, denn bei der Kernspaltung fällt kein Kohlendioxid an. Diese Behauptung stimmt zwar nicht ganz, denn schon der Bau der Reaktoren ist sehr energieaufwendig. Aber welchen Beitrag zur CO_2-Einsparung könnte die Atomkraft denn wirklich leisten, und was hieße das für die globale Energieversorgung?

In der Bundesrepublik produzieren heute 20 Reaktoren Strom, decken damit rund 40 Prozent des Strom- und zehn Prozent des Primärenergiebedarfs. Weltwelt liegt dieser Anteil bei fünf Prozent. Um die Atmosphäre nennenswert zu entlasten, müßten die Kernkraftwerke demnach wie Pilze aus dem Boden schießen. Wenn sie bis Mitte des kommenden Jahrhunderts einen Anteil von 22 Prozent des Primärenergieeinsatzes leisten sollen, dann müßte sich (bei gleichzeitig wachsendem Energiebedarf) die

Atomstromproduktion nach einer Studie der Internationalen Energie-Agentur verzwanzigfachen. Bei diesem Ausbau gingen die Uranvorräte schon vor Mitte des nächsten Jahrhunderts zur Neige. Nötig wären also zwischen den Jahren 1995 und 2010 jährlich zehn schnelle Brüter nebst den dazugehörigen Wiederaufbereitungs-Anlagen und jeweils 15 neue Brutreaktoren nach dem Jahr 2010.

Die Kerntechnik ist die komplizierteste Großtechnik überhaupt. Sie ist daher ungeeignet für die Entwicklungsländer. Sie taugt, wie die Erfahrung aus Tschernobyl und Greifswald lehrt, nicht einmal für Länder im ehemaligen Ostblock. Das heißt, mehrere tausend Atomkraftwerke mitsamt Ver- und Entsorgungseinrichtungen müßten sich in wenigen Jahrzehnten in den hochindustrialisierten Ländern konzentrieren. Hier gelten die Anlagen als »sicherer«, nicht aber als wirklich sicher. Deshalb würde mit der enorm wachsenden Zahl an Kraftwerken ein GAU – der größte anzunehmende Unfall – inmitten eines dichtbesiedelten Landes zu einem statistisch wahrscheinlichen, womöglich gar regelmäßigen Ereignis. Eine deutsch-schwedische Forschergruppe hat 1986 berechnet, daß bereits binnen der kommenden zehn Jahre irgendwo auf der Welt mit 86-prozentiger Wahrscheinlichkeit eine Reaktorkatastrophe eintritt.

Schon der Ausbau der Kernenergie auf ein Maß, das die Atmosphäre nur um ein Fünftel entlastet, ist unverantwortlich – und offenbar auch unkalkulierbar. Nicht umsonst versichert kein Versicherungsunternehmen Kernkraftwerke. Der Ausbau ist politisch auch gar nicht durchsetzbar, und er würde einen gewaltigen Polizei- und Sicherheitsaufwand gegen Demonstranten, Saboteure und Terroristen erfordern. Und zwar nicht nur, um die Reaktoren zu bewachen. Eine Verzehnfachung der Atomkraftwerkskapazität bedeutet einen *jährlichen* Anfall von fast 500 Tonnen hochgiftigem und teilweise bombentauglichem Plutonium.

Wir würden damit den CO_2-Teufel mit dem Plutoniumbeelzebub austreiben und hätten uns nebenbei auch noch ein weiteres Klimaproblem eingehandelt: Bei der Kernspaltung von Uran und Plutonium entsteht Krypton-85, ein radioaktives Edelgas, das bei der Wiederaufbereitung frei wird und nach 10,8 Jahren auf die Hälfte seines Gehaltes zerfallen ist. Es gelangte hauptsächlich in den Jahren 1956 bis 1963 bei überirdischen Atomwaffentests in die Atmosphäre, danach aus militärischen Wiederaufbereitungsanlagen für die Plutoniumproduktion und seit Mitte der siebziger Jahre auch aus der industriellen Wiederaufbereitung. Derartige Anlagen stehen etwa im britischen Sellafield, im französischen Cap de la Hague und im sowjetischen Kyshtym. Diese drei sind heute für mehr als die Hälfte der weltweiten Krypton-85-Emissionen verantwortlich.

Strahlenbiologisch ist das Krypton-85 nicht sonderlich gefährlich. Aber es erhöht als ionisierendes Gas über den Ozeanen die Leitfähigkeit der Luft für elektrischen Strom.* Das hätte verschiedene Einzelfolgen und insgesamt eine ungewisse Auswirkung auf das Klima: Krypton-85 kann die Zahl der Kondensationskeime in der Atmosphäre verändern. Das beeinflußt die Wolken und Niederschläge. Außerdem können sich die Gewitterblitze häufen, was womöglich mehr Waldbrände verursacht. Das radioaktive Edelgas stört damit eine ohnehin gestörte Atmosphäre.

Was die Ingenieure einst als den größten Vorteil der Atomkraft priesen – ihre »hohe Energiedichte« –, gilt mittlerweile als eminenter Nachteil. Viel Energie auf engem Raum zwingt zu hohen Sicherheitsauflagen und weist die Kraftwerke aus den Ballungszentren in das dünner besiedelte Umland. Weil die Verbraucher dann weit entfernt von der Energiequelle wohnen, läßt sich aus den Kraftwerksblöcken nur der Strom, nicht aber die Abwärme zu Heizzwecken nutzen. Die Anlagen arbeiten mit einem Wirkungsgrad von rund 33 Prozent und geben somit zwei Drittel der Energie als Wärme an die Luft und in die Flüsse ab.

Einige Energiefachleute glauben nicht einmal, daß mehr Kernkraft den globalen Kohlendioxid-Ausstoß verringert. Die großen Strommengen aus den Atommeilern bremsen nicht gerade den Energiehunger der Gesellschaft, sondern fördern ihn eher. Leichtwasserreaktoren, die gängisten Anlagen, laufen, weil sie schwer zu regulieren sind, als Grundlastkraftwerke** rund um die Uhr. Gibt es zu viele dieser »Dauerläufer«, so müssen sie

* Für die Erhöhung der Leitfähigkeit müßte der Krypton-85-Gehalt in der Luft auf das 50-fache ansteigen. Bei dem beschriebenen Ausbau der Kernenergie und der Wiederaufbereitung wäre dieser Zuwachs gegeben. Es gibt allerdings Techniken, die das Krypton-85 zurückhalten.

** Kraftwerke im Grundlastbetrieb erzeugen den Strom, der als Minimum gebraucht wird. Alles, was darüber hinaus zur Versorgung nötig ist, liefern Mittel- und Spitzenlastkraftwerke.

ihren überschüssigen Strom verschleudern. Gleichzeitig sind zur Deckung der Mittel- und Spitzenlast die leichter steuerbaren, meist mit fossilen Brennstoffen betriebenen Kraftwerke notwendig.
Je höher die erzeugte Menge an Atomstrom ist, desto mehr Energie muß demnach durch Kohle, Öl und Gas bereitgestellt werden, um die Sicherheit der Stromversorgung zu gewährleisten. Vor allem weil die Kernkraftblöcke in der Bundesrepublik, mit typischerweise 1300 Megawatt, mittlerweile so groß geworden sind, wurde die Reservekapazität (das ist die theoretisch verfügbare Leistung, die noch über der Spitzenlast liegt) aus herkömmlichen Kraftwerken in den vergangenen 30 Jahren von zehn auf fünfundzwanzig Prozent erhöht.
Selbst wenn die Ingenieure es schaffen sollten, neue, effiziente, kleinere Atomkraftwerke mit hoher »inhärenter Sicherheit« zu konstruieren, deren Bauweise eine unkontrollierte Kettenreaktion unmöglich macht, dann gingen die ersten Reaktoren dieses Typs nicht vor dem Jahr 2010 ans Netz. Selbst wenn die Kernfusion, die Zukunftsvision der Techniker, einmal in den Griff zu kriegen ist (was unsicher ist) und ohne Strahlungsrisiko Elektrizität erzeugen kann (was sehr unsicher ist), wird frühestens im Jahr 2050 der erste Fusionsstrom an eine Großstadt geliefert.
In der Zwischenzeit aber wird die Luft über uns wärmer und wärmer, und die Meere steigen höher und höher. Was wir dringend brauchen, um eine globale Klimaveränderung aufzuhalten, ist eine andere, sicherere und sozial verträglichere Energieversorgung.

Kapitel 13
Sparen, Sparen, Sparen

Die kluge Bescheidenheit

Viele Menschen sorgen sich um ihre Umwelt. Die meisten Bundesbürger, das sagen sie jedenfalls bei Meinungsumfragen, sind bereit, sich eine intakte Umwelt etwas kosten zu lassen. Und viele tun auch etwas: Sie tragen ihre Einwegflaschen zum Glascontainer, lassen Isolierfenster in ihre Häuser einbauen, packen einmal im Monat das Altpapier vor die Tür, kaufen phosphatfreies Waschmittel und rümpfen die Nase, wenn sie das Wort Formaldehyd hören. Die wenigsten dieser umweltbewußten Menschen wissen jedoch, was sie tagtäglich anrichten, einfach weil sie auf dem Standard eines durchschnittlichen Bundesbürgers leben. Und damit leben sie weit über ihre ökologischen Verhältnisse.

Wir wollen einmal den Kohlendioxid-Ausstoß eines Normalverbrauchers exemplarisch aufsummieren. Jeder Leser kann anhand der aufgeführten Zahlen ausrechnen, wie hoch sein persönlicher Anteil an der bevorstehenden Klimaveränderung ist.

Zunächst hängt es davon ab, wo dieser Mensch wohnt. Ein typischer Bewohner eines Dritte-Welt-Landes produziert 0,7 Tonnen Kohlendioxid im Jahr. Das ist sehr wenig und problemlos. Zwei Tonnen pro Erdenbürger wären zu ertragen.* Ein Amerikaner hingegen erzeugt im Mittel 19 Tonnen Kohlendioxid im Jahr, ein DDR-Bürger ebenfalls 19 Tonnen, ein Bundesbürger 12 Tonnen.

Beginnen wir mit dem Autofahren: Ein Liter Sprit verursacht beim Verbrennen etwa 2,4 Kilogramm Kohlendioxid. Wenn ein Fahrer im Jahr 20 000 Kilometer im Wagen zurücklegt, macht das

* Diese Menge gilt nur unter der Voraussetzung, daß die Ozeane und andere Senken bei gleichbleibenden Emissionen weiterhin fast die Hälfte des zusätzlichen Kohlendioxids schlucken. In diesem Fall bliebe der Kohlendioxidgehalt in der Atmosphäre weitgehend konstant und wir müßten lediglich mit dem heute schon angelegten anthropogenen Treibhauseffekt leben.

bei einem durchschnittlichen Verbrauch von zehn Litern auf 100 Kilometern rund fünf Tonnen CO_2. Schon wer jeden Werktag allein im Auto zu seinem Arbeitsplatz fährt, der 20 Kilometer vom Wohnort entfernt liegt, erreicht damit sein CO_2-Jahreslimit. Er dürfte im Grunde nichts mehr unternehmen, was weiteres Kohlendioxid liefert.
Moderne Flugzeuge verbrauchen, wenn sie vollbesetzt sind, auf 100 Kilometer Langstreckenflug vier Liter Treibstoff je Person – also 2,5mal *weniger* als ein bundesdeutscher Durchschnitts-Pkw auf der Autobahn! Fliegen ist damit nicht unbedingt umweltfreundlich. Denn ein Jet erweitert unseren Aktionsradius enorm, wir legen also größere Distanzen zurück, als wir es im Auto oder im Schiff je tun würden. Außerdem steigt der Kerosinverbrauch je Kilometer auf Kurzstrecken wegen Start, Landung und Warteschleifen um etwa 100 Prozent. Viele Flüge sind nicht voll ausgebucht, und alte Jets verbrauchen wesentlich mehr Treibstoff als beispielsweise ein neuer Airbus. Deshalb müßte man auf dem CO_2-Konto für den Urlaubsflug von Frankfurt auf die Kanarischen Inseln im vollbesetzten Jumbo mindestens 0,6 Tonnen Kohlendioxid verbuchen. Und 0,3 Tonnen für jede Geschäftsreise im zu 60 Prozent ausgelasteten Jet von Hamburg nach München und zurück.
Auch Zugfahren kostet Energie und liefert Kohlendioxid, wenn auch weit weniger als Autofahren oder Fliegen. Im Intercity durch die Lande rasend, sind wir je 100 Kilometer Strecke für sechs Kilogramm Kohlendioxid verantwortlich, vorausgesetzt, die Bundesbahn bezieht ihren Strom aus Kohlekraftwerken. Das heißt, die Bahnfahrt von Hamburg nach München und zurück verursacht pro Kopf etwa 0,1 Tonnen CO_2. Im Auto reisen wir demnach viermal, im Flugzeug dreimal klimagefährdender als im Zug. Erst wenn vier Personen im Pkw sitzen, ziehen Auto und Bahn gleich.
Als nächstes müssen wir einen Blick auf Ihren Stromzähler werfen. Im Mittel verbrauchen wir für Kochen, Waschen, Staubsaugen, Beleuchtung etc. 1200 Kilowattstunden im Jahr, das entspricht 0,4 Tonnen Kohlendioxid, wenn der Strom aus einem Kohlekraftwerk stammt. Werden wir von einem Atomkraftwerk versorgt, entfällt dieser Beitrag.
Weit mehr Energie erfordern die Heizung und das warme Wasser. Bei einem Verbrauch von 3000 Kubikmetern Erdgas oder

2000 Litern Heizöl in einem Drei-Personen-Haushalt macht das rund 1,6 Tonnen Kohlendioxid pro Kopf und Jahr. Wenn wir eine kleine Wohnung besitzen, läßt sich von dieser Zahl etwas abziehen. Wer in einer großzügigen Villa mit beheiztem Swimming-Pool lebt oder im Winter die Fenster aufreißt, anstatt die Heizung herunterzudrehen, der muß einen ordentlichen Betrag dazurechnen.

Nochmals fünf Tonnen kommen hinzu, wenn man alle die Nahrungsmittel und Konsumgüter berücksichtigt, die wir im Laufe eines Jahres kaufen – jede Apfelsine aus Israel und jede Flasche Rum aus der Karibik, alle Kleider, Sportausrüstungen, Möbel, elektrischen Geräte, und so weiter und so fort. Wiederum: Ziehen wir ein paar Tonnen ab, wenn wir sehr bescheiden leben, unser Gemüse aus dem eigenen Garten holen, wenig Fleisch und wenig Konserven essen. (Erbsen aus der Dose sind zwar spottbillig, kosten aber eine Unmenge an Energie, bis sie vom Acker auf Ihrem Tisch landen.) Legen wir hingegen Wert auf Kleidung nach dem letzten Chic, auf CD-Player, Videogerät oder Spargel im Dezember, so müssen wir ein paar Tonnen draufschlagen.

Man sieht, es läppert sich gewaltig. Vermutlich kommen wir in der Rechnung irgendwo bei zehn bis zwanzig Tonnen Kohlendioxid pro Jahr an.* Dabei sind die Methan- und FCKW-Emissionen eines Industriebürgers noch nicht einmal mit berücksichtigt. Verteilt man die hiesige FCKW-Produktion für Kühlschränke, Klimaanlagen, Reinigungsmittel etc. auf jeden Bundesbürger, dann trägt dieser im Mittel nochmals zu einem Treibhauspotential bei, das rund 12 Tonnen CO_2 entspricht.

Allein die Spannweite von zehn bis zwanzig Tonnen beim Kohlendioxid zeigt, welch massiven Effekt ein wenig Sparsamkeit, Bescheidenheit und ein überlegter Umgang mit der Energie haben. Ein individuelles Sparen allein reicht jedoch nicht, um das

* Die Autoren dieses Buches wollen nicht verbergen, daß sie selbst mit jeweils mehr als 25 Tonnen CO_2 pro Jahr übermäßig zu dem anthropogenen Treibhauseffekt beitragen. Beide waren im vergangenen Jahr auf beruflichen Reisen rund 100 000 Kilometer im Flugzeug und in der Bahn unterwegs. Ob das immer notwendig war, mag dahingestellt sein. Beide führen einen mittleren bis gehobenen Lebensstandard. Klimaforscher brauchen viele Computer (und damit FCKW), Journalisten viel zu viel Papier (und damit Energie). Da hilft es wenig, daß die Autoren Autos besitzen, die unterdurchschnittlich wenig Benzin verbrauchen.

Klimaproblem zu lösen. Notwendig sind global verbindliche Leitlinien, eine grundlegend veränderte Energieversorgung, ein Umdenken bei der Mobilität und eine hohe Besteuerung aller Prozesse, bei denen Treibhausgase entstehen.
Geschehen ist bislang wenig. Als einziges internationales Abkommen in Sachen Klima läßt sich das Montrealer Protokoll von 1987 anführen, das seit Anfang 1989 die Produktion der doppelt schädlichen FCKW »reglementiert« und ohne gesetzliche Wirkung eine Halbierung der FCKW-Produktion bis zum Jahr 2000 fordert. Bislang ist die Produktion von FCKW ungefähr konstant geblieben. Und weil die Substanzen so langlebig sind, nimmt ihre Konzentration in der Atmosphäre ständig zu. Das Montrealer Protokoll ist in seiner bisherigen Form völlig unzureichend und wird von Kritikern auch als »Sterbehilfe für die Ozonschicht« bezeichnet.
Auf nationaler Ebene tagt seit Dezember 1987 die Enquête-Kommission des 11. Deutschen Bundestages »Vorsorge zum Schutz der Erdatmosphäre«. Besetzt mit Politikern aller Fraktionen und Wissenschaftlern, hat die Kommission bis heute einen Zwischenbericht vorgelegt, zahlreiche interessante Anhörungen einberufen und 1989 dem Deutschen Bundestag empfohlen, die heimische FCKW-Herstellung bis 1995 auf fünf Prozent der Jahresproduktion von 1986 zu senken. Der Bundestag hat die Forderung am 9. März 1989 einstimmig übernommen. Dieser Beschluß hat keine Gesetzeskraft und fordert die Bundesregierung beziehungsweise den zuständigen Umweltminister Klaus Töpfer lediglich zum Handeln auf.
Daraufhin geschah folgendes: Töpfer führte Gespräche mit der Hoechst AG und der Kali-Chemie, den beiden bundesdeutschen Herstellern für FCKW, in der Absicht, durch freiwillige Beschränkung den Enquete-Forderungen nachzukommen. Die Industrie verwies darauf, daß sie erstens die Treibgase in Spraydosen vom Markt genommen habe, zweitens das Montrealer Abkommen befolge, drittens keine Verbote wünsche und viertens die 95/95-Regelung (95 Prozent Reduktion bis zum Jahr 1995) nicht freiwillig einzuhalten gedenke.
Folglich mußte das Umwelt-Ministerium einen Gesetzesentwurf ausarbeiten: Dieser sieht vor, die Substanzen F-11 und F-12 von 1992 an schrittweise als Kühlmittel zu verbieten. Elektronikfirmen und Hersteller von Kunststoffschäumen sollen auf die

FCKW vom gleichen Zeitpunkt an verzichten. Den Halonen droht das Aus in Feuerlöschanlagen von 1996 an. Tetrachlormethan soll aus chemischen Reinigungen verschwinden. Das Ausweichen auf andere und neu entwickelte FCKW soll untersagt werden. Einzig erlaubt bleiben die Stoffe, wenn sie »zum Schutz von Leben und Gesundheit des Menschen zwingend erforderlich sind«, also im medizinischen Bereich. Dieser macht derzeit keine fünf Prozent des FCKW-Verbrauchs aus.

Der Entwurf klingt nach gelungener Umweltpolitik. Bei genauer Analyse offenbart er aber entscheidende Mängel: So soll zwar der Import von FCKW-haltigen Produkten – beispielsweise Kühlschränken aus Frankreich – verboten werden. Auf Drängen der Industrie und entgegen Töpfers ursprünglichen Forderungen aber erst später der Export von hierzulande hergestellten FCKW. Diese machen vermutlich 30 bis 50 Prozent der bundesdeutschen Produktion aus.*

Argument der Industrie gegen ein Exportverbot: Wenn die Kunstprodukte der Chemie nicht aus Deutschland kommen, dann freuen sich nur die ausländischen Konkurrenten über die neu entstandene Marktlücke und die weltweite Produktion bleibt gleich. Der Atmosphäre indes sei es gleichgültig, ob die FCKW aus der Bundesrepublik oder sonstwoher in die Luft entweichen.

Proteste auch von der FCKW-verarbeitenden Industrie: Die BASF, wo die Gase als Blähmittel für Kunststoffschäume zum Einsatz kommen, gibt zu bedenken, daß »zur Panik kein Anlaß« bestehe. Der Zentralverband Elektrotechnik- und Elektronikindustrie hält das Verbot von 1992 an für nicht realisierbar und droht mit der Entlassung von 10000 Mitarbeitern. Die Hoechst AG hält die Halone in Feuerlöschanlagen für unersetzlich – auch wenn die Brandschutzexperten der Allianzversicherung längst von den Halonen abraten. Der dringend gebotene Verzicht auf FCKW und Halone ist also längst keine beschlossene Sache. Selbst das Montrealer Protokoll in seiner neuesten Fassung sieht einen völligen FCKW-Stopp erst zur Jahrtausendwende vor.

* Die FCKW-Produktion der bundesdeutschen Hersteller betrug nach Angaben des Verbandes der Chemischen Industrie im Jahr 1986 112000 Tonnen, 1987 113000 Tonnen und 1988 108000 Tonnen. Da diese Zahlen als Betriebsgeheimnis gelten, sind sie grob geschätzt. Für das Jahr 1986 errechnete das Freiburger Öko-Institut aus Ziffern der FCKW-Vorprodukte und aus Ex- und Importzahlen eine Produktionsmenge von 125000 bis 145000 Tonnen.

Von 100 auf 20 in 60 Jahren

Noch trüber sieht die Sache beim Kohlendioxid aus, wo die politische Diskussion gerade erst begonnen hat. Einzig die Parlamente von Norwegen und Schweden haben beschlossen, die CO_2-Emissionen wenigstens auf dem heutigen Stand einzufrieren. In den Vereinigten Staaten hingegen gibt es Pläne, verstärkt die Kohle zu nutzen und einen Teil der Automobilflotte auf synthetisches Methanol umzustellen – Maßnahmen, die den CO_2-Anfall noch erhöhen.

Um die Dimension des Problems noch einmal deutlich zu machen: Derzeit stößt die Menschheit jährlich mindestens 25 Gigatonnen Kohlendioxid aus, und der größte Teil davon geht auf das Konto der Industrienationen. 22 Gigatonnen entstammen den fossilen Brennstoffen und der Rest kommt aus der Brandrodung. Klimaverträglich* wären rund zehn Gigatonnen. Das heißt, 15 Gigatonnen müßten eingespart werden, was praktisch nur in den entwickelten Staaten geschehen kann. Dieses Ziel läßt sich nicht von heute auf morgen erreichen, es muß aber in den kommenden Jahrzehnten Wirklichkeit werden. Sinnvoll wäre ein internationaler Stufenplan, nach dem die Kohlendioxid-Emissionen mit sofortiger Wirkung auf dem heutigen Stand eingefroren werden – also trotz wachsender Weltbevölkerung nicht weiter steigen. Bis zum Jahr 2005 müßte der CO_2-Ausstoß weltweit um 20 Prozent gedrosselt werden, entsprechend den Forderungen der Weltklimakonferenz von 1988 in Toronto. Das bedeutet für die Industrienationen eine Verminderung um 50 Prozent, für Osteuropa um 30 Prozent. Die Dritte Welt mit ihrer anwachsenden Bevölkerung könnte dabei 20 Prozent mehr Kohlendioxid emittieren. Endziel ist eine Reduktion um 80 Prozent bis zum Jahr 2050.

Wie aber soll der Weg dorthin aussehen? Weniger Kohlendioxid in die Atmosphäre zu entlassen, heißt weniger fossile Reserven zu verheizen, also Brennstoffe in allen Bereichen einzusparen und auf regenerative Energiequellen umzusteigen. Genau gesagt, wir müssen den fossilen Energieumsatz verringern, die Effizienz der Rohstoffe durch intelligente Techniken steigern und in der

* Das gilt unter der Voraussetzung, daß der bisherige anthropogene CO_2-Anstieg in der Atmosphäre als »normal« hingenommen wird und keine anderen Treibhausgase emittiert werden!

gleichen Zeit eine schadstoffarme Energieversorgung aufbauen. Könnten wir den Wirkungsgrad beim Energieumsatz in den kommenden Jahren weltweit jährlich um drei Prozent steigern (was technisch möglich ist), dann ließen sich im Jahr 2010 schon 14 Gigatonnen Kohlendioxid einsparen. Für High-Tech-Nationen wie die Bundesrepublik sollte das kein Problem sein: So glaubt Carl-Jochen Winter von der Deutschen Forschungsanstalt für Luft- und Raumfahrt, daß die Ingenieure der Nation ohne weiteres in der Lage wären, die Megawatt-Maschine BRD mit der Hälfte des derzeitigen Energiebedarfs zu betreiben.

Die wirkungsvollste Form der Effizienzsteigerung ist dabei der ersatzlose Verzicht auf bestimmte Güter und Leistungen: Zwar ist jeder klug genutzte Liter Benzin besser als ein sinnlos verschleuderter. Aber nur jeder *nicht* verbrauchte Liter ist ein ökologisch guter Liter Benzin.

Denn mit Technik allein läßt sich das Treibhausproblem auf keinen Fall lösen. Schon heute sind unsere Häuser weit besser isoliert als vor Jahrzehnten. Unsere Kraftwerke arbeiten mit einem besseren Wirkungsgrad als früher, und es gibt Autos, die mit fünf Litern Sprit und weniger auf hundert Kilometern auskommen.

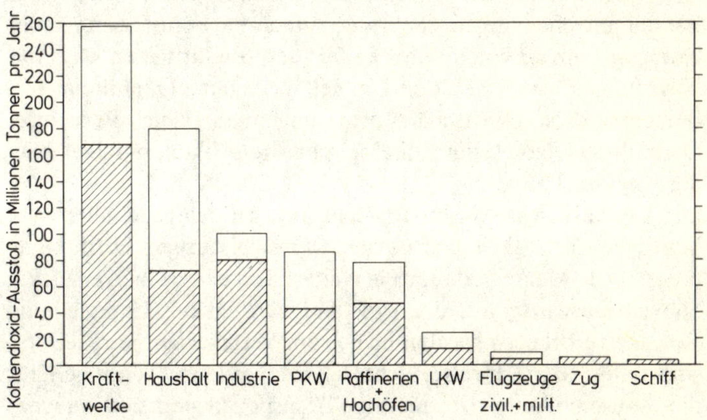

Abb. 13.1: **Die Einsparmöglichkeiten.** Von den 750 Millionen Tonnen Kohlendioxid, die derzeit in der Bundesrepublik ausgestoßen werden (gesamte Balken), läßt sich nach Ansicht von Energiefachleuten etwa die Hälfte (obere Balkenanteile) durch bessere Techniken und den Echtpreis für alle Energieträger vermeiden. Den größten Effekt hätten demnach das Stromsparen und die Nutzung der Abwärme aus Kraftwerken. Letzteres führt zu einer Entlastung des Öl- und Gasverbrauchs in den Haushalten.

Vor allem die Industrie hat gelernt, an allen Ecken und Enden zu sparen, Abfallstoffe wiederzuverwerten und vieles, vom Computer bis zur Dose, leichter, kleiner und effizienter zu bauen. Aber bisher haben diese gewaltigen ingenieurtechnischen Verbesserungen nicht dazu geführt, daß sich der Ausstoß an treibhauswirksamen Spurengasen verringert hat. Der Grund: Der steigende Konsum und die wachsenden Ansprüche der Industriebürger haben jede Einsparung wettgemacht oder gar überkompensiert. Und weil die fossilen Rohstoffe so billig sind, können wir uns erlauben, von allem viel zu viel zu verbrauchen.

Niedrige Energiepreise gelten als Motor der freien Marktwirtschaft. Bei diesem Wirtschaftssystem werden die Preise von Angebot und Nachfrage – vom Markt – bestimmt. Das fördert die Konkurrenz, die Effektivität, oft auch die Qualität und hält die Produktpreise im Sinne der Verbraucher niedrig. In der Marktwirtschaft sind knappe Güter teuer.

Subventionen stören dieses Gefüge. Sie sind in den allermeisten Fällen unsinnig, verzerren die Märkte und führen oft zu absurden Preisen und Überschußproduktionen. Das gleiche gilt für bürokratische Planungen und Verteilungsmaßnahmen. Bestes Beispiel ist die gescheiterte Kommandowirtschaft der Länder im ehemaligen Ostblock, mit ihren Fünf-, Zehn- oder Zwanzig-Jahres-Plänen, die weder den Bedürfnissen der Bevölkerung noch denen der Umwelt nachkam. Obendrein verbrauchte diese Wirtschaftsform ungemein viele Rohstoffe. Das führte letztlich zum ökologischen *und* ökonomischen Niedergang der Länder.

Die kapitalistische Marktwirtschaft hat sich demgegenüber zwar besser bewährt. Dennoch ist sie in ihrer bisherigen Form keine tatsächliche Markt-, sondern in weiten Bereichen eine versteckte Subventionswirtschaft, denn die Folgekosten des Energie- und Rohstoffverbrauchs werden nicht vom Verursacher getragen: So sind billige Benzinpreise nichts als Milliardensubventionen für die Automobilindustrie; niedrige Transportkosten sind Subventionen für die globale Nahrungs- und Futtermittelverschiebung; steuerfreies Flugbenzin ist eine Subvention für die Touristikindustrie; mit billigem Strom werden Aluminiumhütten und andere industrielle Großabnehmer subventioniert. In jedem der genannten Fälle zahlt der Verursacher so gut wie nichts für den angerichteten Schaden. Dieses System ist im Grunde das Gegenteil von

Marktwirtschaft. Dort nämlich setzt sich der Preis für ein Produkt aus den *gesamten* anfallenden Kosten zusammen.

Erst eine strikte Anwendung marktwirtschaftlicher Prinzipien würde auch der Umwelt zugute kommen:

Erstens sind eine saubere Umwelt im allgemeinen und eine ungestörte Atmosphäre im speziellen heute rare Güter. Sie müßten also teuer sein wie Platin und Kaviar. Da die Luft aber – ob sauber oder schmutzig – keinen Preis hat, müssen die Emissionen mit hohen Gebühren belegt werden.

Zweitens verursachen Umweltschäden und eine gestörte Atmosphäre enorme Kosten. Deichbau, Überschwemmungs- und Hurrikanschäden oder Mißernten werden schließlich bezahlt – entweder von Unschuldigen oder von der Allgemeinheit. Allein die Orkanschäden Anfang 1990 – ob treibhausbedingt oder nicht – beliefen sich europaweit auf weit mehr als 20 Milliarden Mark. Ähnlich hoch liegen die Verluste der Touristikbranche aufgrund des Schneemangels im Winter 1989/90 in den Alpen. Doch Kohlendioxid und andere Treibhausgase zu emittieren, ist absurderweise kostenlos. Das ist, als würde man Brandstiftung zu einem Recht für alle machen oder die Brunnenvergiftung legalisieren. Es ist somit nur recht und billig, wenn die Kosten für die Umweltzerstörung nach marktwirtschaftlichem Prinzip von dem beglichen werden, der sie verschuldet. Diese »Internalisierung« der Kosten führt dann von alleine dazu, daß der Energieumsatz sinkt.

Als Mittel zur »ökologischen« Marktwirtschaft sehen manche Umweltpolitiker und Wirtschaftswissenschaftler die sogenannte Ökosteuer: Prozesse, die Dreck machen, sollen demnach mit einer speziellen Abgabe versehen werden. So richtig dieses Konzept ist, so falsch und diffamierend ist sein Name: Das Wort Steuern suggeriert staatliches Abkassieren, Gängeleien und Bürokratie. Dabei soll für den Liter Benzin oder für die Tonne Steinkohle (aber auch für die Tonne Uran) nur der tatsächliche Preis bezahlt werden. Der Aufschlag soll nicht die Staatseinnahmen mehren, sondern einzig den Ausstoß schädlicher Abfallstoffe mindern. Es handelt sich bei der »Ökosteuer« nicht um eine Steuer im eigentlichen Sinn.

Der Echtpreis

Wir wollen diesen Preis als Echtpreis definieren. Er ist zwar schwer auf Heller und Pfennig zu bemessen. Er liegt aber auf jeden Fall weit über dem heute verlangten Subventionspreis. Lutz Wicke, wissenschaftlicher Direktor am Umweltbundesamt in Berlin, hat einmal versucht, die bundesweit angerichteten Umweltschäden zu berechnen. Er kam dabei für das Jahr 1985 auf eine Summe von 103 Milliarden Mark. Das entspricht, wie Wicke schreibt, immerhin einem doppelten Verteidigungsetat beziehungsweise dem 13fachen der ausgewiesenen Gewinne der gesamten deutschen Aktiengesellschaften.

Die 103 Milliarden sind keine Phantasiezahl. Zur Abwehr und zum Ausgleich von Umweltschäden haben die Bundesbürger 1985 mindestens diese Summe ausgegeben. In die Kalkulation hat Wicke Klimaschäden noch nicht einmal mit aufgenommen, denn sie sind weit schwerer zu beziffern als beispielsweise Gewässer- oder Lärmschäden. Rechnet man die Klimaschäden wie auch die Folgen der Landschaftszerstörung hinzu, dann kommt man, wie Ernst-Ulrich von Weizsäcker, der Direktor des Instituts für Europäische Umweltpolitik in Bonn, schreibt, »ohne viel Mühe in die Größenordnung von 200 Milliarden Mark«. Von diesem Betrag zahlen die Verursacher bis heute über direkte Umweltschutzmaßnahmen wie Filter oder Katalysatoren gerade mal zehn Prozent.

Das heißt, der Echtpreis für Produkte, welche die Umwelt schädigen beziehungsweise den Treibhauseffekt schüren, müßte um ein Vielfaches über dem heute veranlagten liegen. Dabei ist ungeklärt, ob der Preis für den Liter Benzin etwa bei drei, fünf oder zehn Mark liegen müßte. Denn keiner kann voraussagen, wann der erwünschte Effekt mit Einsparungen erreicht wird. Man muß, salopp gesagt, so lange an der Preisschraube für fossile Brennstoffe drehen, bis die Emissionen von alleine auf das zulässige Maß sinken. Jeder Marktwirtschaftler, der den fairen Wettbewerb will, jeder Umweltpolitiker, der es ernst meint, muß daher versuchen, möglichst schnell den Echtpreis durchzusetzen.

In der Praxis wird er dabei auf große Widerstände stoßen. Keine Lobby, vom ADAC bis zum Gesamtverband Steinkohle, wird sich klaglos mit den drastischen Preiserhöhungen abfinden. Deshalb sind sechs Voraussetzungen notwendig, um den Echtpreis zum Lenker der Marktwirtschaft zu machen:

Erstens eine Aufklärung der Bevölkerung. Jedem Bürger muß klar werden, daß die Preiserhöhung keine zusätzliche Steuer bedeutet, sondern lediglich eine gerechte Umverteilung von ohnehin zu begleichenden Kosten. Für jeden, der wenig Dreck macht, wird das Leben dadurch sogar billiger.
Zweitens darf der Echtpreis nicht zu sozialen Ungerechtigkeiten führen. Also: Ein Pendler, der viel Auto fährt und damit die Umwelt belastet, soll dafür auch in die Tasche greifen. Aber eine notwendige Grundmobilität – mit welchem Verkehrsmittel auch immer – muß auch für den Rentner bezahlbar bleiben.
Drittens müssen die höheren Energiekosten stufenweise eingeführt werden. In der Zwischenzeit kann sich die Industrie an die echte Marktwirtschaft anpassen. Hochsubventionierte und besonders umweltschädliche Branchen wie die Automobilindustrie oder der Kohlebergbau werden zwangsläufig Einbußen erleiden. Andere, wie die Mikroelektronik, die Umwelttechnik oder die Dienstleistungsbereiche, werden von dieser überfälligen Umstrukturierung profitieren. Die Summe der Arbeitsplätze könnte dabei weitgehend konstant bleiben.
Viertens muß ein Echtpreis EG-weit,* europaweit beziehungsweise weltweit gelten, sonst ruiniert er die Wirtschaft ausgerechnet in dem Land, das umweltpolitischen Mut beweist. Das heißt nicht, daß einzelne Länder mit der Echtpreispolitik nicht vorpreschen können und sollen. In Italien oder Japan liegt beispielsweise der Benzinpreis heute schon vierfach über jenem der Vereinigten Staaten, ohne daß die italienische und die japanische Automobilindustrie zugrunde gegangen sind. Dafür liegt dort der durchschnittliche Treibstoffverbrauch außergewöhnlich niedrig.
Fünftens darf die Preiserhöhung über eine zusätzliche Abgabe auf die fossilen Brennstoffe nur ein umweltpolitisches Steuerungsmittel sein und kein Instrument zur Aufbesserung des Staatshaushaltes. Die Mehreinnahmen via Echtpreis müssen daher entweder direkt dem Natur- und Umweltschutz zufließen, an anderer Stelle die Steuerlast der Bürger mildern oder jenen unter den 17 Millionen bundesdeutschen Rentnern, Arbeitslosen, Sozialhilfeempfängern und Studenten zukommen, die vom Echtpreis überdurchschnittlich betroffen werden.

* Von 1993 an sind im Rahmen der EG neue, indirekte Steuern als nationaler Alleingang ohnehin verboten.

Sechstens gilt der Echtpreis nicht für besonders klimaschädliche Stoffe wie die FCKW. Sie müssen mit einem generellen Verbot belegt werden.

Die mobile Last

Kein Sektor des Energieumschlages plündert die globalen Rohstoffreserven mehr als der Automobilverkehr. Die weltweite Blechflotte bläst jährlich 2,5 Milliarden Tonnen Kohlendioxid und 32 Millionen Tonnen Stickoxide in die Luft. Über 400 Millionen Autos verstopfen die Straßen dieser Welt, und im Jahr 2000 drohen dem Planeten 530 Millionen Kraftfahrzeuge. An jedem Arbeitstag rollen über 125 000 neue Autos von den Bändern der Hersteller. Allein die bundesdeutschen Automobilisten verfügen mit ihren Gefährten über das Achtzehnfache der gesamten hierzulande installierten Kraftwerksleistung. Die größten Autosünder sind die Amerikaner. In den Vereinigten Staaten fährt etwa ein Drittel aller Autos der Welt. Und dort liegt momentan der Benzinpreis so niedrig wie nie zuvor.

Weil die Karossen heute besonders stark am Energieverbrauch beteiligt sind, müssen sie in Zukunft auch am meisten Abstriche machen. Wenn hierzulande also bis zum Jahr 2050 der CO_2-Ausstoß um 80 Prozent sinken soll, dann dürfen bis zu diesem Zeitpunkt noch nicht einmal 20 Prozent des heute verbrauchten Benzins durch Motoren fließen. Daß unser Hang zur Hypermobilität (im Auto legt die Menschheit jährlich eine Strecke zurück, die dem 2000fachen der Entfernung Erde–Neptun entspricht) an die Grenzen des Erträglichen stößt, ist längst augenfällig: Bald die Hälfte des Landschaftsverbrauchs in der Bundesrepublik ist eine Folge des Verkehrsausbaus. Davon beansprucht das Automobil – gegenüber Schiff, Bahn und Flugzeug – 91 Prozent der Fläche. Seit 1953 (vorher hat das keiner so genau gezählt) starben etwa eine halbe Million Menschen im oder unterm bundesdeutschen Auto. Weltweit, so schätzen Eingeweihte, fordert der Autowahn alle 90 Sekunden ein Menschenopfer.

Der typische Bürger eines Industrielandes orientiert sein ganzes Leben am Automobil. Unsere Aktionsbereiche liegen heute sinnlos weit auseinander, *weil* es das Auto gibt: Wir erwachen in der

Schlafstadt am Rande der Metropolen, bringen unsere Kinder in die Mittelpunktschulen, fahren im Auto in den Industriepark zur Arbeit, machen am Abend ein paar Besorgungen im Einkaufsparadies und treffen uns anschließend zum Sport in der Freizeitarena. Ein Erfahrungswert sagt, daß der Mensch bereit ist, etwa eine dreiviertel Stunde für den Weg zum Arbeitsplatz aufzuwenden. Das waren früher ein paar Kilometer zu Fuß oder etwas mehr mit dem Fahrrad. Heute sind es 40 Kilometer mit dem Auto oder hundert Kilometer im Intercity. Viele legen inzwischen täglich gar 400 Kilometer im Flugzeug zurück. Und die gleichen Leute würden auch in Köln wohnen und in New York arbeiten, gäbe es denn Überschallflüge dorthin. Die Mobilität, einst eine Befreiung des Menschen, hat sich längst in einen Zwang umgewandelt. Und das Auto, das diese Freiheit verhieß, wurde zum Inbegriff der Abhängigkeit.

Dabei kann von Mobilität in vielen Fällen kaum mehr die Rede sein. Der private Pkw ist in den meisten Großstädten konkurrenzlos langsam geworden. So beträgt die Durchschnittsgeschwindigkeit in der Innenstadt von London nur noch 15 Kilometer in der Stunde, das ist langsamer als Fahrrad-Tempo und gerade dreimal so schnell wie ein Fußgänger. Sieben Jahre seines Lebens, so hat einmal ein Verkehrsstatistiker berechnet, verbringt ein Amerikaner in seinen »Fahr«zeug – und einen großen Teil der Zeit *steht* er. Dies ist nicht nur nervtötend und eine Zeitverschwendung, sondern vor allem umweltschädlich: Allein in den Vereinigten Staaten vergeudet der stehende Verkehr jährlich 14 Millionen Liter Sprit, der als besonders schadstoffreiches Abgas in die Luft entweicht.

Den größten Schaden richtet freilich das Auto*fahren* an – eine vergleichsweise teure, aber dennoch viel zu billige Art der Fortbewegung. Die meisten Automobilbesitzer glauben, mit dem Geld für das Benzin, dessen Preis sie für unverschämt hoch halten, sei die Zeche bereits beglichen. Das Benzin alleine kostet etwa zehn Pfennig je gefahrenem Kilometer, und das ist preiswert im Vergleich zum durchschnittlichen Bahnpreis von zwölf Pfennig. Tatsächlich aber setzen sich die internen Kosten eines Privatwagens – also die, die der Halter direkt bezahlen muß – zusammen aus: Benzin- sowie Kaufpreis und den Kosten für Kraftfahrzeugsteuer, Haftpflichtversicherung, Werkstatt, Neulackierung, notwendige Ersatzteile wie Öl und Reifen, überflüs-

siges Zubehör wie Heckspoiler und Schmuckfelge, TÜV-Gebühren, Autoradio, Abgassonderuntersuchung, Schutzbriefe, Clubbeiträge, Parkgebühren, Bußgelder, Gerichtskosten und so weiter.
Das ergibt Kosten von etwa 50 Pfennig je Kilometer. Bei Autos der gehobenen Mittel- und Spitzenklasse liegen sie zum Teil wesentlich höher. Hätten die Autofahrer diesen Preis stets vor Augen, würden viele von ihnen den Wagen wohl bald abschaffen. Für den, der 40 Kilometer zu seinem Arbeitsplatz zurücklegt und auch am Wochenende in die Stadt will, kommt die »Monatskarte Auto« mal eben auf 1000 Mark. Bahnfahren kostet ein Viertel davon. Im Monatsabonnement ist der öffentliche Nahverkehr sogar noch weit billiger.
In einer Gesellschaft, in der Zeit Geld bedeutet, muß man auch die hinter dem Steuer verbrachten Stunden und Tage als Arbeitszeit veranschlagen und diese Kosten mitberücksichtigen. Schließlich lenken wir auf einer Geschäftsreise den Wagen selbst (es sei denn, es steht ein Chauffeur zur Verfügung, aber den gibt es auch nicht umsonst), und eine sechsstündige Autobahnfahrt geht auch an dem dynamischsten Unternehmer nicht spurlos vorbei. Im Bahnpreis hingegen ist die Dienstleistung »Fahrer« bereits inbegriffen.
Bis hierher sind die Kosten für das Auto aber nur unvollständig aufgeführt, denn es fehlen noch die externen Kosten, verursacht durch Umweltschäden, Verkehrstote und Verletzte. Fachleute beziffern allein die Lärmschäden, entstanden durch neu eingebaute Schallschutzfenster und Mietwertminderung an lauten Straßen, bundesweit auf 14,5 bis 30 Milliarden Mark im Jahr. Insgesamt liegen die (tatsächlich beglichenen) Folgekosten des heimischen Automobils verschiedenen Studien zufolge bei 100 bis 140 Milliarden Mark – mögliche Klimafolgen und der Schaden durch Überdüngung von Meeren und Flüssen mit Nitrat, entstanden aus den Stickoxiden der Auspuffabgase, sind noch nicht einmal mitgerechnet.* Damit liegt der Pkw-Kilometerpreis bereits

* In der Bundesrepublik liefert der Verkehr derzeit 60 Prozent der Stickoxidbelastung und ist damit wesentlicher Verursacher des Sauren Regens. Dieser Wert wird – trotz Einführung des Katalysators – aufgrund der zunehmenden Fahrzeug- und Kilometerzahl vorübergehend weiter steigen und erst gegen die Jahrtausendwende sinken.

bei einer Mark. Davon begleicht die Hälfte die Allgemeinheit. Ein volkswirtschaftlich realer Benzinpreis müßte jedoch bei fünf Mark liegen!

Angesichts dieser unvorstellbaren Schäden müßte man das Privatauto im Grunde sofort verbieten. Da dies sozial unverträglich wäre, muß gerade in diesem Sektor extrem gespart werden. Das wiederum wäre kein Problem, gäbe es den Echtpreis für Benzin. Als Sofortmaßnahme sollte deshalb die Kraftfahrzeugsteuer entfallen und auf den Benzinpreis umgeschlagen werden. Das erspart dem Staat einen großen Verwaltungsaufwand und ist »aufkommensneutral«, belastet also die Autofahrer insgesamt nicht zusätzlich. Es verteuert das Autofahren für den, der viel Benzin verbraucht und entlastet jene, die sparsam wirtschaften oder ihren Wagen stehenlassen.

Bisher haben *alle* Bundesregierungen den Schritt zu dieser Umverteilung gescheut. Jetzt fordert ihn die oppositionelle SPD. Die Koalition hingegen wehrt sich weiter. Die Furcht: Ein paar Pfennig mehr an der Tanksäule könnten die Verbraucher verschrekken und die Automobilindustrie schädigen. Umweltminister Klaus Töpfer setzt deshalb auf eine sogenannte Abgassteuer, die das gleiche Geld über bürokratische Umwege (gestaffelt nach Motorentyp, nicht nach dem tatsächlichen Treibstoffverbrauch) abkassiert – aber weiterhin billige Mobilität suggeriert. Dies kommt einem administrativen Subventionsschwindel nach Planwirtschaftler-Manier gleich.

Es wäre vernünftiger, stufenweise, aber deutlich, den Benzinpreis zu heben – zunächst um rund 30 Pfennig je Liter, was einer von verschiedenen Seiten vorgeschlagenen CO_2-Abgabe von 100 Mark je Tonne Kohlendioxid entspricht. Das ist auf Dauer sicher nicht genug, denn die »Schmerzgrenze«, also die Marke, bei der ein deutlicher Spareffekt einsetzt, liegt sicher über jenen zwei Mark je Liter, die der Sprit etwa in Italien, Irland oder Japan kostet. Eine andere Möglichkeit bestünde darin, den Treibstoff entsprechend einer zulässigen Kohlendioxid-Emission zu kontingentieren – auf 80, 50 und dann auf 10 Prozent der heutigen Menge –, also Benzingutscheine an jeden Bürger über 18 Jahren auszugeben.

Das ist sozial gerechter, denn es sichert jedem ein Grundrecht auf eine bestimmte Menge an Treibstoff und macht Autofahren nicht zum Privileg der Wohlhabenden. Für die Gutscheine entstünde sofort ein Graumarkt, was ebenfalls den Echtpreis garantierte und wiederum den belohnen würde, der selbst keinen Sprit verbraucht, also nicht über das Auto zum anthropogenen Treibhauseffekt beiträgt. Solch ein rigoroses Verfahren mag viele an Kriegs- und Notzeiten erinnern; zu Recht, denn zwischen Mensch und Natur herrscht im wahrsten Sinne des Wortes Krieg. Wenn es nur eine begrenzte Menge an sauberer Atmosphäre gibt, dann wird jeder fossile Brennstoff zu einem begrenzten Gut. Er muß, wie jedes andere Luxusgut irgendwie, aber möglichst gerecht, verteilt werden.

Als Argument gegen ein Gutscheinsystem wird gewöhnlich angeführt, daß ein Verwalten des Mangels nicht den Konsum bremst, daß beispielsweise die Prohibition ein schlechtes Mittel gegen die Trunksucht ist. Doch weder handelt es sich beim Autofahren um eine Sucht, die körperlich abhängig macht, noch sind Kontingentierungen oder Beschränkungen etwas Ungewöhnliches und Undurchführbares in unserer Gesellschaft. So sind Parkplätze in den Großstädten natürlicherweise begrenzt, ohne daß sich viele groß darüber aufregen würden. Dort sind längst über Verkehrsschilder, Maßregelungen und Verbote aller Art mehr Dinge untersagt als erlaubt. Kein Mensch käme auf die Idee, in Fußgängerzonen wieder freie Fahrt für den Individualverkehr zu fordern. Niemand stört sich daran, daß er mit seinem Auto nur auf der rechten Straßenseite fahren darf.

Eine Chance für das Sparmobil

Der Echtpreis würde endlich bewirken, daß technische Verbesserungen im Automobilbau auch der Umwelt zugute kommen. Vorübergehend und in Ansätzen war dies nach den Ölkrisen der Fall, als die Hersteller prompt sparsamere Modelle* auf den Markt brachten und die Verbraucher diese auch kauften. Langfristig haben die effizienteren Fahrzeuge jedoch *nicht* zur Senkung des Verbrauches beigetragen. Das klingt absurd, ist aber

* Ein Automobil ist, physikalisch gesehen, ein reines Energievernichtungsgerät. Nur rund 17 Prozent der eingesetzten fossilen Energie werden in Fortbewegungsenergie umgesetzt. Der Rest entweicht als Wärme in die Umgebung.

durch die Zahlen des Bundesverkehrsministeriums belegt: Obwohl die Hersteller seit Jahren mit dem sinkenden Spritkonsum ihrer Modelle werben, *stieg* er von 9,4 (1960) auf 10,8 Liter (1980) und hat sich heute bei 10,3 Liter (1988) eingependelt. Schuld an dieser Entwicklung ist die sinnlose Aufrüstung der fahrbaren Untersätze. Wer vor 25 Jahren mit seinem 24-PS-Käfer und Tempo 90 zufrieden durch die Lande fuhr (und dabei auch ans Ziel kam), jagt heute in der 160-PS-Limousine über die Autobahn. Dieses Auto verfügt zwar über einen Katalysator und die letzten technischen Finessen, ist aber schwerer, hubraumstärker und vor allem schneller und schluckt deshalb für die gleiche Strecke mehr Benzin.

Schon heute ließe sich der Durchschnittsverbrauch der Pkw leicht auf sieben Liter je 100 Kilometer senken, würde der Bürger beim Autokauf ans Sparen und nicht ans Protzen denken. Die effizientesten Modelle auf dem Markt brauchen weniger als fünf Liter. Und die besten Prototypen der Firmen Renault, Toyota, Volkswagen, Peugeot und Volvo kommen gar mit zwei bis vier Litern aus. Mit diesen Autos ist selbst ein Benzinpreis von fünf Mark kein Problem. Denn zu den Fixkosten von rund 40 Pfennig pro Kilometer (ohne Kfz-Steuer und Treibstoff) kommen bei einem Wagen, der drei Liter auf 100 Kilometern braucht, nur 15 Pfennig je Kilometer für das Benzin hinzu. Das entspricht insgesamt einer Verteuerung um zehn Prozent gegenüber heute.

Doch für die Industrie gibt es derzeit keinerlei Veranlassung, diese Spar-Fahrzeuge in Serie zu produzieren. Statt dessen setzt sie lieber auf 12-Zylinder-Superlative mit fünf Liter Hubraum und 400 PS, und sie findet bei den heutigen Subventionspreisen sogar Käufer für diese Horizontalraketen. Das ist zwar industriefreundlich, aber weder umwelt- noch sozialverträglich. Stünde indes der Echtpreis morgen an der Tankuhr, gäbe es die Sparmobile schon übermorgen zu kaufen – und zwar nicht als sauertöpfischen Bescheidenheitsgefährten, sondern als High-Tech-Karossen vom Allerfeinsten – die Werbung wird sich einiges einfallen lassen.

Selbst wenn alles technisch Mögliche getan würde und die Motoren nur die Hälfte an Treibstoff verbrauchten, so hat Ulrich Höpfner vom Institut für Energie- und Umweltforschung in Heidelberg berechnet, wäre wegen steigender Kilometerleistung bis zum Jahr 2000 bundesweit nur eine Treibstoffeinsparung von 25

Prozent möglich. Nur in Kombination mit anderen Maßnahmen, meint Höpfner, ließe sich die Kohlendioxid-Emission um dringend notwendige 50 Prozent senken. Voraussetzung dafür wären neben den um die Hälfte sparsameren Motoren:
– eine um zehn Prozent bessere Auslastung der Pkw durch Fahrgemeinschaften;
– eine zehnprozentige Verlagerung des privaten Verkehrs auf das öffentliche Netz;
– ein Verzicht auf zehn Prozent aller Fahrten, die ohnehin überflüssig sind oder zu Fuß und per Fahrrad zurückgelegt werden können. Dazu zählen fast alle Touren unter zwei Kilometern. Das Potential ist groß, denn ein Drittel sämtlicher Autofahrten ist kürzer als drei Kilometer. Auch Geschäftsreisen lassen sich heute oft durch die modernen Mittel der Telekommunikation ersetzen.
– Ein Absenken der Durchschnittsgeschwindigkeit auf Autobahnen von derzeit 118 auf 100 Kilometer in der Stunde. *Alle* Automobile verbrauchen bei dieser etwas geringeren Geschwindigkeit weniger Treibstoff. Auch wenn dieser Punkt nicht das hierzulande politisch brisante Tempolimit 100 bedeutet, wäre eine Geschwindigkeitsbegrenzung, wie sie anderenorts gang und gäbe ist (und dort zum Teil sogar funktioniert), ein sofort wirksames und kostenloses Instrument zur Atmosphärenentlastung.*
Eine andere Möglichkeit böte sich an, den Individualbesitz von Pkw auf ein ausgefeiltes Mietsystem umzustellen. Ein bundesdeutscher Personenwagen ist durchschnittlich nur eine Stunde am Tag unterwegs, das heißt 23 von 24 Stunden sind die Fahrzeuge nichts als »Stehzeuge«. Da in den fahrenden Wagen obendrein im Mittel nur 1,5 Menschen sitzen, aber mindestens vier hineinpassen, arbeitet ein Pkw theoretisch nur an sechs Tagen im Jahr als ausgelastetes Transportmittel. Es ließe sich also bis zu 60mal besser ausnutzen. Entsprechend billiger wäre es, weite Strecken mit anderen Verkehrsmitteln zurückzulegen und ein Auto nur dort und dann zu mieten, wenn man es wirklich braucht. Positive Nebeneffekte:
– insgesamt weniger Autos;
– weniger Rohstoff- und Energieverbrauch;
– weniger Stellflächen;

* Nach einer Studie des Umweltbundesamtes in Berlin ließen sich durch ein Tempolimit je nach Befolgung 1,7 bis 8,6 Millionen Tonnen CO_2 einsparen.

– eine wesentlich bessere Ausnutzung der existierenden Fahrzeuge. Diese wären automatisch immer auf dem technisch neuesten Stand, und es führen weniger alte Dreckschleudern umher.

Generell muß das Autofahren so wenig umweltschädlich wie möglich werden und so unattraktiv, wie es seiner Schädlichkeit entspricht. Neben der Einführung von Echtpreis und Tempolimit bedeutet dies einen ersatzlosen Wegfall der Kilometerpauschale, die nichts ist als eine weitere Milliardensubvention für die Automobilindustrie. Nur ein solches Maßnahmenpaket schafft die gebotene Bewußtseinsänderung beim Verbraucher und verändert das Fahrverhalten vom Rasen zum gemäßigten Tritt aufs Gaspedal.

Der Echtpreis weist auch den gewerblichen Lkw-Verkehr* in die Schranken, der bisher mit Geldern aus der Pkw-Steuer subventioniert wird und der sich bei Öffnung des EG-Binnenmarktes im Jahr 1993 noch gewaltig auszudehnen droht. Eine Studie der Basler Prognos AG sieht den grenzüberschreitenden Güterverkehr auf der Straße für das Jahr 2000 von jetzt 750 Millionen auf eine Milliarde Tonnen anwachsen. Dies heißt: noch mehr Lastwagen, die sich, mit gleichen Gütern beladen, auf dem Weg von Rotterdam nach Mailand begegnen. Nur ein angemessener Dieselpreis könnte verhindern, daß dieser Alptraum Wirklichkeit wird. Er würde gleichzeitig einen großen Teil der Güter auf die Bahn verlagern – dort wo sie hingehören. Denn der Transport auf der Schiene verschlingt fast neunmal weniger Energie als jener auf der Straße. Was die giftigen Abgase anbelangt (Kohlenmonoxid, Stickoxide, Kohlenwasserstoffe), ist die Bahn 30mal sauberer als die Lkw.

Die Kapazität für eine Verkehrsverlagerung auf die Bahn ist nach einer Untersuchung des Umweltbundesamtes durchaus vorhanden. Bis zum Jahr 2000 könnten »ohne erhebliche zusätzliche Investitionen für den Bau von Strecken- und Verkehrsanlagen«, aber »mit erhöhtem Personal- und Fahrzeugeinsatz« 50 Prozent mehr Personen und 30 Prozent mehr Güter transportiert werden.

* Zwischen 1965 und 1986 nahm der Güterverkehr auf der Bahn nur um vier, jener auf der Straße um 122 Prozent zu. Ein Grund für die Auseinanderentwicklung: Fernstraßen werden mit Steuermitteln (vorwiegend aus der Mineralölsteuer) gebaut, das Schienennetz muß die Bahn größtenteils selbst verdienen.

Doch auch hier zeigt sich, daß eine Verlagerung des Problems alleine keine Lösung bringt: Bei dem abzusehenden Anstieg der Mobilität und weil die Bahn bis heute nur vergleichsweise wenig Personen und Güter transportiert, würde die Verschiebung nur genügen, um ein Fünftel (bei den Personen) beziehungsweise ein Drittel bis die Hälfte (bei den Gütern) des Verkehrs*zuwachses* aufzufangen.

Der Echtpreis verschafft auch dem öffentlichen Nahverkehr eine bessere Marktposition. Dieser ist heute meist in staatlicher Hand und zeichnet sich, weil konkurrenzlos, oft durch schlechten Service und eine ökologisch unsinnige Preispolitik aus. Ein Beispiel: Zwischen Elmshorn und Hamburg verkehren auf dem gleichen Schienennetz zwei Verkehrssysteme des gleichen Betreibers (der Deutschen Bundesbahn), nämlich der Nahverkehrszug und die S-Bahn. Ein Pendler, der morgens den nächstbesten Zug in die Hansestadt nehmen will, braucht dafür aber zwei verschiedene Monatskarten, die jeweils nur auf einem der Systeme gelten. Generell kann der öffentliche Nahverkehr einiges von der privaten Wirtschaft lernen: Bahnhöfe und Haltestellen müssen sauberer, sicherer und attraktiver (mit Telefonzellen, Sitzgelegenheiten, Geschäften etc.) werden; Fahrpläne und Benutzung der Fahrkarten müssen begreifbar sein; an Haltestellen in Vororten müssen sichere Abstellmöglichkeiten für Fahrräder errichtet werden.

Erst wenn der Individualverkehr teurer wird, lohnt es sich für private Unternehmer, ins Personen-Transportgeschäft einzusteigen, und die Bundesbahn bekäme die notwendige Konkurrenz. Dieses marktwirtschaftliche Prinzip verhülfe dem öffentlichen Verkehr auch in heute schlecht versorgten Regionen zu einem ungeahnten Qualitätsschub. Außerdem würden durch eine geringere Zahl an Privatautos die Städte wieder attraktiver und lebenswerter, so daß die Stadtflucht, die übertriebene Pendlerei und die Zersiedelei der Landschaft ein Ende hätten.

Daß es intelligente Wege gibt, den öffentlichen Personennahverkehr zu fördern, haben verschiedene Städte vorgemacht:

In *Zürich* ging durch eine restriktive Politik gegen das Auto die private Motorisierung bei gleichzeitiger Verbesserung des öffentlichen Verkehrs im Stadtbereich seit dem Jahr 1982 stetig zurück. »Und das bei einem gleichzeitigen Wirtschafts- und Arbeitsplatzboom«, betont der Schweizer Verkehrsplaner Willi Hüsler. Zuvor hatten die Bürger in Volksabstimmungen gegen eine Stadtautobahn und gegen einen U-Bahn-Bau votiert*. Unter Druck von Stadtrat Ruedi Aeschbacher (von eidgenössischen Autofanatikern als »Riegel-Ruedi« beschimpft) bauten die Stadtwerke das existierende Straßenbahn- und Busnetz aus, räumten alle Hindernisse für »das Tram« aus dem Weg und verbesserten den Anschluß zum Umland und zum Flughafen durch ein hervorragendes S-Bahn-Netz.

Jetzt ist der öffentliche Verkehr in Zürich die sicherste, billigste, sauberste und schnellste Methode der Fortbewegung. In der Stadt sind mittlerweile mehr Dauerkarten (zum Preis von 45 Schweizerfranken pro Monat für das *Gesamt*netz) im Umlauf als Pkw zugelassen. Zürcher und Zürcherinnen benutzen im Mittel 430mal im Jahr ein öffentliches Verkehrsmittel – in Mannheim, Köln oder Frankfurt tun die Menschen das dreimal seltener. Der Ausbau kostete rund 140 Millionen Schweizerfranken, ein Spottpreis, denn der vom Volk verhinderte U-Bahn-Bau hätte das Zehnfache verschlungen.

Die *Stockholmer* Stadtväter haben beschlossen, nur solche Pendler in der Innenstadt parken zu lassen, die auch im Besitz einer Monatsnetzkarte sind. Mit dieser »Beitragszahlung« für den öffentlichen Verkehr werden Busse und Bahnen für die Autofahrer quasi kostenlos. Erfolg: Sie lassen ihren Wagen gleich zuhause.

Freiburg hat parallel zum Ausbau der Straßenbahn zu den Trabantenvierteln eine preisgünstige, frei übertragbare Monatskarte eingeführt. Trotz des niedrigen Preises stiegen daraufhin erstmals seit Jahren die Einnahmen der Verkehrsbetriebe.

Höhenflüge

Wir haben in den vergangenen Absätzen viel Platz darauf verwendet, am Beispiel des Straßenverkehrs die Einsparmöglichkeiten durch die Einführung des Echtpreises zu beschreiben. Das gleiche Prinzip gilt für sämtliche Bereiche, in denen klimaschädigende Spurengase freigesetzt werden. Erst wenn die Preise auf

* In der Schweiz unterliegen Straßen- und andere Bauprojekte, die einen bestimmten Betrag überschreiten, der Volksabstimmung.

das ökologisch notwendige Maß steigen, erhöht sich die Bereitschaft zu sparen und wird Kreativität geweckt, die eingesetzte Energie wirkungsvoller zu nutzen. Deshalb stellen wir die folgenden Sektoren in geraffter Form dar.

Während die umweltfreundliche Bahn in den vergangenen 30 Jahren deutliche Anteile sowohl am Güter- wie auch am Personenverkehr einbüßte, erzielte ein anderer Transportbereich enorme Zuwachsraten: der Flugbetrieb. In der Bundesrepublik hat sich in den letzten 20 Jahren der Luftverkehr zur Personenbeförderung verdreifacht und der Frachtbetrieb fast vervierfacht.

In der Vergangenheit haben die Statistiker die Fliegerei in der Schadstoffbilanz meist vernachlässigt. Zu Unrecht, denn der Anteil der Flugzeuge an der gesamten globalen Kohlendioxid-Emission liegt immerhin bei ein bis zwei Prozent. In der Bundesrepublik macht das, inklusive militärische Flüge (die ähnlich viel verbrauchen), rund 30 Millionen Tonnen Kohlendioxid im Jahr aus. Obendrein geben die Jets Wasserdampf und Stickoxide in besonders klimawirksamen Höhen um und über zehn Kilometer in die Atmosphäre ab. Derzeit emittieren die Düsenflugzeuge weltweit rund 30 Millionen Tonnen Wasserdampf in die untere Stratosphäre. Wassermoleküle sind dort mindestens zehnmal treibhauswirksamer als CO_2-Moleküle. Die Flugzeuge sind damit zehnmal klimaschädlicher, als es die reine CO_2-Emission vermuten läßt.

Fliegen ist in den zurückliegenden Jahren – wenn man die Inflation mit berücksichtigt – immer billiger geworden. Das liegt zum einen an dem niedrigen Kerosinpreis und zum anderen daran, daß unter dem enormen Konkurrenzdruck die Effizienz der Flugzeuge und die Auslastung der Flüge stark zugenommen haben. Nicht vollbesetzte Jets werden auf Langstreckenflügen mit Frachtgut aufgefüllt, so daß sie meist optimal ausgenutzt auf die Reise gehen. Das ist sinnvoll, zeigt aber, welchen fatalen Sog-Effekt das billige Fliegen hat: Trotz hochmoderner, sparsamer und leiser Flugzeuge stieg die Umweltbelastung, weil immer mehr Jets in der Luft sind und immer mehr Leute immer weiter fliegen. Inzwischen werden gar Automobile aus der Bundesrepublik zum Export im Jumbo in die Vereinigten Staaten geflogen. Diese Güter lassen sich wirklich sinnvoller auf dem Schiff transportieren.

Obwohl die Flugzeuge auf Kurzstrecken am unrentabelsten sind, ist der Luftraum für innerdeutsche Flüge längst überlastet. Das liegt zum Teil daran, daß es immer noch keine einheitliche europäische Flugsicherung gibt. Bei einer koordinierten Überwachung würden mehr Flugzeuge in den Luftraum über Europa passen, und beispielsweise die Lufthansa könnte viel Sprit sparen, weil die Piloten keine Umwege und Warteschleifen mehr zu fliegen bräuchten.

Doch die Atmosphäre hätte keinen Vorteil von der besseren Organisation. Ein Einzelflug würde zwar effektiver, aber der Spareffekt sofort wieder zunichte gemacht, weil zusätzliche Jets in die freiwerdende Luft drängen. In dieser Notsituation spricht sich sogar die Lufthansa dafür aus, Kurzstreckenflüge, wie Hannover–Frankfurt, Frankfurt–Köln oder Stuttgart–Frankfurt, auf die Bahn zu verlagern. Allerdings geschieht dies nicht in Sorge um den Treibhauseffekt, sondern weil so Platz für die lukrativeren Langstreckenflüge entstünde. Doch diese produzieren weit mehr Kohlendioxid. Wieder gilt: Nur der Echtpreis kann die übermäßige Fluglust bremsen.

Der Gesetzgeber sollte auf jeden Fall verbieten, Strecken unter 500 Kilometer im Linienflug zu bedienen. Weitaus sinnvoller ist es, wie bereits begonnen, die europäischen Wirtschaftsmetropolen mit einem effektiven Schienennetz* zu verbinden. Das gilt vor allem für den osteuropäischen Raum, der bisher nur schlecht erschlossen ist. Hier muß die Bahn eine historische Chance wahrnehmen.

Bei den heute oft üblichen Verspätungen sind Kurzstreckenflüge nicht einmal zeitsparend. Selbst wenn es nach Fahrplan geht, braucht der Reisende durch die Luft von Hamburg nach Frankfurt, mit Anfahrt zum Flughafen, Check-in, Sicherheitskontrolle sowie Ein- und Aussteigen, drei Stunden, die er in Hektik verbringt. Die (billigere) viereinhalbstündige Bahnfahrt für die gleiche Strecke in das Herz der Stadt beschert vier Stunden Ruhe oder vier Stunden nutzbare Arbeitszeit.

Zum Schutz der Atmosphäre müßte der Flugverkehr vermindert werden. Ein frommer Wunsch, denn die Fluggesellschaften er-

* Die teilweise geplanten Höchstgeschwindigkeitszüge sind nicht gerade umweltfreundlich. Sie brauchen ein völlig neues Schienennetz und benötigen wegen des steigenden Luftwiderstands je Passagier fast so viel Antriebsenergie wie Flugzeuge.

warten bis zum Jahr 2000 eine Verdopplung des Verkehrsaufkommens. Die Luftfahrtindustrie erhofft sich bis zum Jahr 2008 einen zusätzlichen Markt von 12 000 Jets. Kämen sie zum Einsatz, müßten die Piloten wegen der Enge im Luftraum in noch größeren Höhen fliegen – und das ist besonders klimaschädlich. Deshalb muß als Sofortmaßnahme international die Steuerbefreiung für Flugbenzin aufgehoben werden. Es ist ein Unding, daß Auto und Bahn Abgaben auf Benzin und Diesel zahlen, die Fluggesellschaften aber für ihr treibhausförderndes Tun am meisten subventioniert werden. Wirtschaftspolitisch gesehen, ist der Zeitpunkt für eine Besteuerung des Kerosins günstig. Denn angesichts der astronomischen Zuwächse kann die Branche eine zusätzliche Belastung so gut bewältigen wie sonst nie.

Wo die Energie durch den Schornstein geht

Im Heiz- und Stromsektor sieht es nicht ganz so schlimm aus. Haushalte und Kleinverbraucher in der Bundesrepublik sind zwar mit 45 Prozent am Endenergie-Verbrauch beteiligt, aber dieser Posten wächst weder prozentual noch absolut. Für die warme Wohnung wenden wir in unseren Breiten die meiste Energie auf. Dieser Betrag sinkt zum Teil wegen einer besseren Wärmedämmung. Er kann in Zukunft weiter fallen, nicht zuletzt und ironischerweise aufgrund der Klimaveränderung. Allerdings können die Ersparnisse beim Heizen durch energiefressende Klimaanlagen kompensiert werden.

Geheizt wird – mit hohem Wirkungsgrad – entweder vor Ort, also mit Öl- oder Gasbrennern. Oder zentral in einem Heizkraftwerk, das Dampf oder heißes Wasser durch Röhren zu den Wohnungen transportiert. Zwar ist der Wirkungsgrad dabei geringer, dafür wird die »Abfallwärme« eines Kraftwerkes genutzt. Herkömmliche Stromerzeugungsblöcke verwerten nur 30 bis 35 Prozent der Primärenergie, der Rest geht durch Schornstein, Kühlturm oder Kühlwasser verloren. Nutzen die Betreiber diese »Niedertemperatur-Wärme«, kann der Wirkungsgrad bis auf 80 Prozent steigen. Fernwärme läßt sich dort einsetzen, wo die kombinierte »Kraft-Wärme-Kopplung« nahe genug an den Haushalten oder dem industriellen Abnehmer steht. Also möglichst mitten in der

Stadt. Dafür muß das Kraftwerk klein, sauber und ruhig sein. Weniger gut geeignet sind die Blockheizkraftwerke auf dem flächig zersiedelten Land.
Der Ausbau der Fernwärme birgt ein riesiges Einsparpotential. Eine Studie des Freiburger Öko-Institutes kam schon Mitte der achtziger Jahre zu dem Schluß, daß 30000 Megawatt, rund ein Drittel der bundesdeutschen Stromerzeugungskapazität, an die Kraft-Wärme-Kopplung angeschlossen werden könnte. Verwirklicht ist demgegenüber gerade ein Zehntel. Daß die Freiburger Kalkulation zutrifft, zeigen die dezentralen und effektiven Energienutzungen in Kommunen wie Rottweil, Flensburg oder Saarbrücken. Die Stadt an der Saar ist 1987 aus dem Liefervertrag mit ihrem damaligen Energieversorgungs-Unternehmen ausgestiegen, hat das Fernwärmenetz aus- und neue, wirbelschichtgefeuerte Heizkraftwerke* hinzugebaut. Der neueste Block arbeitet mit saarländischer Kohle, ersetzt 16000 rußende Einzelfeuerstellen und nutzt nebenbei das brennbare Gichtgas aus der nahe gelegenen Halberger Hütte, das früher abgefackelt wurde.
Erfolg des neuen Energiekonzepts: Heute sind 18000 Haushalte an das Fernwärmenetz angeschlossen (1980 waren es 6000). Dabei wird 15 Prozent weniger Wärmeenergie verbraucht. In städtischen Gebäuden ging der Energiebedarf für Heizungen gar um 43 Prozent zurück. Außerdem sanken die Stromerzeugungskosten um etwa fünf Pfennig je Kilowattstunde, weil die Stadtwerke den Strom nicht mehr auf die 380-Kilovolt-Überlandleitungen hochtransformieren müssen und das Elektrizitätswerk an der Fernwärme verdient. Den neuesten Sparanreiz im Saarland bietet »Sesam«, ein Gerät, das seit dem Frühjahr 1989 in einigen 1000 Haushalten hängt und mit kleinen Lämpchen den zeitlich gestaffelten Strompreis signalisiert:
Rot, wenn der generelle Stromverbrauch hoch liegt und die Kilowattstunde 46 Pfennig kostet.
Gelb im Mittellastbereich.
Grün von acht Uhr abends bis sechs Uhr morgens, wenn der Strom mit 21 Pfennig am billigsten ist. Kluge Verbraucher verschieben Geschirrspülen und Wäschewaschen auf diese Tageszeit.

* Bei der zirkulierenden Wirbelschichtfeuerung schwebt der brennende Kohlestaub mit der Flamme in einem aufwärtssteigenden Luftstrom – ein besonders effizientes und sauberes Feuerungsverfahren.

Willy Leonhardt, der Vorstandsvorsitzende der Saarbrücker Stadtwerke, hat noch weit mehr vor: Geplant ist, daß die Stadt bis zum Jahr 1995 ihren Kohlendioxid-Ausstoß um 40 Prozent gegenüber 1980 senkt. Am liebsten würde Leonhardt auch einen Teil der Privathaus-Dächer Saarbrückens als Flächen für Solarzellen nutzen. Die »Volksmodule« sollen Strom für die Anwohner liefern und den Überschuß in das städtische Netz einspeisen.

Dieses Konzept steht im strengen Gegensatz zu den Plänen von Großkraftwerksbetreibern, die Edelenergie Strom kurzerhand zu verheizen. Ursprünglich priesen sie Nachtspeicherheizungen an, um überschüssigen Strom aus Grundlastkraftwerken zu Zeiten des geringsten Industrie- und Privatverbrauches (also nachts) zu nutzen. Doch als »die Nachttäler mit Speicherkunden aufgefüllt waren«, wie es im Ingenieurjargon heißt, bauten die Energieversorger ihre Kapazitäten weiter aus, um in den Heizmarkt vorzudringen. So produzieren sie immer neuen »Überschußstrom«, so daß in manchen Regionen heute nachts mehr Strom verbraucht wird als am Tage. Ein umweltschädigender und teurer Spaß: Denn nichts ist verschwenderischer, als in einem Großkraftwerk Strom mit einem Wirkungsgrad von 35 Prozent zu erzeugen, ihn auf Hochspannung zu transformieren, über Fernleitungen zu schikken, auf 220 Volt zurückzuspannen und dann in eine Nachtspeicherheizung zu speisen, die erst am nächsten Tag ihren eigentlichen Zweck erfüllen soll. Bei diesem Prozeß bleiben drei Viertel der losgeschickten Energie buchstäblich auf der Strecke.

Insgesamt ist es drei- bis viermal effizienter, Öl oder Gas im eigenen Keller zu verbrennen. Die Stadtwerke Saarbrücken haben ihren Kunden vorgerechnet, wie sie mit der »billigen« Nachtspeicherheizung das Geld aus dem Fenster werfen: Für eine 80-Quadratmeter-Wohnung zahlt der Mieter im Jahr 1417 Mark Heizkosten, aber nur 763 Mark, wenn er auf Gas umsteigt. Noch billiger wird es in Mehrfamilienhäusern mit zentralem Gasbrenner. Wie energiezehrend das Heizen oder die Warmwasserbereitung mit Strom ist, hat der Münchner Energiewirtschaftler Helmut Schaefer einmal in einem drastischen Bild beschrieben: »Wem ist im Umgang mit einem energietechnischen Gerät schon bewußt, daß man mit einer Kilowattstunde Energie sich 85 Stunden lang rasieren, siebzehn Stunden lang eine 60-Watt-Glühbirne brennen, aber nur zwei bis drei Minuten lang warm duschen kann?«

Der Fluch des Nazi-Rechtes

Entscheidende Rechtsgrundlage für die öffentliche Energieversorgung der Bundesrepublik ist das Energiewirtschaftsgesetz (zur Verhinderung des »volkswirtschaftlich schädlichen Wettbewerbes«) vom 13. Dezember 1935, das im wesentlichen noch heute Gültigkeit besitzt. Es sollte dereinst »sichere« und »billige« Energie bereitstellen und »die Wehrhaftmachung der deutschen Energiewirtschaft« gewährleisten. Dafür wurden die Stromerzeuger mit monopolistischen Privilegien ausgestattet. So stark ist die Monopolstellung der Energieversorgungsunternehmen, daß das Kartellrecht von 1957 eine Ausnahmeregelung für die Stromwirtschaft festschreiben mußte. Das Gesetz mag seine Berechtigung zur Ankurbelung der Kriegswirtschaft gehabt haben, heute ist es absolut fehl am Platze, denn es berücksichtigt keine ökologischen und marktwirtschaftlichen Prinzipien. Obwohl mehrfach halbherzig modifiziert, beschert es nach wie vor Probleme:

– Es erschwert oder verhindert für Betreiber kleiner Kraftwerke die Selbstversorgung mit Wind-, Sonnen- oder Wasserkraft.
– Es behindert die kommunale Energieversorgung mit kleinen, effektiven Einheiten.
– Es macht energiesparende Technologien und regenerative Energiequellen künstlich unwirtschaftlich.
– Es erlaubt den Stromverbrauch in Bereichen, in denen die Elektrizität unwirtschaftlich ist.
– Es fördert den verschwenderischen Umgang mit Energie, weil es für die Stromerzeugungs-Unternehmen bei größtem Absatz die höchsten Gewinne ermöglicht.

Die Großkraftwerksbetreiber, von denen es in der Bundesrepublik neun gibt, dürfen ihre festen Kosten fast vollständig über eine Grundgebühr eintreiben. Das heißt, wer weniger Strom verbraucht, zahlt relativ viel für eine Kilowattstunde. Umgekehrt wird der Strom billiger, je höher der Verbrauch steigt. Das ist die Anleitung zur Verschwendung – und angesichts der drohenden Klimaveränderung eine grob fahrlässige Tarifpolitik. Sie hat außerdem dazu geführt, daß heute kein Mensch mehr sagen kann, was eine Kilowattstunde eigentlich kostet: Wer einen Blick auf seine Stromabrechnung wirft, findet beispielsweise einen »Arbeitspreis« von 18,5 Pfennig. Rechnet er den Grundpreis hinzu, kommt er bei einem Normhaushalt auf einen fast doppelt so hohen Durchschnittspreis. Den kann er senken, wenn er das Fenster aufreißt und den ganzen Tag ein paar Heizlüfter laufen läßt. Wenn er hingegen sehr sparsam ist, erreicht er leicht einen Kilowattstunden-Preis von über 50 Pfennig.

Stromverteilungsunternehmen wie die Schleswag zahlen an den Großproduzenten Preussag 16 Pfennig für die Kilowattstunde, die sie zum Teil an Nachtspeicherkunden für rund elf Pfennig verschleudern. Den billigsten Strom beziehen die Reynolds Aluminiumwerke bei Hamburg. Sie haben mit den Hamburger Electricitäts-Werken 1973 einen Zwanzig-Jahres-Vertrag abgeschlossen, der einen Strompreis von 2,9 Pfennig sichert. Bei diesem Preis wundert es nicht, daß der Großabnehmer ein Sechstel des Stromverbrauches der gesamten Hansestadt beansprucht – ein Verbrauch, der nach vorsichtigen Schätzungen mit 50 Millionen Mark im Jahr subventioniert wird. Das heißt, die Rentnerin und der Student, die eine halbe Mark für die Kilowattstunde zahlen, fördern ungefragt den ökologisch gefährlichen Gebrauch von Aluminiumdosen! Müßte Reynolds den Echtpreis für den Strom bezahlen, würde das Leichtmetall so kostbar, daß es sofort in allen überflüssigen Bereichen verschwände und zu annähernd 100 Prozent wiederverwendet würde.

Es ist deshalb erforderlich, den Strompreis zu staffeln und so das Sparen zu belohnen. Eine neue Abrechnungsart – mit Leistungs- und Arbeitstarif und etwas niedrigeren Grundkosten –, die seit Januar 1990 in Kraft ist und bis 1991 vollzogen sein muß, erfüllt diese Forderung nur ansatzweise. Sie ist noch weit entfernt von einer linearen oder progressiven Strompreisregelung, wie sie beispielsweise in Japan gilt. Dort zahlt am meisten, wer am meisten verbraucht. Und das hat die japanische Wirtschaft allem Anschein nach nicht ins Wanken gebracht. Möglicherweise besteht sogar ein Zusammenhang zwischen umweltfreundlichen Strompreisen und dem technischen Entwicklungsstand einer Nation. Immerhin braucht ein japanischer Bürger nur 60 Prozent der Primärenergie, die ein Bundesbürger benötigt. Nur wo das Sparen profitabel wird, lohnt der Erwerb und die Entwicklung von energieeffizienten Geräten. Es ist sicher kein Zufall, daß japanische Hersteller in diesem Bereich führend sind.

Auf dem Weg zum Null-Energie-Haus

Verschiedene Studien beschreiben das gesamte Einsparpotential für Strom im bundesdeutschen Haushalt mit 50 bis 70 Prozent. Hier ein paar Beispiele für Möglichkeiten, wo mit recht einfachen Mitteln viel Energie und Geld gespart werden kann – vor allem, wenn es den Echtpreis für Strom und fossile Brennstoffe gäbe:

– Waschmaschinen verschlingen im Kochgang ein Drittel mehr Strom als im 60-Grad-Gang.

– Sparkühlschränke kommen mit der Hälfte des Stromes der heutigen Durchschnittsmodelle aus.

– Bei der Beleuchtung lassen sich durch Sparlampen mindestens 75 Prozent einsparen.

– Gasherde brauchen in einem Drei-Personen-Haushalt im Jahr für rund 30 Mark Brennstoff. Wer mit Strom kocht, muß dafür über 100 Mark hinlegen.

– Für Büros gibt es Konzepte, bei denen mittels elektronischer Sensoren Licht und Wärme nur dorthin gelenkt werden, wo sich gerade eine Person aufhält.

– Allein durch eine mäßige Verhaltensänderung, die nichts kostet und keinen Konsumverzicht bedeutet – volle Waschmaschinen, »Licht-aus« in menschenleeren Räumen, Kühlschrank nicht neben dem Herd etc. –, läßt sich der Stromverbrauch um zehn Prozent senken. Würden alle Bundesbürger diese Kleinigkeiten befolgen, könnten die Elektrizitätswerke zwei große Kohlekraftwerke oder ein 1200-Megawatt-Atomkraftwerk ersatzlos abschalten.

Noch weit mehr ließe sich mit guter Isolierung erreichen. So bauen schwedische Architekten Häuser, die nur noch ein Zehntel (!) der Heizkosten eines herkömmlichen Gebäudes verursachen. Der schwedische *Standard* liegt inzwischen bei 75 Prozent Einsparung gegenüber den schlecht isolierten, ursprünglichen Gebäuden. In Oberburg im Schweizer Kanton Bern steht ein sogenanntes Null-Energie-Haus, das durch gute Wärmedämmung, mit Solarzellen und einer solarthermischen Heizung, ohne jegliche Energiezufuhr von außen, ohne Strom, Öl, Gas oder Kohle auskommt.

Auf der anderen Seite haben gewisse Veränderungen in unserem täglichen Leben zu einem starken Mehraufwand an Energie geführt: Weil unsere Wohnungen geräumiger sind als früher, stieg

entsprechend der Heizbedarf; die gleitende Arbeitszeit kostet die Betriebe bis zu 50 Prozent mehr für Strom und Heizung, das gleiche gilt für verlängerte Ladenöffnungs- und Behördenzeiten, insbesondere in den Abendstunden; ebenso fordert die Abschaffung der Schichtarbeit einen erhöhten Energieeinsatz, weil die Maschinen bei jedem Arbeitstakt neu anlaufen müssen.
Die Industrie, vor allem in der Dritten Welt und in den Ländern des ehemaligen Ostblocks, birgt ein hohes Einsparpotential. Alle energiezehrenden Prozesse – Papierherstellung, Metallverhüttung, Düngemittelproduktion – werden dort oft nach veralteten Verfahren betrieben. Chinesische Hochöfen benötigen für die Produktion einer Tonne Stahl viermal soviel Energie wie im benachbarten Japan. China ist *der* kritische Faktor bei der weiteren Entwicklung des anthropogenen Treibhauseffektes. Mit über einer Milliarde Einwohnern, mit enormen Kohlevorräten, einem jährlichen Industriewachstum von zwölf Prozent in den achtziger Jahren und dem Ziel der Regierung, für jede Familie einen Kühlschrank (mit alter Technik und FCKW-Kühlmittel) bereitzustellen, birgt das asiatische Riesenreich eine globale Klimabombe. Dort, wo die Tonne Kohle ein Viertel des Weltmarktpreises kostet, ist eine Energiepreisreform mit Sparanreizen so wichtig wie nirgendwo auf der Welt. Jede Art von Wirtschafts- und Entwicklungshilfe muß dies berücksichtigen. Aus globaler Sicht ist es sinnvoller, dort im Umweltschutz zu investieren, als hierzulande um Kleinigkeiten zu feilschen.
Ein Entwicklungsland ganz anderer Art bildet die DDR. Dort, wo die Energie bisher hochsubventioniert und geradezu verschleudert wurde, läßt sich mit einfachsten Mitteln der Verbrauch um mindestens 50 Prozent senken. Und zwar zum Teil schon dadurch, daß viele Wohnungen luftdicht gegen die Winterkälte gemacht oder die Heizkörper mit funktionierenden Regelventilen ausgestattet werden. Bislang ist das Fenster vielfach der Temperaturregler für die Wohnung. Da in der DDR die Braunkohlekraftwerke ohnehin saniert oder stillgelegt werden müssen, bietet sich hier die einmalige Chance, auf eine dezentrale Energieversorgung mit kleinen, effizienten Kraft-Wärme-Einheiten umzusteigen.

Wo weniger mehr ist

In manchen Ländern haben die Energieversorgungs-Unternehmen längst erkannt, daß auch für sie die Sparsamkeit der Verbraucher Vorteile bringt. Es ist weitaus billiger, bestehende Kraftwerkskapazitäten besser zu nutzen, als neue aufzubauen oder neue Energiequellen zu erschließen. Es ist auch billiger, wenn Private aus eigener Initiative Wind- und Wasserkraftwerke installieren und den überschüssigen Strom ins öffentliche Netz einspeisen. Der Energieversorger braucht den Strom nur noch zu verteilen und spart die Investitionen. Privatanbieter sollten daher mit hohen Vergütungen belohnt und nicht wie hierzulande mit schlechten Tarifen bestraft werden.
In den Vereinigten Staaten, wo die großen Elektrizitätsunternehmen seit einer Klage eines New Yorker Kleinstproduzenten im Jahr 1977 gesetzlich verpflichtet sind, »angemessene Preise« für gelieferten Strom zu bezahlen, in diesem Mutterland der Energieverschwendung sind einige Stromanbieter dazu übergegangen, Energiesparlampen an ihre Kunden zu verschenken oder superisolierte Kühlschränke teilzufinanzieren. Damit wollen sie den Stromverbrauch *senken,* um den teuren Bau von neuen Kraftwerksblöcken zu vermeiden. Die gleichen Unternehmen haben noch vor wenigen Jahrzehnten, im »Kampf um die letzte Lampe«, stromzehrende Glühbirnen verschenkt und für Elektrogeräte aller Art geworben, damit die Stromzähler nicht zum Stillstand kamen.
Man sieht, die Zeiten ändern sich. Und mit ihnen die Erwartungen an die Umweltpolitik. Das gilt für alle Bereiche, in denen Treibhausgase entstehen. So bedarf die gesamte Müll-»Entsorgung« einer Reform. Aus bestehenden Müllhalden muß das Treibhausgas Methan abgesaugt und als Brennstoff genutzt werden. Die Bundesrepublik besitzt rund 500 Deponien, die sich anzapfen ließen. Doch nur ein Zehntel von ihnen wird tatsächlich künstlich entgast. Weit besser ist es um die Deponiegas-Verwertung in den Vereinigten Staaten und in Großbritannien bestellt. Allein die Briten erzeugen eine Menge von Müll-Methan, die dem Brennwert von 250 000 Tonnen Kohle entspricht.
Sinnvoller, als die Abfälle zuerst zu vermischen und auf einem großen Haufen abzuladen, ist es, sie getrennt zu sammeln, zum Teil wiederzuverwenden und den Rest sauber zu deponieren oder

möglichst schadstoffrei zu verbrennen. Die dabei anfallende Wärme läßt sich wiederum nutzen. Hausmüll hat einen Brennwert, der ein Viertel bis ein Drittel dessen der Kohle beträgt. Mit der Energie aus dem Unrat ließen sich weltweit einige Prozent des Strombedarfes decken. Am besten freilich ist es, Müll von Anfang an zu vermeiden. Damit schlagen die Umweltpolitiker viele Fliegen mit einer Klappe: Weniger Energieverbrauch bei der Herstellung der Güter, die doch nur zu Müll werden; weniger Mülltransport; weniger Methan aus der Deponie und weniger Kohlendioxid bei der Verbrennung.

Schon ein Flaschensystem, bei dem es europaweit nur fünf Gefäßtypen gibt, erwiese sich als sehr hilfreich. Wenn sich Bier, Fruchtsäfte oder Milch in diese gleichen Flaschen füllen lassen, braucht das Leergut jeweils nur bis in die nächstgelegene Abfüllanlage transportiert zu werden. Schlimm genug, daß die Hamburger bayerisches Weißbier und die Münchner Flensburger Pils glauben trinken zu müssen. Geradezu hirnverbrannt ist es, anschließend auch noch das Leergut jeweils auf eine 800 Kilometer weite Reise über die Autobahn zu schicken, um es wieder aufzufüllen. Wenn der Münchner sein Nordbier getrunken hat, soll in Gottes Namen das Weißbier in eben diese Flasche hinein, bevor sie nach Hamburg zurückgeht. Das vermeidet immerhin 1600 Kilometer Leerfracht. Das sinnlose Verschieben von Lebens- und Futtermitteln muß generell ein Ende haben. Das spart Treibstoff und schont den Regenwald. Deshalb:

- Viehzucht nur dort, wo kein Getreide wachsen kann – in den Bergen, auf den Weiden der Mittelgebirge oder in den feuchten Marschniederungen;
- keine Massentierfabriken;
- kurze Verteilerwege;
- Regionalbewußtsein bei der Ernährung: Spargel zur Spargelzeit und Äpfel aus dem Alten Land statt aus Chile;
- mit anderen Worten: eine ökologische Landwirtschaft mit geschlossenen und treibhausneutralen Kreisläufen und möglichst wenig Agrarchemie ...

Der ökologische Landbau hat sich vielerorts bewährt und liefert bei fast gleichen Erträgen und einem höheren Personaleinsatz qualitativ bessere Produkte. Er braucht wenig fossile Rohstoffe und hat eine reelle Chance, wenn wir den Echtpreis für die Energie einführen.

Der Echtpreis und das damit verbundene Sparen haben zahllose positive Nebeneffekte: Mit jedem Kilo Kohle, mit jedem Liter Öl, die nicht verbrannt werden, sinkt die Belastung durch den Sauren Regen, entweichen weniger Kohlenwasserstoffe, weniger Kohlenmonoxid, gibt es weniger Smog in den Ballungsgebieten. Die Stickoxidbelastung und die daraus folgende Überdüngung der Flüsse sowie Randmeere und damit die Algenpest gehen zurück. Der Wald, die Fische, Gebäude, Brücken und Kunstdenkmäler, letztlich die Menschen hätten viel davon, wenn die Luft weniger stark mit Verbrennungsgasen aller Art belastet wäre.
Fossile Rohstoffe einzusparen, bedeutet nicht nur, Kohlendioxid, sondern auch Methan und Lachgas zu vermeiden. Eine bessere Energienutzung schont die ohnehin begrenzten Reserven, spart Investitionskapital, verhindert hohe Folgekosten und garantiert einen höheren Lebensstandard. Sie verbessert auch die Handelsbilanz der Industrienationen, die meist stark von den Erdölimporten aus dem Nahen Osten abhängig sind. Die herkömmliche Energieversorgung ist demgegenüber nicht nur umweltschädlich, sondern auch krisengefährdet und wenig preisstabil.
Erst wenn der Echtpreis für die alten, umweltgefährdenden Energieformen eingeführt ist, hat es einen Sinn, neue, sanfte, regenerative, saubere und teure Energien zu nutzen. Wind- und vor allem Sonnenkraft, jene Quellen, die uns das Überleben auf der Erde auch im nächsten Jahrtausend garantieren sollen, stehen uns nur in ausreichender Menge zur Verfügung, wenn wir zuvor das Sparen gelernt haben. Der wachsende Energiehunger von bald zehn Milliarden Menschen läßt sich anders nicht befriedigen.

Kapitel 14
Energie für morgen

Neue Quellen braucht das Land

Kramer Junction, mitten in Kalifornien: Wüste, Sonne, Staub und Highways – fertig ist das amerikanische Klischee. An der Kreuzung gibt es vier Tankstellen (an jeder Ecke eine), mit Diesel für einen Dollar und fünf Cent die Gallone, die »Highländer Cocktail Bar«, den Buletten-Imbiß »Astroburger« und ein namenloses Motel mit zerschossener Leuchtreklame, in das man seinen ärgsten Feind nicht einquartieren würde. Doch Kramer Junction, dieses lumpige Nest in der Mojave-Wüste, ist weltberühmt. Keine Meile vom »Astroburger« entfernt steht das größte Solarkraftwerk der Welt im Wüstensand. Und dort werden, wie es Chet Munch, ein Techniker der Firma Luz International formuliert, »aus Sonne Megawatt gemacht«.

Von Süden, über den Highway 395 kommend, glaubt der Besucher an eine Fata Morgana, wenn er in der dürren Landschaft einen silbrig funkelnden See wähnt. Erst aus der Nähe offenbart sich die Erscheinung als schier endloses Spiegelkabinett: Parabolspiegel, an Stahlgerüsten montiert, in langen Reihen aufgestellt, ernten die Sonne. Spiegel überall, hunderttausende und hektarweise.

Als im Jahr 1984 ein paar israelische und amerikanische Ingenieure um den Geschäftsmann Arnold Goldmann begannen, die ersten Solaranlagen in die kalifornische Wüste zu stellen, schien es, als entstünde mal wieder eines jener utopischen Abschreibungsobjekte, öffentlichkeitswirksam gefördert aus dem Haushalt eines Umwelt- oder Forschungsministers, die dann ein paar Jahre später als Bauruinen veröden. Doch weit gefehlt: Heute hat die Firma Luz über 700 Angestellte, und es summen die Turbinen mit einer Leistung von 280 Megawatt. Goldmann konnte 1989 Sonnenstrom für über 150 Millionen Dollar verkaufen und versorgt heute mehr als 300 000 Menschen mit Strom. Er hat bisher rund eine Milliarde Dollar investiert, zahlt seinen privaten Geldgebern 13,5 Prozent Rendite und bezieht längst keine öffentlichen Subventionen mehr. Am benachbarten Ort Harper Lake entstehen derzeit vier weitere 80-Megawatt-»Solarblöcke«, und wenn sie erst am Netz sind, wird Luz billigere Elektrizität liefern als ein Atomkraftwerk, betont Luz-Mitarbeiter Paul Savoldelli. Geplant sind Solarfarmen in Nevada, Texas, Indien und Brasilien. »Das Geschäft kann eigentlich nur besser werden«, sagt David Kearney, der technische Direktor von Luz.

Goldmanns Erfolg ist denkbar einfach. Seine solarthermischen Kraftwerke sind solide, geradezu simple »Low-Tech-Anlagen« – einfach, billig und leicht zu warten. Im Prinzip funktionieren sie nicht anders als eine Lupe, mit der man in der Sonne ein Stück Papier entflammen kann: Die Krummspiegel, computergesteuert zur Sonne gewandt, bündeln das Licht auf ein Kunststoffrohr, in dem ein synthetisches Öl zirkuliert. Diese Flüssigkeit heizt sich auf rund 450 Grad auf und läßt in einer zentralen Einheit Wasser verdampfen. Der Dampf treibt, wie in einem konventionellen Wärmekraftwerk, eine Turbine mit Generator an. Verhängen Wolken den Himmel, darf Luz eine gesetzlich festgelegte Menge Erdgas zufeuern, um den Strombedarf zu Spitzenzeiten zu dekken.

Mit Goldmanns Konzept läßt sich natürlich nicht der gesamte Energiehunger der Welt stillen. Sein Erfolg hat spezifische und geographisch bedingte Gründe:

Erstens scheint in der Mojave-Wüste die Sonne an 350 Tagen im Jahr – beste Voraussetzung für den effektiven Betrieb solarthermischer Anlagen.

Zweitens gab es dank der umweltpolitischen Weitsicht des ehemaligen US-Präsidenten Jimmy Carter zu Beginn des Projektes steuerliche Vergünstigungen für die regenerative Energiegewinnung. So kam das Unternehmen überhaupt erst in Gang.

Drittens fand Goldmann leicht finanzkräftige private Investoren, denn die Solarfarm bringt eine rasche Rendite. Weil die Technik so einfach ist, fließen bereits zwölf Monate nach Baubeginn einer neuen Spiegeleinheit Strom – und Dollars.

Viertens sind amerikanische Energieversorgungs-Unternehmen gesetzlich verpflichtet, Strom von Kleinerzeugern zum jeweiligen Marktpreis zu kaufen. Die Firma wahrt diesen Status, indem sie das Kraftwerk in unabhängige 80-Megawatt-Einheiten aufteilt.

Fünftens liefert Luz die meiste Energie genau zu jener Zeit, da sie

als Spitzenstrom am teuersten ist – wenn in Kalifornien die Bürger unter der Sommerhitze stöhnen und die Kühlschränke und Klimaanlagen auf Hochtouren laufen.
Umgerechnet über 40 Pfennig zahlt das Elektrizitätsunternehmen Southern California Edison an Goldmann für die Kilowattstunde. Sie herzustellen kostet weniger als 24 Pfennig und dieser Betrag soll auf 16 Pfennig sinken, wenn die komplette Anlage erst steht. Auch diese Kosten ließen sich noch senken, glaubt David Kearney, wenn die Ingenieure die Einfach-Technik weiter verbessern: Andere Flüssigkeiten im Fokussionsrohr, die höhere Temperaturen vertragen, würden beispielsweise den Wirkungsgrad der Anlage erhöhen. Ein automatisches Reinigungssystem könnte die Spiegel stets auf voller Leistungsbereitschaft halten.
Von Anfang an setzte Luz auf anspruchslose, aber ausgereifte Technik. So stammen die Präzisionsspiegel aus einem Werk im Bayerischen Wald. Nur dort, bei einer Tochterfirma der bundesdeutschen Flachglas AG, gibt es Parabolspiegel in höchster Qualität. Die Turbinen in Kramer Junction sind Spezialanfertigungen des schwedisch-schweizerischen Unternehmens Asea Brown Boveri, eines der größten Konzerne der Welt im Energiebereich.
Notwendig für die Spiegelfarmen sind durchschnittlich acht Stunden Sonnenschein am Tag; ungeeignet sind Gebiete, die von Sandstürmen heimgesucht werden, denn diese würden die wertvollen Spiegel rasch erblinden lassen; es muß eine gewisse Menge an Wasser vorhanden sein, um die Spiegel regelmäßig zu reinigen; und ein Elektrizitätsnetz, in das sich der Solarstrom einspeisen läßt. Trotz dieser Einschränkungen ließe sich nach Ansicht von Luz-Ingenieur Kearney allein in den Vereinigten Staaten ein Viertel des gesamten Strombedarfs über die billigen, geräusch- und emissionsarmen solarthermischen Kraftwerke decken, und zwar ohne das ganze Land mit Spiegeln vollzustellen. In Kalifornien ist eine Fläche von 5800 Quadratmetern notwendig, um die Kraftwerksleistung von einem Megawatt zu installieren. Ähnliche Zahlen gälten etwa für Teile Brasiliens, Indiens oder des Mittelmeerraumes.

350 000 000 000 000 000 Kilowattstunden

Die Solarthermie ist nur eine von vielen Methoden der regenerativen Energieversorgung. Diese beruht auf Energien, die immer wieder von neuem zur Verfügung stehen. Energielieferant ist in jedem Fall die Sonne.* Sie schickt jährlich 350 Millionen Milliarden Kilowattstunden Strahlungsenergie zur Erde. Das ist über 10 000mal so viel, wie die Menschheit zur Zeit braucht, und weit mehr, als sie je wird brauchen können. Die Sonnenstrahlung läßt die Pflanzen wachsen und das Wasser der Ozeane verdampfen, sie sorgt für den Regen und die Winde. Die Sonne steckt hinter der Wärme eines Holzfeuers und sie treibt indirekt auch die Turbinen eines Staudammes oder die Propeller eines Windgenerators an. Selbst die fossilen Brennstoffe sind nichts als gespeicherte Sonnenenergie. Kohle, Öl und Gas zu verbrennen, ist durchaus umweltverträglich. Das leidige Problem besteht nur darin, daß wir in Jahrhunderten verfeuern, was in Jahrmillionen herangewachsen ist, Kohlenstoff aus der Erdkruste in die Atmosphäre verfrachten und das Gleichgewicht der Lufthülle stören. Da die fossilen Reserven ohnehin begrenzt sind, ist langfristig eine globale Energieversorgung notwendig, die das permanente und kostenlose Sonnenangebot nutzt. Warum also nicht die Sonnenstrahlung direkt, unter Umgehung der Luft-, Boden- und Gewässerverschmutzung, nutzen? Das klingt einfacher, als es ist. Die Sonne bietet zwar eine hohe Leistung an, die Leistungsdichte ist jedoch gering. Solarenergie in jeder Form, sei es als Strahlung, Wind, Wasser oder Biomasse, muß zunächst gesammelt, umgewandelt und transportiert werden. Und das ist nach landläufiger Meinung teuer.

Die bekannten blauschwarzen »photovoltaischen« Solarzellen, die in einem Arbeitsgang aus Licht Strom machen, kommen beispielsweise nur dort zum Einsatz, wo der Preis kaum eine Rolle spielt, wo sehr wenig Strom gebraucht wird oder wo es keine andere Stromquelle gibt: in Kleinstgeräten wie Taschenrechnern, auf einsamen Bergstationen oder in der Weltraumtechnik. Diese »Kraftwerke« sind von der Energiebilanz aus gesehen unsinnig,

* Ausnahmen davon sind beispielsweise die Geothermie, welche die Hitze aus dem Erdinneren anzapft. Oder die Gezeitenenergie, welche den Niveauunterschied von Ebbe und Flut zur Stromerzeugung nutzt.

denn sie benötigen bei der Herstellung mehr Energie, als sie je erwirtschaften können. Ihr »Erntefaktor«, das Verhältnis aus aufgewendeter zu herausgeholter Energie, ist kleiner als eins.

Doch die Vorurteile gegen regenerative Energien sind falsch. Die Wasserkraft beispielsweise ist in den meisten Gebieten konkurrenzlos billig. Wind- und solarthermische Anlagen sind an geeigneten Standorten schon konkurrenzfähig, mit einem Erntefaktor, der weit über eins liegt. Und viele Länder der Dritten Welt dekken den größten Teil ihres Energiebedarfes über die Biomasse – weil sic dort der billigste Energieträger ist.

Saubere Energieformen lassen sich mit vergleichsweise geringen Mitteln einführen. Weil die Solarenergie-Forschung generell in kleinem Maßstab stattfindet, kann sie überhaupt nur einen Bruchteil des Geldes verbrauchen, das etwa über Jahrzehnte in die Kerntechnik geflossen ist. Noch nicht konkurrenzfähige regenerative Energien brauchen *jetzt* staatliche Hilfe, entweder über eine direkte finanzielle Förderung oder über Steuererleichterungen. Auf diese Unterstützung könnten sie sogar weitgehend verzichten, wenn es den Echtpreis für die umweltbelastende Energieformen gäbe.

Ein fairer Vergleich zwischen herkömmlicher und regenerativer Energie muß alle Folgekosten mit berücksichtigen. So emittieren ein Kohlekraftwerk je produzierter Kilowattstunde rund 300 Gramm Kohlendioxid, die solarthermische Anlage in Kramer Junction (wegen des zugefeuerten Erdgases) 47 Gramm und Windkraftanlagen überhaupt kein CO_2. Olav Hohmeyer vom Fraunhofer-Institut für Systemtechnik und Innovationsforschung in Karlsruhe hat in einer Studie die Kosten der konventionellen und der regenerativen Stromerzeugung miteinander verglichen:

Der Marktpreis für Strom in der Bundesrepublik beträgt für den Normalbürger etwa 25 Pfennig je Kilowattstunde. Die »sozialen Kosten« von Kohle- und Atomstrom beziffert der Autor auf mindestens sechs bis 17 Pfennig je Kilowattstunde. Vergleicht man diesen Betrag mit jenen 20 bis 30 Pfennig, die eine Kilowattstunde Windstrom an der deutschen Nordseeküste kostet, dann schneidet das Windkraftwerk ökonomisch besser ab als jene Anlagen, die klimaschädigende Abgase oder strahlende Abfälle produzieren.

Strom aus Solarzellen kostet derzeit 1,50 bis zwei Mark je Kilowattstunde (amerikanische Autoren rechnen bereits – umgerechnet – mit 60 Pfennig). Erst wenn dieser Preis auf 50 Pfennig gesunken ist, meint Hohmeyer, wird Solarstrom gesamtwirtschaftlich gesehen gegenüber konventionell erzeugtem Strom in manchen Bereichen konkurrenzfähig – beispielsweise für Kleinverbraucher. Dieser Zeitpunkt wird angesichts sinkender Preise für Solarpaneele vermutlich Mitte der neunziger Jahre erreicht sein, und zwar selbst in einem sonnenarmen Land wie der Bundesrepublik. Mit anderen Worten: Die regenerativen Energien werden zwangsläufig immer billiger, während die herkömmlichen wegen der Endlichkeit der Reserven und der wachsenden Umweltschäden immer teurer werden.

Sonne in den Tank

Doch welches Potential bergen die sanften und sauberen Energiequellen? Die Angaben dazu variieren stark, denn sie hängen vom zukünftigen Energiebedarf, vom Zeitpunkt der Einführung und von den Preisen der fossilen Brennstoffe ab. Manche Studien halten nur einige wenige Prozent Anteil am globalen Energieumsatz in den kommenden Jahrzehnten für möglich. Andere reichen bis zu 100 Prozent bis Mitte des kommenden Jahrhunderts, eine politisch vielleicht utopische, technisch jedoch durchaus mögliche Vorstellung. Wichtig bei dieser Diskussion ist, daß der regenerative Anteil an der Energieversorgung stark davon abhängt, wie wir zukünftig den sparsameren Umgang mit der Energie lernen: Angenommen, die Windenergie könnte hierzulande fünf Prozent des heutigen Strombedarfes decken (was technisch machbar wäre), dann entspräche dieser Beitrag bereits zehn Prozent, wenn wir den Strom um die Hälfte effizienter nutzen könnten (was technisch auch kein Problem ist).
Beginnen wir mit der *Wasserkraft,* die sowohl ausgereift wie auch seit langem etabliert ist. Weltweit liegt ihr Anteil bei sieben Prozent am Primärenergieeinsatz beziehungsweise bei 21 Prozent bei der Stromgewinnung – das ist wesentlich mehr, als derzeit die Kernenergie (mit unter 15 Prozent) liefert. Mit der Wasserkraft werden immerhin fast zweieinhalb Gigatonnen Kohlendioxid pro Jahr vermieden. Dabei sind bislang nur etwa zehn Prozent des

nutzbaren Potentials ausgeschöpft. Vor allem in Kanada, Südamerika, Afrika, der Sowjetunion, Asien und Grönland fließt das Wasser größtenteils ungenutzt den Berg hinunter.
In der Bundesrepublik liefert die Wasserkraft rund fünf Prozent des verbrauchten Stromes, in der Schweiz sind es 57 und in Österreich 70 Prozent. In diesen Ländern gilt das Potential gemeinhin als erschöpft. Zum einen, weil fast alle günstigen Standorte für Großkraftwerke zugebaut sind, zum anderen, weil die Erschließung der letzten möglichen Bäche und Flüsse schwere ökologische Folgen hätte. Übersehen wird bei der Nutzung der Stauwerke im allgemeinen, daß auch Kleinvieh Mist macht, daß in der Bundesrepublik einige Tausend private Kleinwasserkraftwerke von Mühlen oder Sägewerken brachliegen und nicht an das öffentliche Netz angeschlossen sind – vor allem, weil die großen Energieversorger wenig Interesse an der Konkurrenz der Zwerge haben. Nach einer Studie des Deutschen Institutes für Wirtschaftsforschung in Berlin ließen sich durch den Ausbau *bestehender* Kleinanlagen jährlich 1,4 Terawattstunden (1,4 Milliarden Kilowattstunden) Strom erzeugen. Allein in Baden-Württemberg könnte die Wasserkraftnutzung um 60 Prozent steigen. Im Gegensatz zu den großen Staudämmen haben die kleineren Werke mit wenigen Metern Fallhöhe meist einen ökologischen Nutzen: Sie heben den Grundwasserspiegel und schaffen die Grundlage für wichtige Feuchtbiotope.
Ein gängiges Argument gegen die erneuerbaren Energiequellen ist der angeblich hohe Landschaftsverbrauch. Wer will schon, daß hinter jedem Haus ein Windrad in den Himmel ragt oder daß quadratkilometerweise das Land unter Solarpaneelen verschwindet. Das Argument ist so alt wie falsch. Zwar benötigen Sonnen- oder Windkraftwerke je installiertem Megawatt Leistung dreimal mehr Platz als ein Atomkraftwerk, aber immer noch *weniger* als ein Kohlekraftwerk, denn dort muß man den Landverbrauch für Abbau und Lagerung der Kohle berücksichtigen. Dieses Land wird obendrein über Jahrzehnte schwer geschädigt, während es etwa bei einer Windfarm als Weideland erhalten bleibt. Daß Windmühlen in großer Zahl umweltverträglich sind, zeigt ein Blick in die Vergangenheit: Zu Beginn des Jahrhunderts drehten sich an der Nordseeküste zwischen Holland und Dänemark über 100 000 Windräder, im dänischen Binnenland kamen 30 000 hinzu.

Der *Wind* ist, nach der Wasserkraft, die zur Zeit wirtschaftlichste regenerative Energiequelle, und er kann unter günstigen Bedingungen billigeren Strom liefern als ein Kohlekraftwerk. Windräder sind relativ einfach konstruiert, technisch ausgereift und lassen sich schnell installieren. Zu Beginn des vergangenen Jahrzehntes gab es auf der ganzen Welt nicht viel mehr als einfache windgetriebene Wasserpumpen und ein paar Mammutprojekte einer größenwahnsinnigen Forschungspolitik, die aus dem Stand Megawattmühlen bauen lassen wollte. Rekordhalter war »Growian«, die »Große Windenergieanlage« bei Brunsbüttel in Schleswig-Holstein, die nach knapp 200 Stunden pannenreicher Laufzeit abgerissen wurde. Die Ingenieure der Firma MAN hatten den 100 Millionen Mark teuren Growian im Übereifer so hoch ausgelegt, daß selbst der größte Baukran das Maschinenhaus nicht erreichen konnte. Seither tut sich die Windenergie schwer in Deutschland. Viele Kritiker unken, es sei der eigentliche Sinn von Growian gewesen, zu zeigen, daß die Windkraft nichts tauge.
Im Rest der Welt hingegen schossen in den vergangenen Jahren zahllose kleinere bis mittlere Windräder aus dem Boden, die meisten davon in Kalifornien und Dänemark, mit einer installierten Gesamtleistung von 1600 Megawatt. Das ist zwar nicht viel mehr, als ein großer Atomkraftblock leistet, aber es ist auch nur der Anfang. Dänemark, das im Jahr 1973 nach der ersten Ölkrise begann, die Windkraft zu fördern, will bis zum Jahr 2000 zehn Prozent des landesweiten Strombedarfs über insgesamt 60 000 Propeller decken. Ein wesentlich höherer Anteil an der Stromversorgung ist nicht sinnvoll, da sonst wegen der Gefahr großflächiger Flaute andere Kraftwerke in Reserve stehen müßten. Dennoch kann das rohstoffarme Dänemark mit dieser Energiepolitik zumindest teilweise autark werden.
Dank der frühen staatlichen Unterstützung beherrschen die Dänen heute obendrein den Weltmarkt für Windmühlen. Bis zu zehntausend Anlagen gehen jährlich in den Export, und 5000 Menschen finden Arbeit in dem jungen Industriezweig. Anders als in der Bundesrepublik haben sich die dänischen Firmen zudem langsam an größere Mühlen herangearbeitet und einen Markt nach dem anderen erschlossen. Schwedische Ingenieure haben inzwischen auf dem gleichen Weg Rotoren der Growian-Klasse entwickelt, die tatsächlich funktionieren.
In manchen Gebieten Deutschlands herrschen vergleichbare

Windverhältnisse wie im Staate Dänemark. Dazu gehören die gesamte Nordseeküste bis etwa 50 Kilometer landeinwärts, die Ostseeküste von Schleswig-Holstein bis nach Mecklenburg sowie die Kammlagen der Mittelgebirge, vom Hunsrück bis in den Harz. Würde man dort nur 100 000 kleinere bis mittlere Windkonverter mit einer Durchschnittsleistung von 100 Kilowatt errichten*, dann ließen sich damit fast drei Prozent des heutigen bundesdeutschen Strombedarfes decken beziehungsweise annähernd sieben Millionen Tonnen Kohlendioxid vermeiden.

Ein anderer unterschätzter Bereich ist die *Erdwärme.* Geothermische Kraftwerke liefern, anders als Wind- und Sonnenkollektoren, Strom oder heißes Wasser rund um die Uhr, sie decken also den Grundlastbedarf, und zwar zu außerordentlich niedrigen Preisen von drei bis 16 Pfennig je Kilowattstunde. Weltweit sind Erdwärmekraftwerke mit einer Gesamtleistung von mehr als 5000 Megawatt installiert. Allein in den Vereinigten Staaten ließe sich die Kapazität (von heute 2100 Megawatt) bis zum Jahr 2000 verdoppeln bis verachtfachen. Der italienische Erdwärme-Experte Raffaele Cataldi schätzt, daß geothermische Kraftwerke im globalen Maßstab bis zu diesem Zeitpunkt 20 000 Megawatt Leistung erreichen werden, was immerhin 35 großen Kohlekraftwerksblöcken entspricht. Weite Regionen mit leicht nutzbarer Energie aus der Erdkruste liegen in Zentralamerika, Neuseeland, den Philippinen, Ostafrika oder der Sowjetunion. Vor allem für Teile der Dritten Welt bietet die Geothermie eine sinnvolle, weil billige und heimische Energiequelle.

Mit *Wärmepumpen* läßt sich ebenso Energie aus der Umgebung, aus der Luft, dem Wasser oder dem Boden entnehmen. Das Deutsche Institut für Wirtschaftsforschung schätzt das hiesige Potential für Wärmepumpen bis zum Jahr 2000 unter Umständen höher ein als das für Wind- oder Sonnenenergie und fast so hoch wie das für Wasserkraft. Bei der Gebäudeheizung senken Wärmepumpen den Energiebedarf um über die Hälfte. Werden sie mit Solarzellen kombiniert, die den notwendigen Strom für die Pumpen liefern, kann das Haus sogar ganz ohne Fremdenergie

* Windgeneratoren mit einer Leistung von 50 bis 250 Kilowatt liefern an guten Standorten pro Jahr mindestens 1000 Kilowattstunden je installiertem Kilowatt Leistung. Bereits eine typische 55-Kilowatt-Anlage mit 16 Meter Turmhöhe erzeugt genug Strom, um 20 Haushalte zu versorgen.

beheizt werden. In Ländern mit hoher Sonneneinstrahlung kann die Warmwasserbereitung für Privathaushalte mit einfachen Sonnenkollektoren betrieben werden. In Australien sind diese Geräte gang und gäbe, in Israel Vorschrift.

Biomasse steuert heute 14 Prozent zum Weltenergiebedarf bei. In vielen Entwicklungsländern beträgt der Anteil über 50 Prozent. Holz, landwirtschaftliche Abfälle oder Hausmüll lassen sich allerdings weitaus besser nutzen, als das derzeit geschieht – und zwar längst nicht nur in der Dritten Welt. So arbeiten in Dänemark eine Reihe von kommunalen Kleinkraftwerken mit Stroh als Brennstoff. Auch wenn dabei Kohlendioxid entsteht, tragen Biomasse-Kraftwerke *nicht* zum anthropogenen Treibhauseffekt bei, denn sie verbrennen lediglich Teile rasch nachwachsender Rohstoffe. Wird Deponiegas verheizt, dann sinkt die Klimagefährdung sogar, weil das Methan ein wesentlich stärkeres Treibhausgas ist als das Kohlendioxid.

Das größte und langfristig wichtigste erneuerbare Potential birgt die *Photovoltaik.* Die flachen, bläulich schimmernden oder rotschwarzen Solarzellen, die ähnlich wie Computerchips aus einem Halbleitermaterial bestehen, weisen einen unschätzbaren Vorteil auf: Weil sie Strahlung direkt in Strom umwandeln, braucht ein photovoltaisches Kraftwerk keine Wärmetauscher, keine Turbinen, keine beweglichen Verschleißteile, kaum Service und so gut wie kein Personal. Vereinfacht gesagt – diese Geräte stehen im Licht und hinten kommt der Strom raus. Wolken stören dabei nicht einmal sonderlich.

»Zum Multi-Milliarden-Geschäft, wie viele es erwartet hatten, ist die Photovoltaik noch nicht geworden«, räumt Charles Gay, der Präsident von Arco Solar, dem größten Solarpaneel-Produzenten der Welt, ein: »Aber das ist nur eine Frage der Zeit. Die Solarzellen werden laufend effektiver und durch Massenproduktion vor allem billiger.« Arco Solar war einst als Tochterfirma des amerikanischen Ölmultis Atlantic Richfield entstanden, als nach der letzten Ölkrise die meisten großen Mineralölkonzerne in das Sonnengeschäft einstiegen. Doch das Unternehmen verlor Ende der achtziger Jahre die Lust am Regenerativ-Geschäft und bot die Solartochter zum Verkauf an – womöglich genau zum falschen Zeitpunkt. 1989 ging die Firma an die bundesdeutsche Siemens AG.

Was der Solarenergie im heutigen Stadium fehlt, ist eine geschickte und systematische Förderung, ähnlich wie es die Dänen in den achtziger Jahren für ihre Windenergie getan haben. Das Bundesministerium für Forschung und Technologie steckt freilich immer noch weit mehr Mittel in die Atom- als in die Sonnenkraft. Die Förderung für die Solarenergie, klagt Carl-Jochen Winter von der Deutschen Forschungsanstalt für Luft- und Raumfahrt in Stuttgart, sei »reaktiv und zyklisch«, und nicht wie es notwendig wäre, »aktiv und antizyklisch«. Das heißt: Die Mittel fließen vor allem nach einem Reaktorunfall oder Ölpreisschock. Bleibt die Frage, warum der Einstieg in die Sonnenwirtschaft angesichts der drohenden Klimaveränderung nicht längst Gebot der Bundesregierung ist.

Mit einem ungewohnten Schub rechnen offenbar andere: Eine interne Studie des Elektrokonzerns Asea Brown Boveri schätzt, daß die Sonnenenergie dann konkurrenzfähig würde, wenn der Ölpreis wieder auf seinen ehemaligen Höchststand während der letzten Ölkrise anstiege. Oder wenn es in Westeuropa oder in den Vereinigten Staaten zu einem nuklearen Unfall wie in Tschernobyl und damit zu einem Zusammenbruch der Atomindustrie käme. Folgerichtig rät das Papier, sich möglichst rasch bei einem Photovoltaik-Hersteller einzukaufen.

Die Industrie täte obendrein gut daran, rasch Erfahrungen mit Solarfarmen im großen Maßstab zu sammeln. Ähnlich wie es Arco Solar schon seit dem Jahr 1983 in Kalifornien tut: In der Carissa-Ebene bei San Luis Obispo, wenige hundert Meilen von dem solarthermischen Spiegelkabinett in Kramer Junction entfernt und unweit des Tehachapi-Passes, wo Tausende von (meist dänischen) Windmühlen Billigstrom erwirbeln, dort, im Mekka der erneuerbaren Energien, richten sich täglich 800 überdimensionale blauschwarze Solartische nach der Sonne. Wie stahlgewordene Sonnenblumen wandern sie computergesteuert jede Minute mit einem leisen Summen der Strahlung nach, um möglichst kein Quantum Licht zu verpassen. Die Farm mit einer Leistung von 6,5 Megawatt versorgt immerhin 2300 Haushalte mit Strom und arbeitet, obwohl eine Pilotanlage, vollautomatisch und so gut wie wartungsfrei. Der Computer für den Sonnenstand ist bis ins nächste Jahrtausend programmiert, und der diensthabende Techniker muß nicht viel mehr tun, als gelegentlich eine Sicherung wechseln.

Einen (kleinen) Schritt weitergegangen ist der Energieversorger

Bayernwerk. Im oberpfälzischen Neunburg vorm Wald entsteht ein »Solar-Wasserstoff-Versuchs-Kraftwerk« mit einem halben Megawatt Leistung. Mit Sonnenstrom sollen dort Wassermoleküle elektrolytisch in ihre Bestandteile Wasserstoff und Sauerstoff gespalten werden. Der Wasserstoff ist ein idealer Energieträger. Er hat pro Masseeinheit einen zweieinhalbfach höheren Energieinhalt als Benzin. Er läßt sich wie Heizöl in Öfen verheizen, wie Treibstoff in Turbinen oder Automotoren verbrennen, aber auch in Brennstoffzellen »kalt« zu Strom zurückverwandeln. Als Abgas entsteht im wesentlichen die Ausgangssubstanz der Wasserstoffproduktion – also Wasserdampf. Ein geradezu genialer geschlossener Energiekreislauf. Das Gas kann obendrein via Pipeline oder Tankschiff wie Erdgas verschickt werden. Es läßt sich flüssig, gasförmig oder an Trägermoleküle gebunden speichern. Im Ruhrgebiet besteht gar seit 1940 die nötige Infrastruktur für eine Wasserstoffverteilung – ein 220 Kilometer langes Röhrennetz, an das alle größeren Industriebetriebe angeschlossen sind.

Vielen Energiefachleuten gilt Wasserstoff als »Sekundär-Energieträger« der Zukunft: Er kann dort, wo etwa billige Wasserkraft in großen Mengen zur Verfügung steht – in Grönland oder Kanada –, oder in sonnenreichen Ländern in Solarkraftwerken hergestellt und dann als sauberer Brennstoff an jeden beliebigen Ort auf der Erde transportiert werden.

Doch auch die Solar-Wasserstoff-Wirtschaft der Zukunft gibt es nicht umsonst. Der Bau von Solarzellen kostet Rohstoffe, und die Energiepreise werden sich im Jahrhundert der Sonnenkraft mit Sicherheit erhöhen. Anstatt quadratkilometerweise die Wüsten der Erde mit Siliziummodulen vollzupflastern, ist es demnach sinnvoller, hierzulande effizienter zu wirtschaften, alle Formen der heimischen Solarenergie zu nutzen (von der Windkraft über Solarziegel auf den Hausdächern bis hin zur Wasserkraft) und lediglich den Restbedarf mit importiertem Solarwasserstoff zu decken.

Vorbild für eine weitgehende Energie-Autarkie könnte die Dritte Welt sein, wo die Energieversorgung aus erneuerbaren Quellen lebensnotwendig ist. In diesen Ländern steigt der Energiebedarf gegenwärtig am schnellsten. Die hochtechnisierte Kernenergie ist dort ungeeignet, ja besonders gefährlich. Fossile Rohstoffe sind für Entwicklungsländer oft zu teuer. Sie wären, in großem Maßstab eingesetzt, zudem eine große Gefahr für das Weltklima. Energie ist aber notwendig, um eine bescheidene Industrialisierung und die notwendige Stromversorgung der wachsenden Bevölkerung zu sichern.

In diesen Ländern, wo der Pro-Kopf-Energieverbrauch noch sehr niedrig liegt, können regenerative Quellen leicht die Versorgungslücke schließen. Zumal in den tropischen Regionen oft die Sonne scheint, oft viel Erdwärme vorhanden ist und die teilweise hohen Niederschläge eine ökologisch verträgliche Nutzung der Wasserkraft leicht machen. Schon um des globalen Klimas willen müssen die Industrienationen ihre Entwicklungshilfe steigern und auf eine umweltschonende Energieversorgung in der Dritten Welt konzentrieren.

Das Modell der geschlossenen Energiekreisläufe muß möglichst schnell auch für die Industrienationen gelten. Heute betrachten wir eine Energiewirtschaft als normal, die im wesentlichen auf einer Mischung aus Kohle, Öl, Gas und Kernkraft beruht. Diese brisante Mischung muß durch einen neuen Energie-Mix abgelöst werden: Sonne, Wind, Wasser und Biomasse werden die Hauptpfeiler der nachfossilen Energieversorgung sein. Statt großer isolierter Kraftwerksblöcke muß ein Netzwerk aus dezentralen Kleinanlagen das Land überziehen, welche die Energieformen nutzen, die lokal verfügbar und umweltfreundlich sind. Auf einen geringen Anteil an fossilen Rohstoffen wird man möglicherweise nicht verzichten können. Und die Atomkraft wird vermutlich an Bedeutung verlieren.

Je schneller wir das Sparen lernen, je mehr wir auf die Sonne bauen, desto weniger wird die Menschheit die Folgen einer globalen Klimaveränderung tragen müssen.

Kapitel 15

Forderungen und Vorschläge

50 Punkte für die heile Welt

Folgendes müssen die Umweltpolitiker der Welt tun

1. Die FCKW sofort verbieten. Sie sind zweifach klimaschädlich, sehr langlebig und leichter zu ersetzen als fossile Brennstoffe.
2. Energiepreise stufenweise auf den Echtpreis erhöhen.
3. Die Subvention der heimischen Kohle von zwölf Milliarden Mark im Jahr zugunsten von Energiesparprogrammen einstellen.
4. Den Strompreis so staffeln, daß Vielverbraucher mehr bezahlen.
5. Kraftfahrzeugsteuer auf den Benzinpreis umschlagen.
6. Die steuerliche Kilometerpauschale für Pkw streichen.
7. Güterferntransport auf der Bahn verbessern.
8. Familienplanungsprogramme fördern, vor allem in der Dritten Welt.
9. Wo immer möglich, aufforsten.
10. Regenerative Energiequellen steuerlich begünstigen, um deren Markteinführung zu erleichtern.
11. Entwicklungshilfe so lenken, daß Dritte-Welt-Länder ohne den Umweg über die fossile Ära direkt auf eine saubere Energieversorgung übergehen können – etwa mit Biomasse, Sonnen- und Windkraft.
12. Entwicklungsprogramme einsetzen, die gleichzeitig den tropischen Regenwald schützen.
13. Die Klimaforschung intensivieren und koordinieren. Wichtiger als immer neue Erderkundungs-Satelliten zu starten, ist z. B., die längst vorhandenen Daten auszuwerten. Bislang ist nur ein (!) Prozent aller zur Erde gefunkten Messungen bearbeitet.

Folgendes kann und sollte jeder einzelne tun

14. Vermeiden Sie alle Produkte, die FCKW enthalten.
15. Schreiben Sie an Ihren Arbeitgeber, Ihre lokale Verwaltung, Ihre Abgeordneten, um nachzufragen, in welchen Bereichen des öffentlichen Lebens FCKW zum Einsatz kommen.

16. Schreiben Sie an Ihren Abgeordneten, was er gegen den anthropogenen Treibhauseffekt und für das Energiesparen zu tun gedenkt.
17. Kaufen Sie, wenn überhaupt, ein möglichst kleines, leichtes und sparsames Auto mit Katalysator.
18. Lassen Sie Ihr Auto für Strecken unter zwei Kilometern stehen.
19. Machen Sie den nächsten Sonntagsausflug zu Fuß oder mit dem Fahrrad.
20. Tun Sie einmal gar nichts. Nichtstun ist die ökologisch verträglichste Art des Daseins.
21. Benützen Sie öffentliche Verkehrsmittel.
22. Bilden Sie Fahrgemeinschaften.
23. Fahren Sie auf Strecken bis zu 500 Kilometern mit der Bahn, anstatt zu fliegen. Manager haben von vier Stunden Bahnfahrt mehr Nutzen als von zweieinhalb Stunden Flughektik.
24. Vermeiden Sie Geschäftsreisen, wenn sich Ihr Auftrag genausogut per Telefon oder Telefax erledigen läßt.
25. Planen Sie lieber einen langen, statt vieler Kurzurlaube.
26. Denken Sie bei jeder Wohnungsrenovierung, bei jedem Neubau an eine effektive Isolierung und an modernste Öl- oder Gasheizungen. In einem gut isolierten Raum fühlen Sie sich wegen der warmen Wände bei 19 Grad genauso wohl wie in einem schlecht isolierten bei 21 Grad.
27. Machen Sie Ihren Arbeitgeber auf jede Art von Energieverschwendung aufmerksam – undichte Fenster, unregulierbare Heizkörper, überheizte Räume, tropfende Hähne etc.
28. Vermeiden Sie Nachtspeicherheizungen.
29. Ziehen Sie im Winter einen Pullover in Ihrer Wohnung an. Ein um ein Grad kühleres Zimmer ist nicht nur gesünder, es senkt auch die Heizkosten um sechs Prozent.
30. Lüften Sie nur bei abgestellter Heizung. Wenn Sie an einem Wintermorgen die Kippfenster aufstellen, verlieren Sie enorm viel Wärme und bekommen von außen nur trockene und in den Städten auch noch die schlechteste Luft des Tages ins Zimmer.
31. Machen Sie das Licht aus in Räumen, wo sich kein Mensch aufhält.
32. Nutzen Sie Energiesparlampen.
33. Essen Sie weniger Fleisch.
34. Kaufen Sie mehr heimische Produkte. Am besten dort, wo

Sie sicher sind, daß die Verteilerwege kurz sind, etwa auf dem Markt. Jeder Drei-Sterne-Koch versucht so, an die frischeste Ware zu kommen.

35. Wandeln Sie Ihren Ziergarten zumindest teilweise in einen Obst- und Gemüsegarten um.

36. Pflanzen Sie Bäume.

37. Verzichten Sie im Garten auf Kunstdünger und Pestizide.

38. Bevorzugen Sie Pfandflaschen.

39. Lassen Sie unmäßige Verpackungen im Supermarkt – so lange, bis die so verpackten Produkte nicht mehr im Regal stehen.

40. Machen Sie wenig Müll, nehmen Sie den Korb zum Einkaufen, bringen Sie Wiederverwertbares zum Recycling (aber nicht Flasche für Flasche mit dem Auto), und legen Sie, wo möglich, für abbaubaren Müll einen Komposthaufen an.

41. Verzichten Sie auf unsinnige und überflüssige Produkte. Eine gute Übersicht bietet das Werbefernsehen, denn für die sinnlosesten Güter muß die Industrie in einer Überflußgesellschaft den meisten Wirbel machen.

42. Meiden Sie Chemie im Haushalt – Insektenspray, aggressive Reinigungsmittel, Möbelpolitur etc.

43. Duschen Sie, anstatt zu baden. Das spart je Waschgang rund vier Kilowattstunden Energie.

44. Kochen Sie möglichst mit Gas.

45. Setzen Sie den Deckel auf den Topf. Das spart mindestens sechs Prozent Energie.

46. Nutzen Sie bei Lebensmitteln, die lange garen müssen, einen Dampfdrucktopf. Das spart bis zu 43 Prozent Energie.

47. Verzichten Sie auf den Kochwaschgang. Er ist so gut wie nie erforderlich.

48. Tauen Sie Ihren Kühlschrank regelmäßig ab. Sie wollen schließlich Ihre Speisen kalt halten und keine Gefrierfachgletscher züchten.

49. Lassen Sie um Gottes willen und ohne schlechtes Gewissen Ihre Tropenholzmöbel in der Wohnung. Die Bäume sind ja schon gefällt, und in der Müllverbrennung wird nur Kohlendioxid aus dem Teakholz-Sideboard.

50. Würden alle Bürger diese Bürgerpflichten befolgen, wäre ein guter Teil des Klimaproblems im Handumdrehen gelöst. Erzählen Sie deshalb allen, was Sie tun und was jeder tun kann, um den Ausstoß an Treibhausgasen zu senken.

Glossar

Aerosol: In der Atmosphäre schweben feste oder flüssige Teilchen, die weit größer sind als einzelne Moleküle, aber noch nicht groß genug, um eine merkliche Fallgeschwindigkeit zu erreichen – die Aerosole. Ihr Durchmesser reicht von 0,001 bis 10 Mikrometer. Natürliche Aerosole sind Wüsten- und Vulkanstaub oder Meersalz; anthropogen sind beispielsweise Rauch und Rußteilchen. Aerosole trüben die Luft und bilden, wenn sie groß genug sind, Kondensationskeime für Wolkentröpfchen. Selbst in einem Kubikzentimeter sauberster Luft schweben noch etwa 500 dieser Kleinstpartikel. In der Großstadtluft sind es 10 000 bis 100 000.

Albedo: Trifft Strahlungsenergie auf eine Fläche, dann wird das Verhältnis von zurückgestreuter zu einfallender Energie Albedo genannt. Dieser Reflexionsgrad beträgt für Sonnenstrahlung auf frisch gefallenem Pulverschnee 0,85. Dicke Kumuluswolken haben eine ähnliche Albedo. Ozeane reflektieren nur fünf bis zehn Prozent der Sonnenenergie. Sie haben entsprechend einen Albedo von 0,05 bis 0,1. Die Albedo von Ruß ist fast Null.

Atmosphäre: Die Gashülle eines Himmelskörpers, die verschiedene Gase und Partikel enthält. Die Zahl der darin enthaltenen Teilchen nimmt mit der Höhe etwa alle 5,5 Kilometer um die Hälfte ab. Zusammensetzung der Erdatmosphäre siehe *Abb. 3.2.*

Biomasse: Pflanzen, Tiere und Menschen sowie die von diesen Lebewesen gebildeten Stoffe. Beispielsweise Holz, Stroh, Laub, Fleisch oder Mist. Vor allem in der Dritten Welt wird Biomasse als Brennstoff genutzt.

Biosphäre: Die Gesamtheit aller lebenden und gestorbenen Organismen auf der Erde. Also Pflanzen, Humus, Torf, Tiere, Dung, der Schlick im Wattenmeer etc.

Coriolis-Kraft: Nach einem französischen Mathematiker benannte Kraft, die auf jeden bewegten Körper wirkt, der sich auf einer rotierenden Scheibe oder Kugel befindet. Also beispielsweise auf Luft, die vom Hoch ins Tief fließt. Auf der Nordhalbkugel werden alle bewegten Körper nach rechts, auf der Südhälfte des Globus nach links abgelenkt. Nur am Äquator ist die Corioliskraft unbedeutend.

Einheiten und **Dimensionen:**
ppb parts per billion, Anteil einer genannten Art von Teilchen je Milliarde Teilchen oder 0,0000001 Prozent (im Englischen bedeutet »billion« Milliarde!).
ppm parts per million, Anteil Teilchen je Million Teilchen. 1 ppm = 1000 ppb oder 0,0001 Prozent.
1 Joule (physikalische Maßeinheit für Energie) = 1 Wattsekunde
1 Watt (physikalische Einheit für Leistung) = 1 Joule pro Sekunde
1 Kilowattstunde (technische Maßeinheit für Energie) = $1000 \times 60 \times 60 = 3\,600\,000$ Joule
1 Kilo Steinkohleeinheiten = 29 308 Kilojoule = 8,14 Kilowattstunden
1 Tonne Steinkohleeinheiten = 8140 Kilowattstunden
Dimensionsangaben:
Mikro = Millionstel = 10^{-6}
Milli = Tausendstel = 10^{-3}
Kilo = Tausend = 10^{3}
Mega = Million = 10^{6}
Giga = Milliarde = 10^{9}
Tera = Billion = 10^{12}
Peta = Billiarde = 10^{15}
Exa = Trillion = 10^{18}

Eiszeit: Abschnitt der Erdgeschichte mit ausgedehnten Eisfeldern außerhalb der Gebirge. Die letzte Eiszeit auf der Nordhalbkugel, mit verschieden starken Vorstößen und unterbrochen von Warmperioden, begann vor zwei bis drei Millionen Jahren. Die Antarktis ist schon weit länger vereist.

El Niño: Abgeleitet vom spanischen Wort für das Christkind, bezeichnete El Niño ursprünglich eine warme Meeresströmung, die alljährlich zu Weihnachten vor der Küste Perus auftritt. Inzwischen ist der Begriff ausgedehnt auf eine Erwärmung, die unregelmäßig alle drei bis sieben Jahre den tropischen Pazifik erfaßt. Massive El-Niño-Ereignisse sind mit einer Luftdruckanomalie zwischen Nordaustralien oder Indonesien und der Südsee gekoppelt und haben vorübergehend einen starken Einfluß auf das Weltklima. Sie werden auch als »Enso« bezeichnet (Kürzel für El-Niño-Southern-Oszillation).

Endenergie: Energie, die als Heizöl, Fernwärme, Kohle, Erdgas, Strom oder Treibstoff zum Verbraucher gelangt.

Energie: Die Fähigkeit, Arbeit zu verrichten. Energie liegt in verschiedenen Formen vor: als potentielle Energie, die nur von der Position eines Körpers abhängt (das in einem Stausee gespeicherte Wasser in den Bergen); als kinetische Energie, die von der Geschwindigkeit eines Körpers abhängt (der Wind, der einen Propeller antreibt); als Wärmeenergie, die von der Temperatur abhängt (die Flamme in einem Dieselmotor). Energie kann nur umgewandelt, nicht erzeugt oder vernichtet werden. So wird aus der potentiellen Energie des Wassers im Stausee kinetische Energie im Druckrohr und diese in der Turbine zu Strom umgewandelt.

Enquêtekommissionen: Der Bundestag muß Enquêtekommissionen »zur Vorbereitung und Entscheidung über umfangreiche und bedeutsame Sachkomplexe« einsetzen, wenn mindestens 25 Prozent der Abgeordneten dies beantragen. Die Enquêtekommission »Vorsorge zum Schutz der Erdatmosphäre« arbeitet seit dem 3. Dezember 1987. Ihr Zwischenbericht kann beim Deutschen Bundestag, Referat Öffentlichkeitsarbeit angefordert werden. Der Abschlußbericht erscheint Ende 1990.

Erntefaktor: Verhältnis aus gewonnener und zum Bau sowie Betrieb von Kraftwerken oder Motoren eingesetzter Energie. Nur ein Erntefaktor über eins macht den Betrieb solcher Anlagen sinnvoll. Die ersten Solarzellen hatten beispielsweise einen wesentlich kleineren Erntefaktor. Mit rationellerer Produktion und höherem Wirkungsgrad der Zellen steigt der Erntefaktor für Sonnenenergienutzung derzeit stark an.

Fluorchlorkohlenwasserstoffe (FCKW): Kohlenwasserstoff-Verbindungen, bei denen die Wasserstoffatome teilweise oder vollständig durch Chlor- und Fluoratome ersetzt sind. Das Difluordichlormethan (CF_2Cl_2), auch Freon-12 oder F-12 genannt, ist beispielsweise ein chemischer Abkömmling des Kohlenwasserstoffs Methan. Die FCKW sind außerordentlich starke Treibhausgase und tragen zum Abbau des stratosphärischen Ozons bei.

Fossile Energien: Kohle, Erdöl und Erdgas sind Energieträger, die vor langer Zeit durch Verdichtung von Biomasse unter Ausschluß von Sauerstoff aus abgestorbenen Pflanzenteilen und tierischen Überresten entstanden sind und seither in der Erdkruste liegen. Fossile Energieträger sind damit auf natürlichem Wege gespeicherte Sonnenenergie. Sie decken zur Zeit den wesentlichen Teil der Weltenergieversorgung.

Hydrosphäre: Teil des globalen Systems, das überwiegend aus Wasser besteht. Dazu gehören Ozeane, Inlandeis, Gletscher, Schnee, Flüsse, Seen, Grundwasser und Eislinsen im Permafrostboden.

Infrarot-Strahlung: Wer nahe an einem Kachelofen sitzt, bekommt sie zu spüren, kann sie aber nicht sehen: die Infrarot- oder Wärmestrahlung. Diese elektromagnetischen Wellen gehören zu dem Teil des Spektrums, der oberhalb des für das menschliche Auge noch sichtbaren roten Lichtes bei 0,7 Mikrometern beginnt.

Isobare: Linie, die Punkte gleichen Drucks verbindet. Je enger auf der Wetterkarte einzelne Isobaren aneinanderliegen, desto stärker ist das Luftdruckgefälle und somit der Wind.

Isotherme: Linie, die Punkte gleicher Temperatur verbindet. Die Nullgrad-Isotherme etwa kann an einem Wintertag quer durch Nord- und Osteuropa verlaufen.

Kohlendioxid (CO_2): Farb- und geruchloses Gas, das in der Atmosphäre zu (derzeit) 0,035 Prozent Volumenanteilen vorhanden ist. Pflanzen brauchen es zur Photosynthese und bauen dabei Kohlehydrate auf. Tiere und der Mensch verbrennen diese und andere Kohlenstoffverbindungen aus der Nahrung wieder zu Kohlendioxid. CO_2 entsteht momentan in großen Mengen beim Verfeuern fossiler Brennstoffe und reichert sich deshalb in der Atmosphäre an.

Kohlenmonoxid (CO): Farb- und geruchloses Gas, das für die meisten Tiere und den Menschen giftig ist. Es entsteht bei der Verbrennung kohlenstoffhaltiger Substanzen, wenn dabei zu wenig Sauerstoff zugegen ist. CO überlebt in der Atmosphäre einige Monate und ist deshalb in der Nordhemisphäre (mit etwa 0,15 ppm) stärker konzentriert als auf der Südhalbkugel. Kohlenmonoxid ist ein schwaches und unbedeutendes Treibhausgas. Es fördert aber die Ozonbildung in der Troposphäre und hat dadurch indirekt einen starken Einfluß auf das Klima.

Kondensation: Physikalischer Übergang einer Substanz vom gasförmigen in den flüssigen Zustand, wobei das Volumen sich stark verringert. Gegenteil von Verdampfung. Kondensation tritt auf, wenn zum Beispiel Wasserdampf in aufsteigender Luft abkühlt und die Sättigungsgrenze erreicht. Dann entstehen Wolken. Zur Kondensation braucht es zusätzlich Kondensationskeime mit einer Mindestgröße von 0,1 Mikrometern Durchmesser. Anderenfalls übersättigt die Luft an Wasserdampf. Bei der Kondensation wird jene Energie wieder frei, die zur Verdunstung des Wassers notwendig war. Sie beträgt 2800 Joule je Gramm Wasser. Die in den Wolken freigesetzte Kondensationswärme geht zum Teil als Infrarot-Strahlung ins Weltall verloren.

Kryosphäre: Der Teil des Erdsystems, der das gefrorene Wasser enthält, also Gletscher, Meereis, Schnee und das Eis im Permafrost. Die Eismasse auf der Erde schwankt sehr stark. Zur Zeit liegt auf dem Planeten nur ein Drittel des Eises, das noch vor 18 000 Jahren große Teile der Kontinente bedeckte. Damals lag der Meeresspiegel 130 Meter tiefer als heute.

Lachgas (N_2O): Süßlich riechendes Gas, das eigentlich Distickstoffmonoxid heißt. Es kommt natürlicherweise als Spurengas mit einer Konzentration von 0,3 ppm in der Atmosphäre vor, hat eine Lebensdauer von etwa 150 Jahren und ist das viertwichtigste Treibhausgas.

Leistung: Die Arbeit, die pro Zeiteinheit verrichtet wird, beziehungsweise der Energiedurchsatz pro Zeiteinheit. Die Leistungseinheit ist Joule pro Sekunde = Watt.

Luft: Das uns umgebende Gemisch aus Gasen und Partikeln. Zusammensetzung der Luft (siehe *Abb. 3.2*). Die für das Klima wichtigen Stoffe machen dabei nur etwa 0,3 Prozent aus.

Luftdruck: Auf der Erdoberfläche lastet mit einem Druck von etwa 10 Tonnen pro Quadratmeter die Atmosphäre. Diese Kraft pro Flächeneinheit ist der Luftdruck. Er wird heute international in der Einheit Pascal angegeben. Ein Hektopascal entspricht 100 Pascal, das ist genausoviel wie die früher verwendete Einheit Millibar. Im Mittel beträgt der Luftdruck auf Meereshöhe 1013,25 Hektopascal.

Luftfeuchtigkeit: Ein in seiner Konzentration stark schwankender Bestandteil der Luft ist der Wasserdampf. Die absolute Feuchte der Luft wird in Gramm je Kubikmeter angegeben, die spezifische Feuchte in Kilogramm Wasserdampf pro Kilo Luft. Gebräuchlichste Einheit ist die relative Feuchte. Sie ist ein Maß dafür, zu wieviel Prozent die Luft mit Wasserdampf gesättigt ist. Bei zehn Grad beispielsweise faßt ein Kubikmeter Luft rund zehn Gramm Wasserdampf. Je höher die Temperatur, desto mehr Wasser »paßt« in die Luft. Generell bilden sich bei 100 Prozent Luftfeuchte Nebeltröpfchen.

Meeresströmungen: Ähnlich wie die Luft in der Atmosphäre bewegt sich auch das Wasser in den Ozeanen in Strömen. Sie sind allerdings weitaus träger und werden angetrieben durch den Wind, durch Temperatur- und Salzgehaltsunterschiede und durch die rotierende Erde. Die Strömungen können riesige Wärmemengen transportieren und haben daher einen großen Einfluß auf das Weltklima. So bringt der Golfstrom Wärme aus der Karibik bis an die Küsten Westeuropas.

Methan (CH_4): Spurengas der Atmosphäre, das natürlicherweise als »Faul«- oder »Sumpfgas« bei der bakteriellen Zersetzung organischer Materie in Abwesenheit von Sauerstoff entsteht, also in Sümpfen, Mooren, der Tundra oder im Magen der Wiederkäuer. Der Mensch steuert zusätzliches Methan bei über die Viehzucht, Mülldeponien, überschwemmte Reisfelder, den Kohlebergbau und Leckagen beim Erdgas-Transport. Methan ist ein starkes Treibhausgas. Es überlebt in der Atmosphäre etwa zehn Jahre, und seine Konzentration steigt derzeit jährlich um ein Prozent.

Monsun: Luftströmung, die durch einen Kontrast zwischen warmen oder kalten Kontinenten und kühlen oder erwärmten Ozeanen entsteht. Typisch ist der asiatische Monsun, wenn feuchte Luft des Indischen Ozeans in das sommerliche Hitzetief Zentralasiens strömt.

Niederschläge: Ballt sich Wasser in flüssiger oder fester Form zu Teilchen zusammen, die schwer genug sind, zu Boden zu sinken, entstehen Niederschläge der verschiedensten Form: Schneeflokken, Graupel, Hagel, Glatteis, Regen, Nieselregen. Daneben kann auch der Wind Feuchtigkeit niederschlagen – als Reif, Rauhfrost oder Nebeltraufe. Fast jede dieser Formen kann in bestimmten Gebieten die Hauptniederschlagsmenge ausmachen.

Ozon (O_3): Aus drei Sauerstoffatomen bestehendes Molekül, das stechend riecht und für fast alle Organismen ein starkes Gift ist. In der Atmosphäre entsteht es vorwiegend in 15 bis 40 Kilometern Höhe, wenn die ultraviolette Strahlung der Sonne Sauerstoffmoleküle (O_2) spaltet und sich anschließend die Spaltprodukte (O) mit weiteren Sauerstoffmolekülen zu Ozon (O_3) verbinden. Die Ozonschicht schützt das Leben auf der Erde vor der gefährlichen UV-Strahlung im Wellenlängenbereich von 0,24 bis 0,32 Mikrometern. In Bodennähe bildet sich das Ozon unerwünschterweise im photochemischen Smog der Ballungsgebiete.

Photosynthese: Die Pflanzen bauen aus dem Kohlendioxid der Luft und Wasser Zuckermoleküle auf und setzen dabei Sauerstoff frei. Diese Reaktion läuft nur bei Sonnenlicht und wird Photosynthese genannt.

Photovoltaik: Verfahren zur direkten Nutzung der Sonnenenergie. Hierbei wird das Licht der Sonne mit Solarzellen in einem Arbeitsgang in Strom umgewandelt.

Primärenergie: Die Energie, die in einem System steckt, bevor der Mensch sie in eine andere Energieform umwandelt. So enthält zum Beispiel ein Kilogramm Steinkohle eine Primärenergie von 8,14 Kilowattstunden. Bei allen technischen Prozessen wird nur ein Teil der Primärenergie in Nutzenergie umgewandelt, der Rest geht etwa durch Reibungsenergie oder Abwärme verloren. Moderne Kohlekraftwerke setzen rund 35 Prozent der Primärenergie in elektrische Energie um.

Regenerative Energien: Energieformen, die im natürlichen Kreislauf immer wieder neu angeboten werden oder nachwachsen. Beispielsweise Wind-, Sonnen-, Wasserenergie oder Energie in Biomasse.

Rückkopplung: Sich selbst verstärkender (positiv) oder abschwächender (negativ) Vorgang. Schmilzt beispielsweise Schnee, dann erwärmt sich der freiwerdende Boden in der Sonne, dieser heizt die Luft auf, und das läßt weiteren Schnee in der Umgebung auftauen – eine positive Rückkopplung. Ein Beispiel für eine negative Rückkopplung: Enthält die Atmosphäre viel Kohlendioxid, bedeutet das einen starken Treibhauseffekt. Doch durch das Kohlendioxid wachsen die Bäume besser; sie binden den Kohlenstoff, mindern also den Treibhauseffekt.

Sauerstoff (O_2): Zweithäufigster Bestandteil der Erdatmosphäre. Er entsteht bei der Photosynthese der Pflanzen. Tiere benötigen den Sauerstoff zum Atmen. Dabei verbindet er sich mit dem Kohlenstoff der Nahrung zu Kohlendioxid – der gleiche Vorgang, der auch bei der Verbrennung von Kohle, Öl und Gas abläuft.

Schwefeldioxid (SO_2): Stechend riechendes, farbloses Gas, das beim Verbrennen von schwefelhaltigen Substanzen entsteht. Da Schwefel ein Baustein der Eiweißstoffe ist, kommt er in Pflanzen und damit auch in den fossilen Brennstoffen vor. Insbesondere Braunkohle enthält große Schwefelmengen. Schwefeldioxid in der Luft ist der Ausgangsstoff für Sulfate und Schwefelsäure und damit eine Hauptursache für den Sauren Regen.

Smog: Kunstwort aus dem englischen *smoke* für Rauch und *fog* für Nebel, das ursprünglich die starke Luftverschmutzung während der Kohleheizperiode im Winterhalbjahr beschrieb. Der »photochemische Smog« entsteht, wenn sich bei starker Sonneneinstrahlung aus Stickoxiden, Kohlenwasserstoffen und anderen Gasen Ozon und säurehaltige Aerosolteilchen bilden. Der Smog greift die Gesundheit von Mensch, Pflanzen und Tier an und schädigt Bauwerke und Kunstdenkmäler.

Solarkonstante: Die Energie, die bei mittlerem Sonnenabstand pro Zeiteinheit am Oberrand der Atmosphäre auftrifft. Sie beträgt 1,368 Kilowatt pro Quadratmeter. Ganz konstant ist die »Konstante« nicht, denn sie schwankt geringfügig innerhalb des Sonnenzyklus und ist bei starker Sonnenfleckenaktivität am höchsten.

Steinkohleeinheit: Technisch gebräuchliche Energieeinheit. Eine Steinkohleeinheit entspricht 0,7 Öleinheiten.

Stickstoff: Farb- und geruchloses, sehr reaktionsträges Gas. Als Hauptbestandteil der Luft ist es nicht am Treibhauseffekt beteiligt. Stickstoff wird entlang der Gewitterblitze, bei der Hochtemperatur-Verbrennung und von bestimmten Bodenbakterien zu Stickoxiden oxidiert.

Stickoxide: Oxide des Stickstoffs, vor allem Stickstoffmonoxid (NO) und Stickstoffdioxid (NO_2), die gemeinsam als NO_x abgekürzt werden. Sie entstehen, wenn der Stickstoff der Luft bei hohen Temperaturen oxidiert, etwa in Kraftwerken, in Flugzeugturbinen oder Automotoren. Katalysatoren reduzieren die NO_x-Emissionen stark. Die Stickoxide sind die Vorläufer für Salpetersäure und bestimmte Nitrate in der Atmosphäre. Sie tragen zum Sauren Regen und zur Ozonbildung in der Troposphäre bei.

Stratosphäre: Zweites Stockwerk der Atmosphäre, das oberhalb der Troposphäre liegt und etwa von zwölf bis 50 Kilometer Höhe reicht. Die Stratosphäre ist sehr stabil geschichtet und läßt daher kaum einen vertikalen Luftaustausch zu. Wegen der Lichtabsorption der Ozonschicht nimmt die Temperatur in der Stratosphäre mit der Höhe *zu.* Spurengase, die bis in die Stratosphäre vordringen, wie die FCKW, werden von der ultravioletten Strahlung chemisch umgewandelt, was die Chemie dieser Luftschicht verändert.

Tropen: Gebiet der Erde innerhalb der Wendekreise zwischen 23,5 Grad nördlicher und südlicher Breite. In den Tropen liegen die Jahresmitteltemperaturen meist über 24 Grad. In Äquatornähe gibt es keine ausgeprägten Jahreszeiten.

Troposphäre: Die erdnächste Atmosphärenschicht, in der sich im wesentlichen das Wetter abspielt. An den Polen reicht sie acht, am Äquator etwa 17 Kilometer hoch. Die Temperaturen am Oberrand der Troposphäre, an der Tropopause, betragen zwischen minus 45 und minus 80 Grad Celsius.

UV-Strahlung: Elektromagnetische, ultraviolette Strahlung mit Wellenlängen unterhalb des für den Menschen sichtbaren Lichtes (dieses umfaßt einen Bereich von 0,7 bis 0,4 Mikrometer). Unterteilt in UV-A von 0,4 bis 0,32 Mikrometer, UV-B von 0,32 bis 0,28 Mikrometer und UV-C unter 0,28 Mikrometer. UV-B-Strahlung verursacht Haut- und Augenschäden, sie wird aber von einer intakten Ozonschicht fast vollständig ferngehalten.

Wirbelstürme: Tiefdruckgebiete in den Tropen, die Windgeschwindigkeiten von mehr als 33 Metern pro Sekunde erreichen und zerstörerische Kräfte entfalten können. Sie entstehen bei Wassertemperaturen über 27 Grad in den Tropen, in einem Gebiet zwischen sieben und 25 Grad nördlicher oder südlicher Breite, wenn sich starke horizontale Temperaturunterschiede in der mittleren Atmosphäre aufgebaut haben. Je nach Region heißen Wirbelstürme Zyklone (Golf von Bengalen), Hurrikane (Karibik), Taifune (Südostasien) oder Willy-Willies (Australien).

Literatur

Behrend, Reinhard/Paczian, Werner: Raubmord am Regenwald, Hamburg, 1989.

Der Bundesminister für Verkehr (Hrsg.): Verkehr in Zahlen, Berlin, erscheint jährlich.

Enquête-Kommission-Zwischenbericht: Schutz der Erdatmosphäre, Bonn, 1988.

Flohn, Hermann: Das Problem der Klimaveränderungen in Vergangenheit und Zukunft, Darmstadt, 1988.

Gaber, Harald/Natsch, Bruno: Gute Argumente: Klima, München, 1989.

Geo-Wissen: Klima – Wetter – Mensch, Hamburg, 1987.

Hennicke, Peter et al.: Die Energiewende ist möglich, Frankfurt, 1985.

Kohler, Stephan/Leuchtner, Jürgen/Müschen, Klaus: Sonnenenergie-Wirtschaft, Frankfurt, 1987.

Kursbuch 96: Elemente II: Luft, Berlin, 1989.

Nitsch, Joachim/Luther, Joachim: Energieversorgung der Zukunft, Berlin, 1990.

Pearce, Fred: Treibhaus Erde, Braunschweig, 1990.

Perrow, Charles: Normal Accidents, New York, 1984.

Roan, Sharon l.: Ozon Crisis, New York, 1989.

Scheer, Hermann (Hg.): Die gespeicherte Sonne, München, 1987.

Schneider, Stephen H.: Global Warming, San Francisco, 1989.

Schönwiese, Christian-Dietrich/Diekmann, Bernd: Der Treibhauseffekt, Hamburg, 1989.

Schütze, Christian: Das Grundgesetz vom Niedergang, München, 1989.

Seifried, Dieter: Gute Argumente: Energie, München, 1988.

Spektrum der Wissenschaft: Ausgabe Nov. 1989, Heidelberg, 1989.

Umweltbundesamt: Verzicht aus Verantwortung: Maßnahmen zur Rettung der Ozonschicht, Berlin, 1989.

Weizsäcker, Ernst U., von: Erdpolitik, Darmstadt, 1989.
Wicke, Lutz: Die ökologischen Milliarden, München, 1986.
Wicke, Lutz/Hucke, Jochen: Der ökologische Marshallplan, Berlin, 1989.
World Resources Institute: World Resources 1988–89, New York, 1989.
Worldwatch Institute: State of the World, New York (erscheint jedes Jahr im Herbst auf Deutsch im S. Fischer Verlag, Frankfurt/M.).

Wichtige wissenschaftliche Veröffentlichungen
(eine Auswahl bahnbrechender Arbeiten)*

Thema	Autoren
CO_2-Schwankungen im Rhythmus mit Temperaturschwankungen	Barnola, J. M.; Raynaud, D.; Korotkevitch, Y. S., and Lorius, C. (1987): Vostok ice core: a 160000 year record of atmospheric CO_2, *Nature* 329, 408–414
Kohlenstoffkreislauf und Helligkeit der Wolken könnten zusammenhängen	Charlson, R. J.; Lovelock, J. E.; Andreae, M. O. and Warren, S. G. (1987): Oceanic phytoplankton, atmospheric sulfur, cloud albedo and climate; *Nature* 326, 655–661
Salpetersäurewolken und Ozonabbau	Crutzen, P. J. und Arnold, F. (1986): Nitric acid cloud formation in the cold Antarctic stratosphere: a major cause for the springtime ozone hole; *Nature* 324, 651–665
Es gibt ein Ozonloch	Farman, J. C.; Gardiner, B. G. und Shanklin, J. D. (1985): Large losses of total ozone in Antarctica reveal seasonal ClO_x/NO_x interaction, *Nature* 315, 207–210
Die beobachtete Erwärmung der Oberfläche	Jones, P. D.; Wigley, T. M. L. und Wright, P. B. (1986): Global temperature variations between 1861 and 1984; *Nature* 322, 430–434
Die beobachtete Abkühlung in der Stratosphäre	Labitzke, K.; Naujokat, B. und Angell, J. K. (1986): Long-term temperature trends in the middle Stratosphere of the Northern Hemisphere; *Adv. in Space Research* 6, 7–16

* Die Autoren sind sich der Subjektivität und der in diesem Rahmen eingeschränkten Möglichkeiten der Auswahl bewußt.

Eines der Klimamodelle	Manabe, S. und Stouffer, R. J. (1980): Sensitivity of a global model to an increase of CO_2 concentration in the atmosphere, *J. of Geophysical Research* 85, 5529–5554
Wie nimmt der Ozean CO_2 auf?	Maier-Reimer, E. und Hasselmann, K. (1987): Transport and storage of CO_2 in the ocean – an inorganic ocean circulation carbon cycle model; *Climate Dynamics* 2, 63–90
CO_2-Anstieg seit Beginn der Industrialisierung	Neftel, A; Moor, E.; Oeschger, H. und Stauffer, B. (1985): Evidence from polar ice cores for the increase in atmospheric CO_2 in the past two centuries; *Nature* 315, 45–57
CO_2 und viele andere Spurengase sind für zusätzlichen Treibhauseffekt wichtig	Ramanathan, V.; Cicerone, R.; Singh, H. und Kiehl, J. (1985): Trace gas trends and their potential role in climate change; *J. of Geophysical Research* 90, 5547–5566
Methan nimmt zu	Rasmussen, R. A. und Khalil, M. A. K. (1981): Atmospheric methane (CH_4): Trends and seasonal cycles; *J. of Geophysical Research* 86, 9826–9832
Ausmaß des Ozonlochs	Stolarski, R. S.; Krueger, A. J.; Schoeberl, M. R.; McPeters, R. D.; Newman, P. A. und Alpert, J. C. (1986): Nimbus 7 satellite measurements of the springtime Antarctic ozone decrease, *Nature* 322, 808–811
Eines der gekoppelten Ozean-Atmosphäre-Modelle	Stouffer, R. J.; Manabe, S. und Bryan, K. (1989): Interhemispheric asymmetry in climate response to a gradual increase of atmospheric CO_2; *Nature* 342, 660–662

Die Autoren

Prof. Dr. Hartmut Graßl, geboren 1940 in Berchtesgaden. Studium der Physik und Meteorologie in München. Promotion und Habilitation in Meteorologie an den Universitäten München und Hamburg. Forschungsexpeditionen zum tropischen Atlantik und ins Inlandeis von Grönland. Wissenschaftliche Arbeit in Mainz, Hamburg, Kiel und Geesthacht. Seit 1988 geschäftführender Direktor des Meteorologischen Institutes der Universität Hamburg und Direktor am Max-Planck-Institut für Meteorologie in Hamburg. Mitglied der Klima-Enquête-Kommission des Deutschen Bundestages und Vorsitzender des wissenschaftlichen Klimabeirates der Bundesregierung.

Dr. Reiner Klingholz, geboren 1953 in Ludwigshafen am Rhein. Studium der Chemie in Karlsruhe und Hamburg. Promotion in der Molekularbiologie und wissenschaftlicher Assistent an der Universität Hamburg. Sachbuchautor und Wissenschaftsredakteur der Hamburger Wochenzeitung *Die Zeit.* Seit 1990 Redakteur des Monatsmagazins *Geo.*

Namen- und Sachregister